“十四五”高水平专业群优质教材建设项目
新时代新理念职业教育教材

智能制造专业群

ABB 机器人实操与应用

主　编　宋昊坤　徐天元
副主编　孙洪雁　韩　梅　李雪娟

北京交通大学出版社
·北京·

内 容 简 介

本书通过图解对 ABB 机器人的操作、编程的操作方法及其功能进行介绍。本书以项目任务式体例编排，主要介绍了 ABB 机器人基础知识及手动操作、ABB 机器人的 I/O 配置、ABB 机器人程序数据设定、ABB 机器人程序的编写、ABB 机器人 TCP 练习、ABB 机器人搬运码垛和 ABB 机器人利用带参数例行程序实现搬运分拣。

本书可作为高等职业院校、中等职业院校工业机器人相关专业的教材，也可供相关工程技术人员参考。

图书在版编目（CIP）数据

ABB 机器人实操与应用 / 宋昊坤，徐天元主编. —北京：北京交通大学出版社，2024.8

“十四五”高水平专业群优质教材建设项目　新时代新理念职业教育教材

ISBN 978-7-5121-5220-5

Ⅰ. ① A…　Ⅱ. ① 宋…　② 徐…　Ⅲ. ① 工业机器人－操作－职业教育－教材　Ⅳ. ① TP242.2

中国国家版本馆 CIP 数据核字（2024）第 084068 号

ABB 机器人实操与应用
ABB JIQIREN SHICAO YU YINGYONG

责任编辑：韩素华
出版发行：北京交通大学出版社　　电话：010-51686414　　http://www.bjtup.com.cn
地　　址：北京市海淀区高梁桥斜街 44 号　　邮编：100044
印 刷 者：艺堂印刷（天津）有限公司
经　　销：全国新华书店
开　　本：185 mm×260 mm　　印张：15.5　　字数：397 千字
版 印 次：2024 年 8 月第 1 版　　2024 年 8 月第 1 次印刷
印　　数：1～500 册　　定价：49.00 元

本书如有质量问题，请向北京交通大学出版社质监组反映。对您的意见和批评，我们表示欢迎和感谢。
投诉电话：010-51686043，51686008；传真：010-62225406；E-mail：press@bjtu.edu.cn。

前　言

党的二十大报告指出，培养造就大批德才兼备的高素质人才，是国家和民族长远发展大计。《中华人民共和国国民经济和社会发展第十四个五年规划和 2035 年远景目标纲要》提出，培育先进制造业集群，推动包括机器人产业在内的九大产业创新发展，提高安全生产水平，推进危险岗位机器人替代。当前工业机器人专业人才缺乏，需要更多的人员来学习并应用工业机器人。

本书通过图解对 ABB 机器人的操作、编程的相关方法及其功能进行讲述，让读者了解实操和应用的具体方法。

本书以项目任务式体例编排，读者根据项目完成任务。其中，ABB 机器人基础知识及手动操作、ABB 机器人的 I/O 配置、ABB 机器人程序数据设定、ABB 机器人程序的编写这 4 个项目的主要内容是 ABB 机器人的硬件与程序编程的基本应用与练习，以操作步骤及功能特点为主；ABB 机器人 TCP 练习、ABB 机器人搬运码垛、ABB 机器人利用带参数例行程序实现搬运分拣这 3 个项目主要是以生产实践为基础的大型工程应用，可投入到生产线作为教学练习。

本书由宋昊坤、徐天元担任主编，由孙洪雁、韩梅、李雪娟担任副主编，宋剑锋参编。

本书可作为高等职业院校、中等职业院校工业机器人专业的教材，也可供相关工程技术人员参考。

编　者

2024 年 7 月

目　录

项目 1
ABB 机器人基础知识及手动操作

1.1 项目描述

本项目的主要学习内容包括：了解 ABB 机器人的硬件系统结构，正确地使用示教器，掌握 ABB 机器人的坐标系和手动操作方法，通过示教器正确地操作机器人，并对机器人进行简单的示教。

1.2 教学目的

通过本项目的学习，让学生了解 ABB 机器人的硬件系统结构，熟悉机器人各关节轴的原点位置，正确地使用示教器，能够在示教器上设定显示语言与系统时间，熟练地掌握 ABB 机器人的坐标系和手动操作方法，能够通过示教器正确地操作机器人，并对机器人进行简单的示教。

1.3 知识准备

1.3.1 了解 ABB 机器人的硬件系统结构

ABB 机器人的硬件系统由本体、示教器、控制系统 3 个基本部分组成。本体即机座和执行机构，包括臂部、腕部、手部。大多数工业机器人有 4～6 个自由度，其中腕部通常有 1～3 个自由度。示教器是进行机器人的手动操纵、编写程序、配置参数及监控的手持装置。控制系统按照输入的程序对驱动系统和执行机构发出执行信号，从而进行控制。

为了认识和操作 ABB 机器人，下面以 IRB120 型机器人为例来学习。

IRB120 型机器人是 ABB 新型第四代机器人家族中最小的成员，具有敏捷、紧凑、轻量、位置重复精度高的特点，广泛应用于物料搬运与装配应用。其主要技术参数如下：

- 工作半径：最大 580 mm；
- 机器人高度：700 mm；
- 机器人质量：25 kg；
- 安装方式：地面、墙壁、倒装等多种方式；
- 自由度数：6；
- 承重负载：3 kg；
- 功率：0.25 kW；

机器人运动轴的工作范围：

轴 1——-165°～+165°，轴 2——-110°～+110°，轴 3——-0°～+70°，轴 4——-160°～+160°，轴 5——-120°～+120°，轴 6——-400°～+400°；

- TCP 最大速度：6.2 m/s；
- TCP 最大加速度：28 m/s^2；
- TCP 加速时间：0.07 s；
- 位置重复精度：0.01 mm；
- 手腕集成信号源：10 路；
- 手腕集成气源：4 路。

IRB120 型机器人硬件系统如图 1-1 所示。

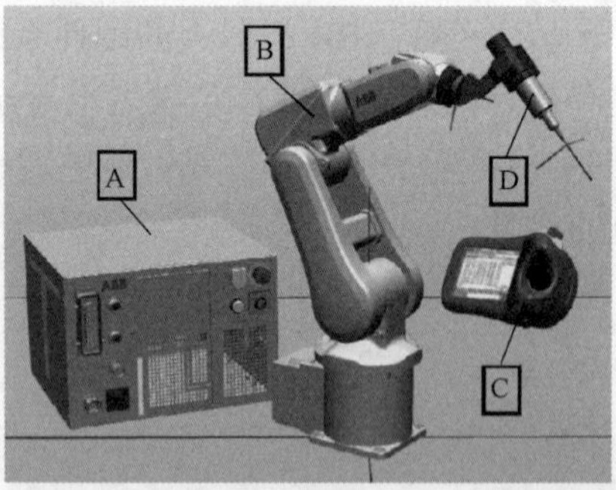

A—IRC5 Compact 控制柜；B—机器人本体；C—示教器；D—机器人工具

图 1-1　IRB120 型机器人硬件系统

1.3.2　ABB 机器人示教器介绍

示教器是机器人的人机交互接口，机器人的所有操作基本上都是通过示教器来完成的，如点动机器人，编写、调试和运行机器人程序，设定、查看机器人状态信息和位置等。ABB 机器人的示教器 FlexPendant 设备（见图 1–2）由硬件和软件组成，其本身就是一台完整的计算机。FlexPendant 是 IRC5 的一个组成部分，通过集成电缆与控制器连接。

FlexPendant 可在恶劣的工业环境下持续运行，其触摸屏易于清洁，且防水、防油、防溅锡。

示教器的主要部件如图 1–3 所示。

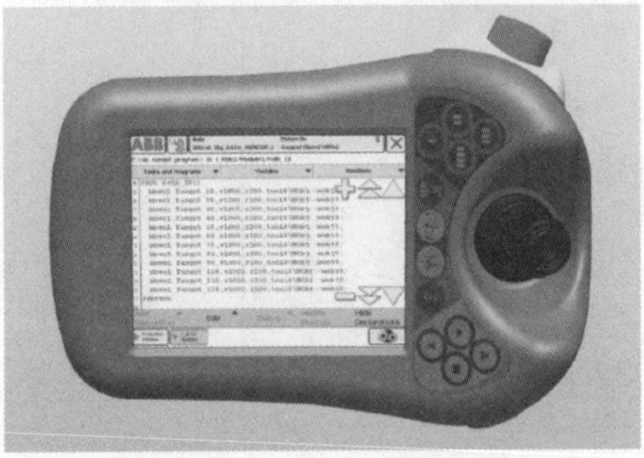

图 1–2　示教器 FlexPendant 设备

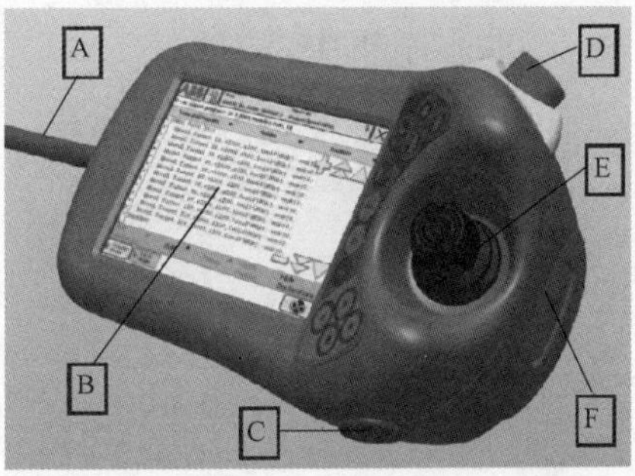

A—连接线缆；B—触摸屏；C—数据备份 USB 接口；D—紧急停止按钮；E—手动操作摇杆；F—使能器按钮

图 1–3　示教器的主要部件

1.3.3　ABB 机器人示教器的正确使用方法

示教器是进行机器人的手动操纵、程序编写、参数配置及监控的手持装置，为了方便操作，下面介绍如何正确地使用示教器。

1. 示教器画面菜单介绍

示教器界面如图 1–4 所示。

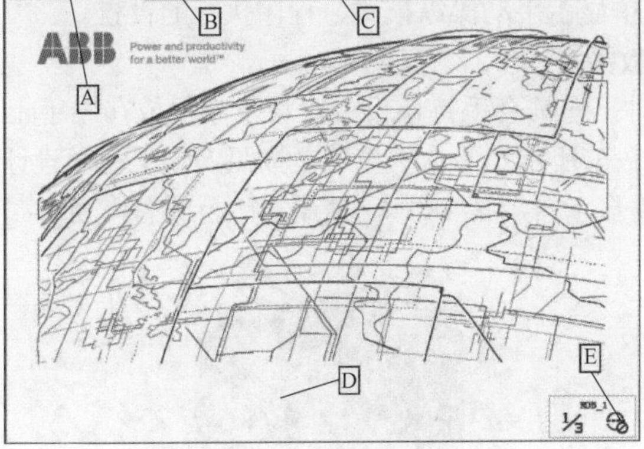

A—ABB 菜单；B—操作员窗口；C—状态栏；D—任务栏；E—“快速设置”菜单

图 1–4　示教器界面

1）ABB 菜单

ABB 菜单如图 1-5 所示。

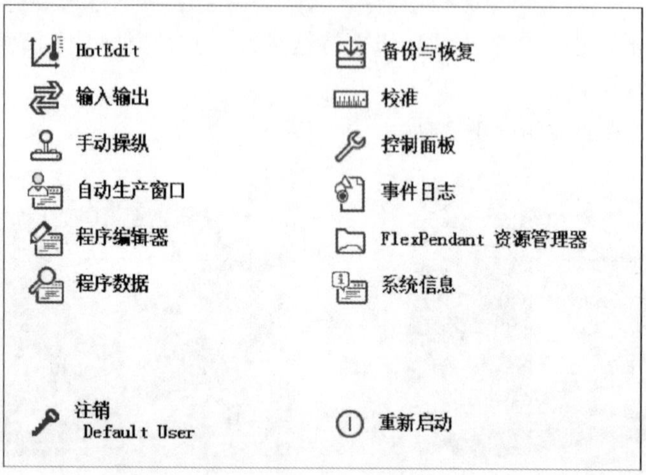

图 1-5　ABB 菜单

2）操作员窗口

操作员窗口显示来自机器人程序的消息。程序需要操作员做出某种响应，以应对继续工作时可能出现的情况。

3）状态栏

状态栏显示机器人的状态（手动、全速手动、自动）、机器人的系统信息、机器人电机的运行状态、当前机器人或外轴的使用状态。

4）任务栏

通过 ABB 菜单，可以打开多个视图，最多可以打开 6 个视图，但一次只能操作一个。任务栏显示所有打开的视图，并可以用于视图切换。

5）“快速设置”菜单

“快速设置”菜单显示手动操纵模式、程序执行的设置。

2. 如何手持示教器

在操作示教器时，通常会手持该设备，将示教器放在左手上，然后用右手在触摸屏上操作，如图 1-6 所示。此款示教器是按照人体工程学设计的，同时也适合左利手者操作，只要将显示器旋转 180°，使用右手持设备即可。

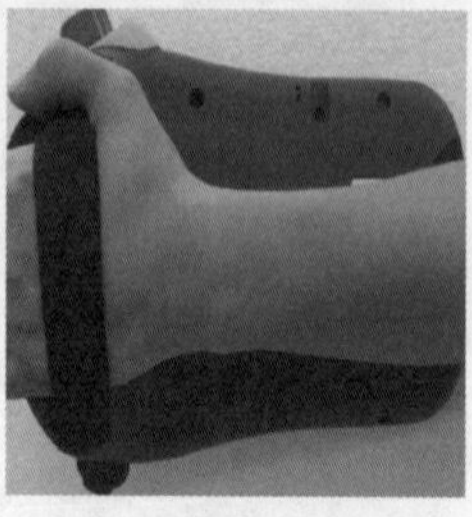

图 1-6　示教器的操作方式

3. 正确使用使能器按钮

使能器按钮（见图 1–7）是为保证操作人员的人身安全而设计的，只有在按下使能器按钮，并保持“电机开启”的状态，才可对机器人进行手动操作与程序的调试。当发生危险时，操作人员会本能地将使能器按钮松开或按紧，机器人则会马上停下来，从而保证安全。

操作人员用左手的 4 个手指按住使能器按钮，操作如图 1–8 所示。

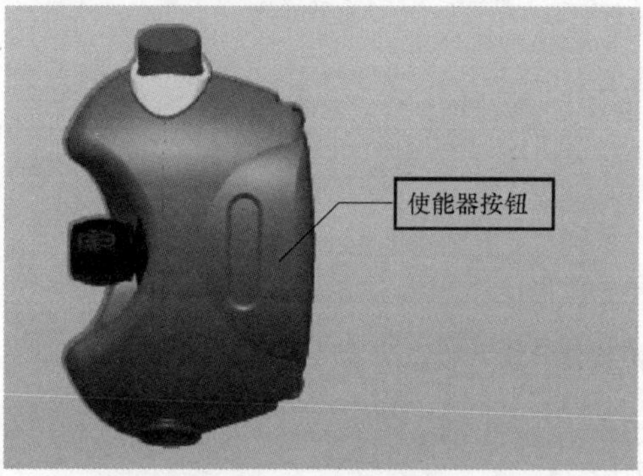

图 1–7 使能器按钮

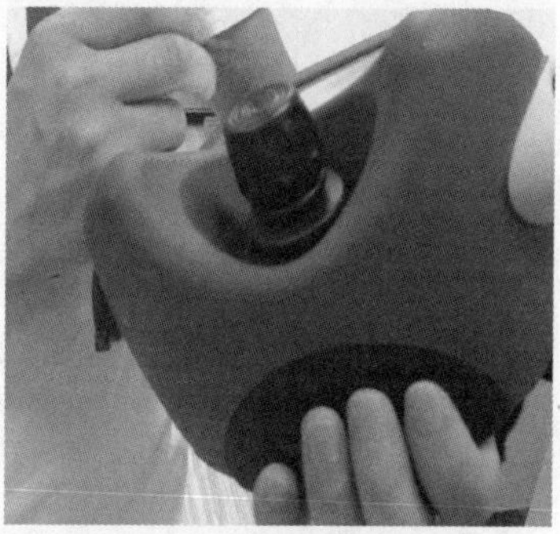

图 1–8 使能器的操作

使能器按钮分为两挡，在手动状态下将第一挡按下去，机器人处于“电机开启”状态（见图 1–9），此时按着使能器保持第一挡状态，就可以手动操纵机器人了。

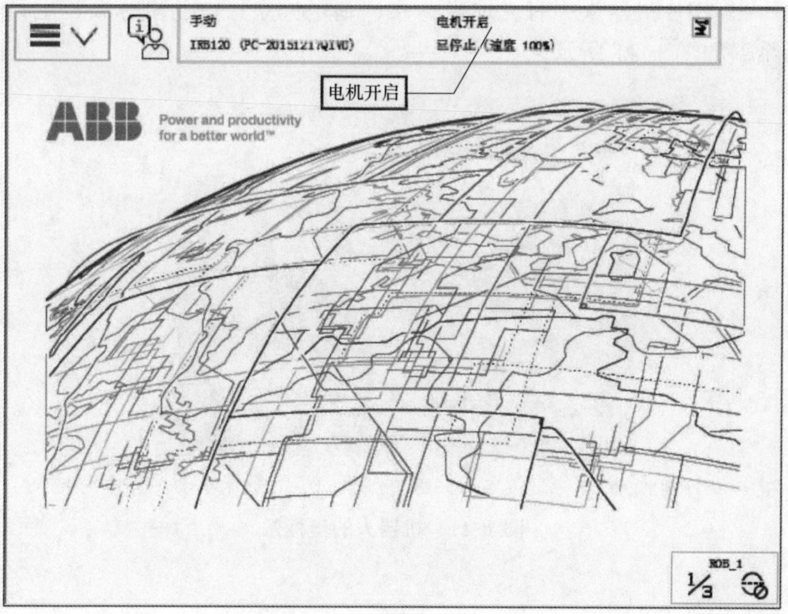

图 1–9 “电机开启”状态

将第二挡按下去以后，机器人就会处于“防护装置停止”状态，如图 1–10 所示。

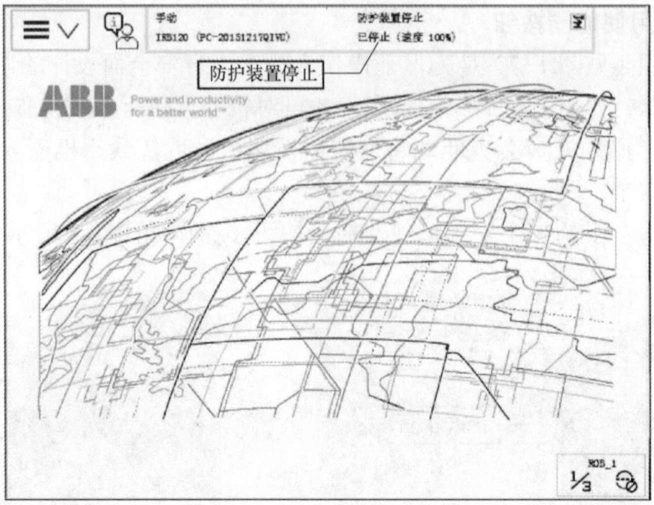

图 1-10 “防护装置停止”状态

1.3.4 ABB 机器人坐标系介绍

工业机器人的运动实质上是根据不同的作业内容、轨迹要求，在各种坐标系下运动。换句话说，在对机器人进行示教或手动操作时，其运动方式是在不同坐标系下进行的。在 ABB 机器人中有大地坐标系、基坐标系、法兰坐标系、工具坐标系、工件坐标系，如图 1-11 所示。

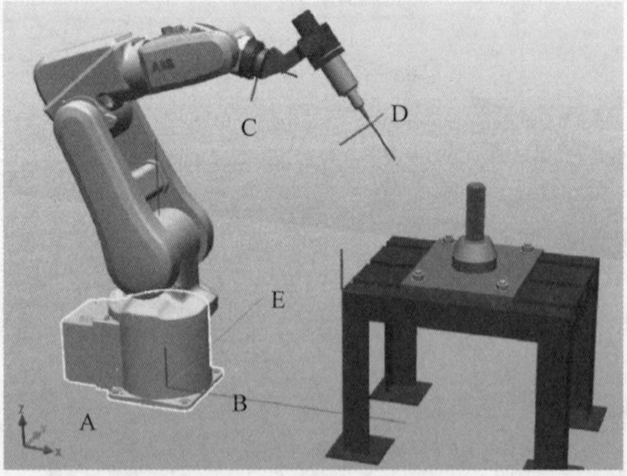

A—大地坐标系；B—基坐标系；C—法兰坐标系；D—工具坐标系；E—工件坐标系

图 1-11 机器人的坐标系

1）大地坐标系

大地坐标系可定义机器人单元，所有其他坐标系均与大地坐标系直接或间接相关。它适用于微动控制、一般移动及处理具有若干机器人或外轴移动机器人的工作站和工作单元。在默认情况下，大地坐标系与基坐标系是一致的。

2）基坐标系

基坐标系固定于机器人基座，是机器人的原点，是大地坐标系的参考点，在基坐标系中，不管机器人处于什么位置，TCP（tool center point，指机器人末端执行器的一个特定点，也被称为工具坐标系的原点或末端执行器的参考点）均可沿基坐标系的 X 轴、Y 轴、Z 轴平行移动，它是最便于机器人从一个位置移动到另一个位置的坐标系。

3）法兰坐标系

法兰坐标系固定于机器人法兰盘上，原点为机器人的法兰中心，是工具坐标系的参照点。

4）工具坐标系

工具坐标系是一个可自由定义、由用户定制的坐标系，工具坐标系的原点称为 TCP，即工具中心点。

5）工件坐标系

工件坐标系是一个可自由定义、由用户定制的坐标系，它定义工件相对于大地坐标系的位置。机器人可以拥有若干工件坐标系，或者表示不同的工件，或者表示同一工件在不同位置的若干副本。

1.3.5 系统备份与恢复

定期对 ABB 机器人的数据进行备份，是保持 ABB 机器人正常动作的良好习惯，ABB 机器人数据备份的对象是所有正在系统内存中运行的 RAPID 程序和系统参数。当机器人系统出现错乱或者重新安装系统以后，可以通过备份快速地把机器人恢复到备份时的状态。

1. ABB 机器人的数据备份

ABB 机器人的数据备份如图 1-12～图 1-14 所示。

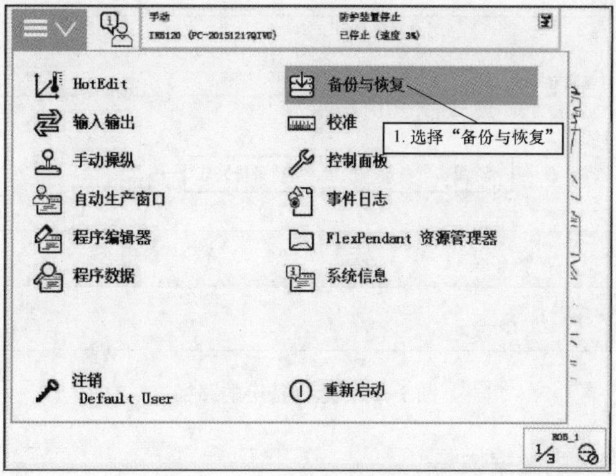

图 1-12 选择“备份与恢复”

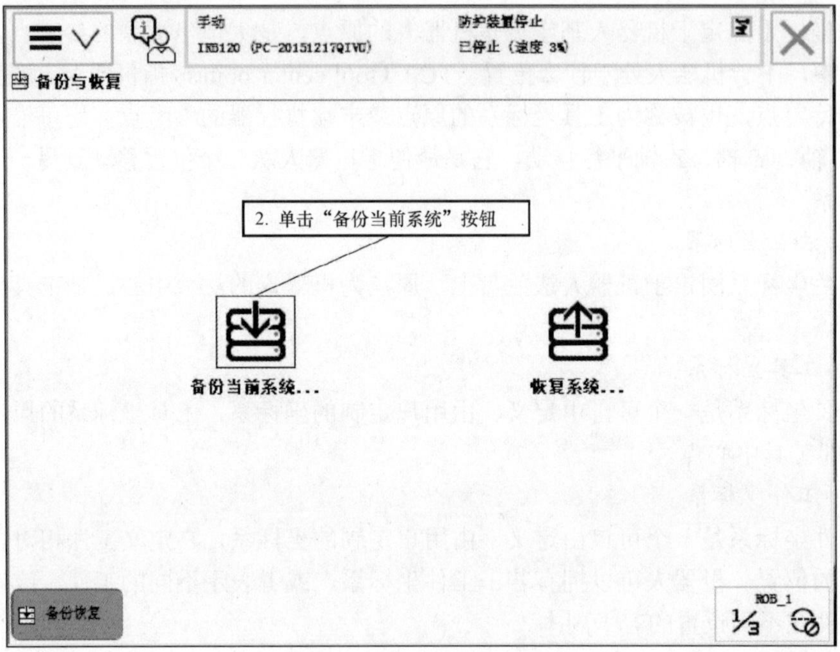

图 1-13 备份当前系统

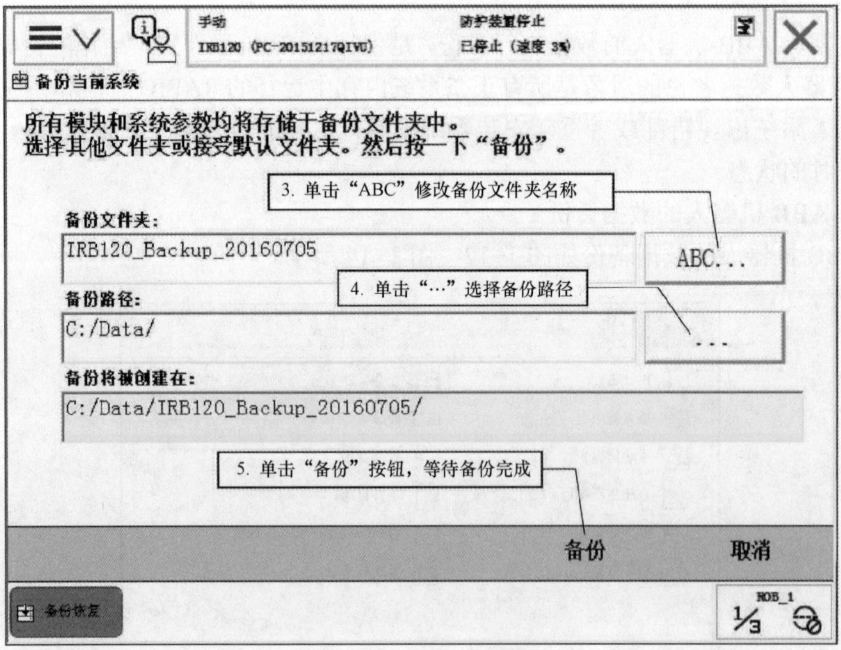

图 1-14 选择备份的路径

2. ABB 机器人的数据恢复

ABB 机器人的数据恢复如图 1-15～图 1-17 所示。

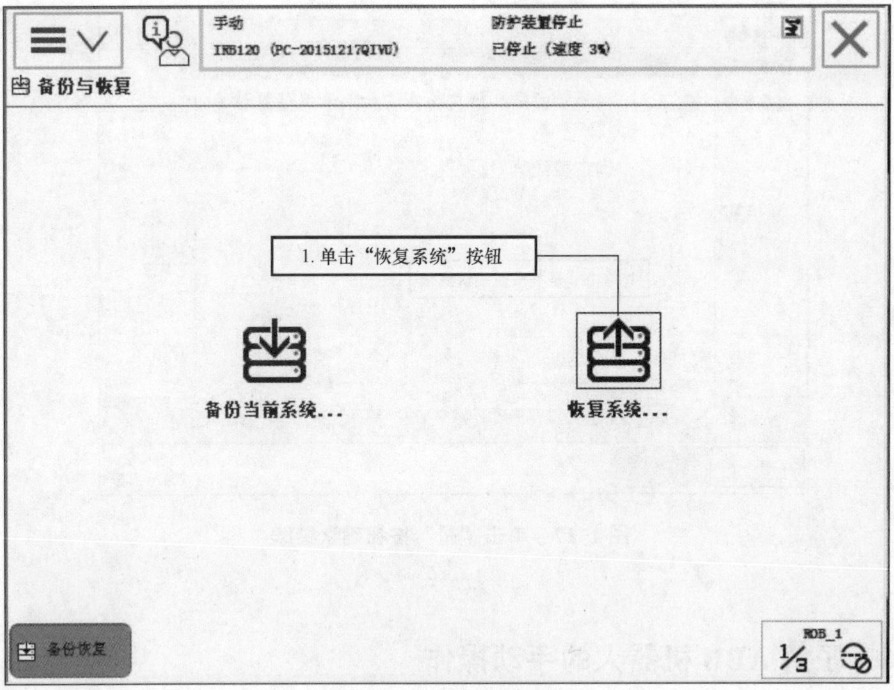

图 1-15　恢复系统

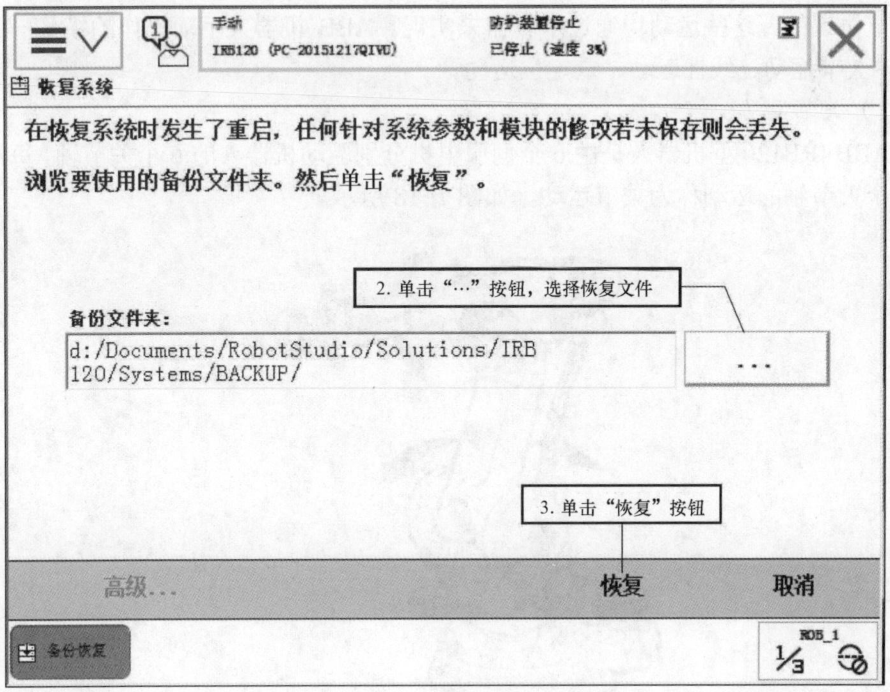

图 1-16　选择恢复文件

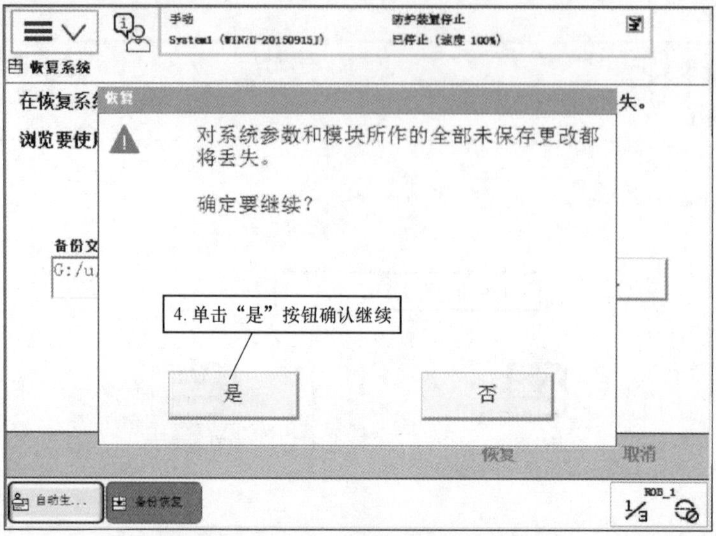

图 1-17　单击“是”按钮确认继续

1.3.6　了解 ABB 机器人的手动操作

1. 手动操作的模式

机器人的运动可以是步进的，也可以是连续的；可以是关节独立的，也可以是多关节协调的。这些运动均通过示教器来实现。ABB 机器人手动操作的模式一共有 3 种：关节运动、线性运动、重定位运动。

1）关节运动

ABB IRB120 型机器人是由 6 个伺服电机分别驱动机器人的 6 个关节轴，每次操作一个关节轴的运动称为关节运动，如图 1-18 所示。

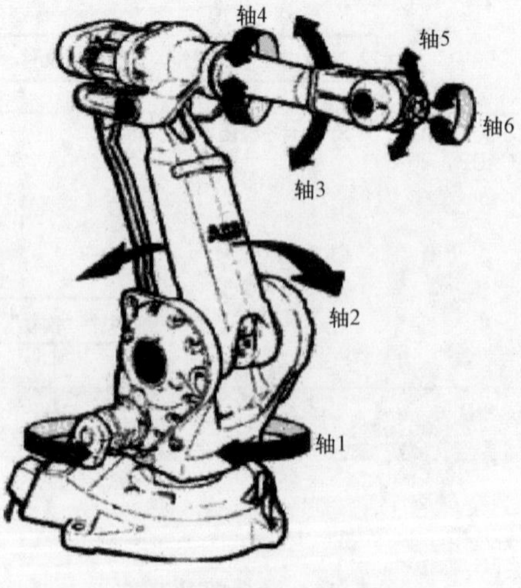

图 1-18　关节运动

2）线性运动

机器人的线性运动是指安装在机器人第六轴法兰盘上的工具 TCP 沿坐标系的坐标轴方向（X、Y、Z）运动，如图 1–19 所示。

3）重定位运动

机器人的重定位运动是指安装在机器人第六轴法兰盘上的工具 TCP 绕坐标系的坐标轴做旋转（X、Y、Z）运动，如图 1–20 所示。

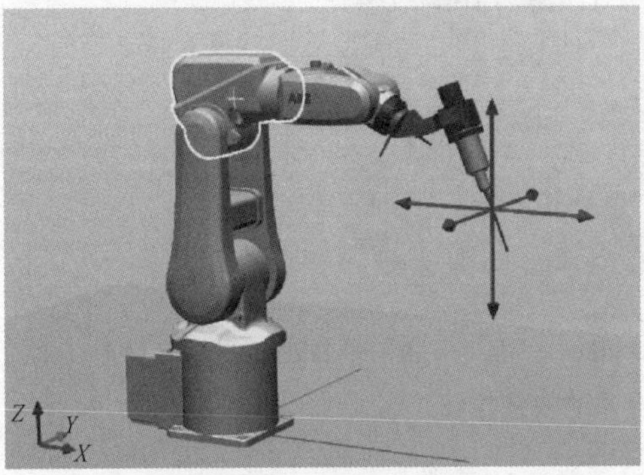

图 1–19　线性运动

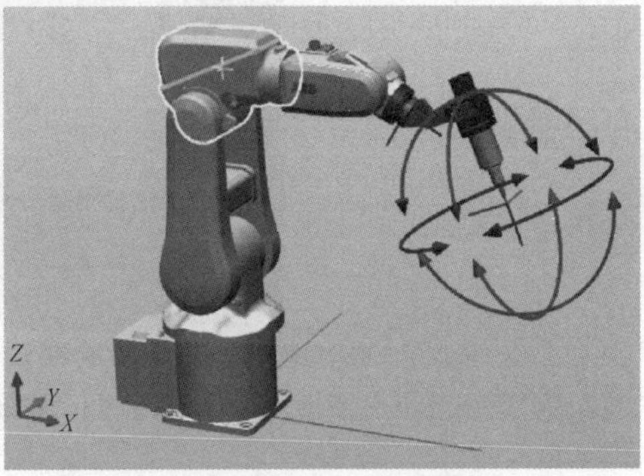

图 1–20　重定位运动

2. 操纵杆的使用技巧

机器人的手动操作是通过示教器上的操纵杆（见图 1–21）来进行的。可以把机器人的操纵杆比作汽车的油门，操纵杆的操作幅度是与机器人运动的速度相关的。操作幅度大，则机器人运动速度快，操作幅度小，则机器人运动速度慢，所以在操作机器人时，尽量以小幅度操作使机器人运动。

图 1–21　操纵杆

3. **手动操作的快捷按钮**

手动操作的快捷按钮如图 1–22 所示。

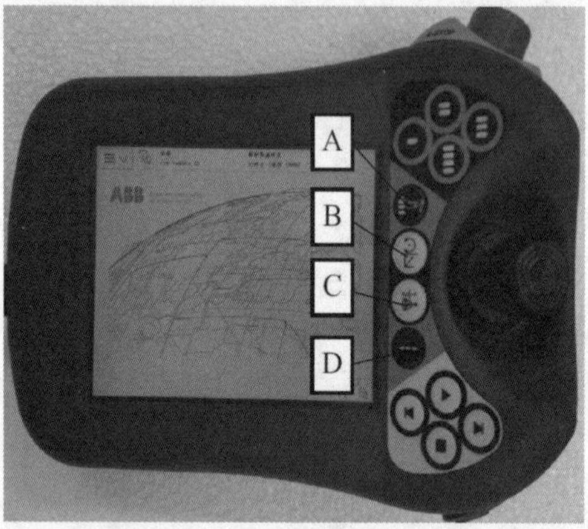

A—机器人/外轴的切换；B—线性运动/重定位运动的切换；C—轴 1～3/轴 4～6 的切换；D—增量开关

图 1–22　手动操作的快捷按钮

1.3.7　了解增量式手动运行

在手动操作机器人的过程中，如果对使用操纵杆控制机器人运动的速度不熟练，可以使用“增量”模式来控制机器人的运动。在“增量”模式下，操纵杆每移一下，机器人就移动一步。如果操纵杆持续一秒或数秒，机器人就会持续移动。“增量”模式的使用方法如图 1–23 与图 1–24 所示。

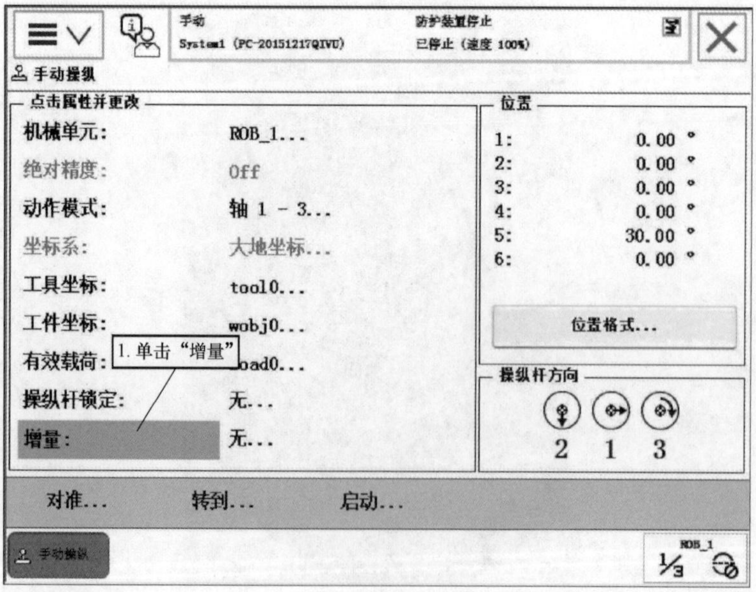

图 1–23　单击“增量”

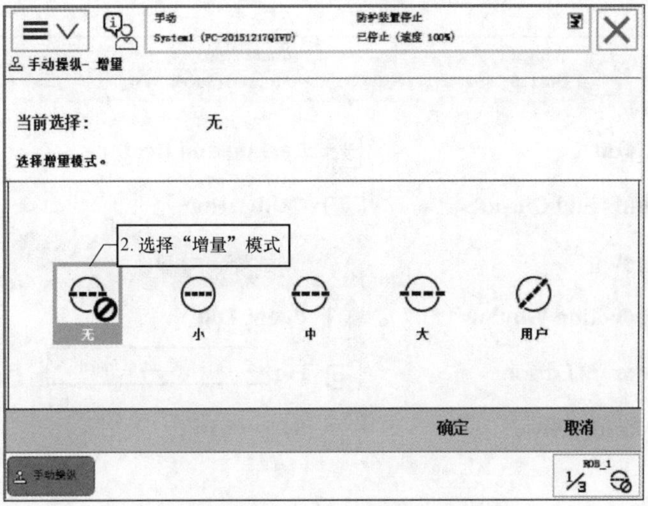

图 1–24　选择“增量”模式

1.4　任务实现

1.4.1　设定示教器的显示语言与系统时间

1. 设定示教器的显示语言

ABB 机器人的示教器在出厂的时候，默认的显示语言是英文，为了方便操作使用，可以把显示语言设置为中文，操作步骤如图 1–25～图 1–30 所示。

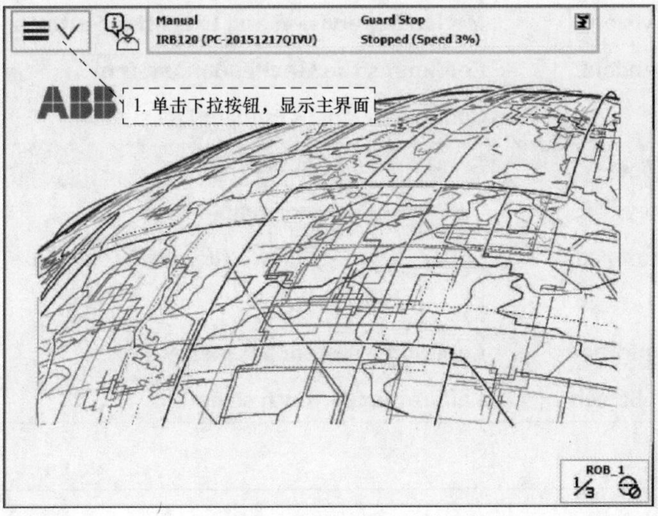

图 1–25　主界面

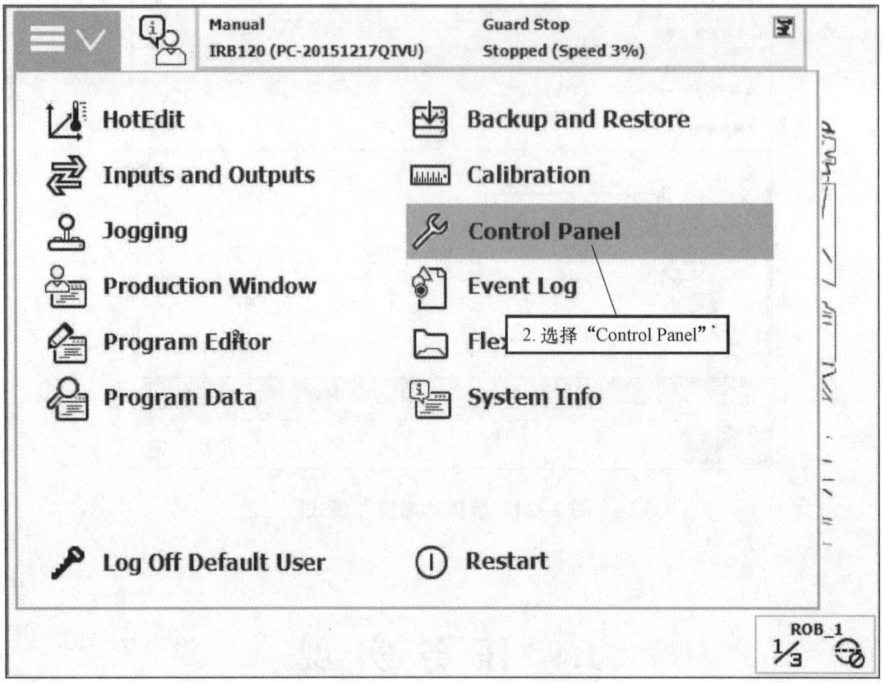

图 1-26　选择“Control Panel”

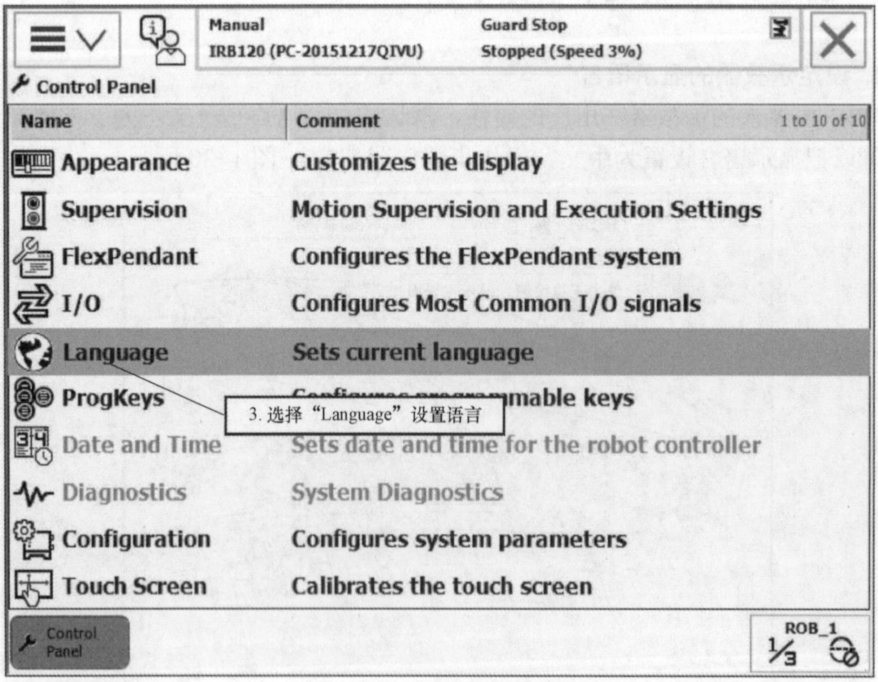

图 1-27　设置语言

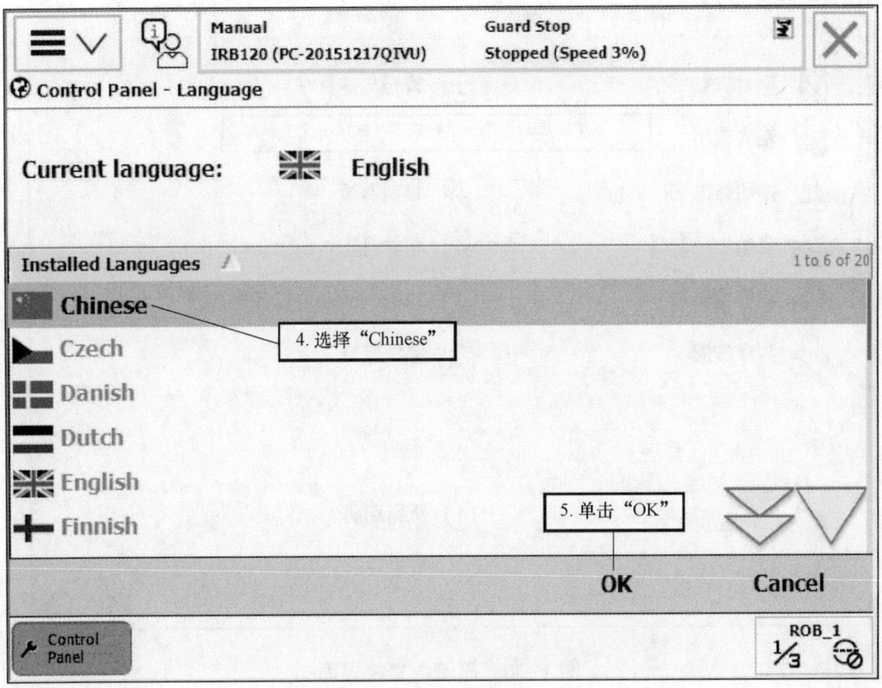

图 1-28　选择中文

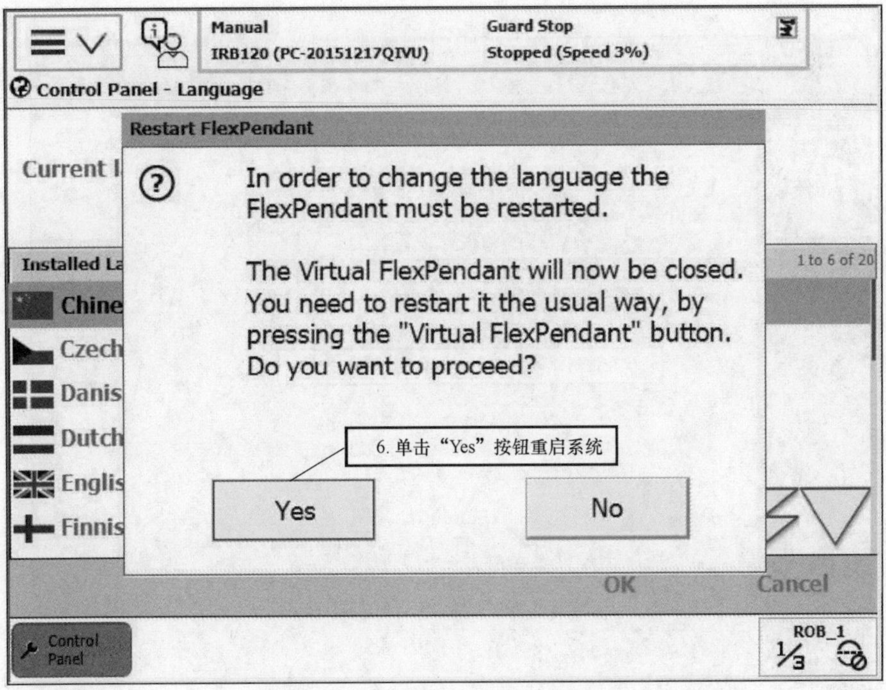

图 1-29　单击“Yes”按钮重启系统

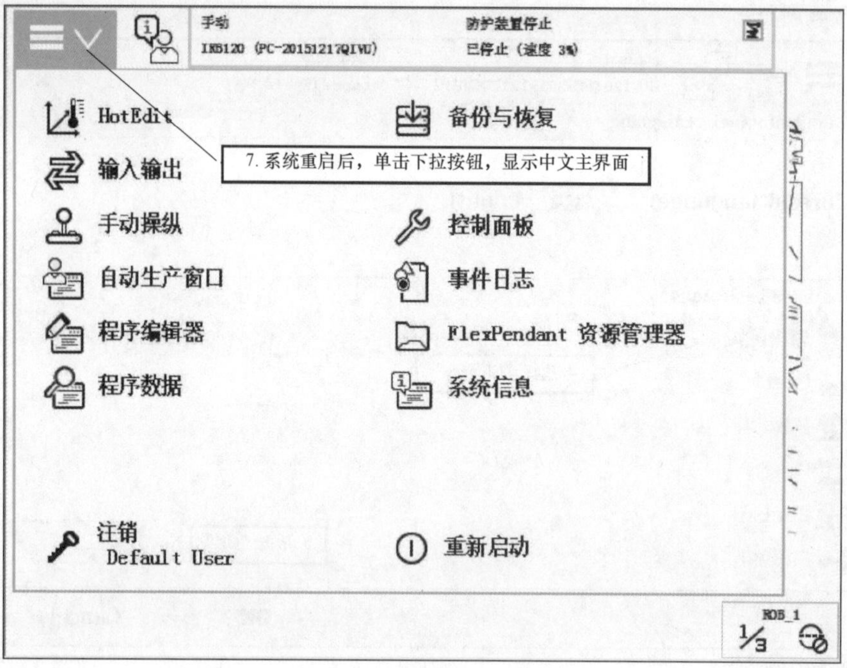

图 1-30 显示中文主界面

2. 设定示教器的系统时间

设定示教器的系统时间的步骤如图 1-31 与图 1-32 所示。

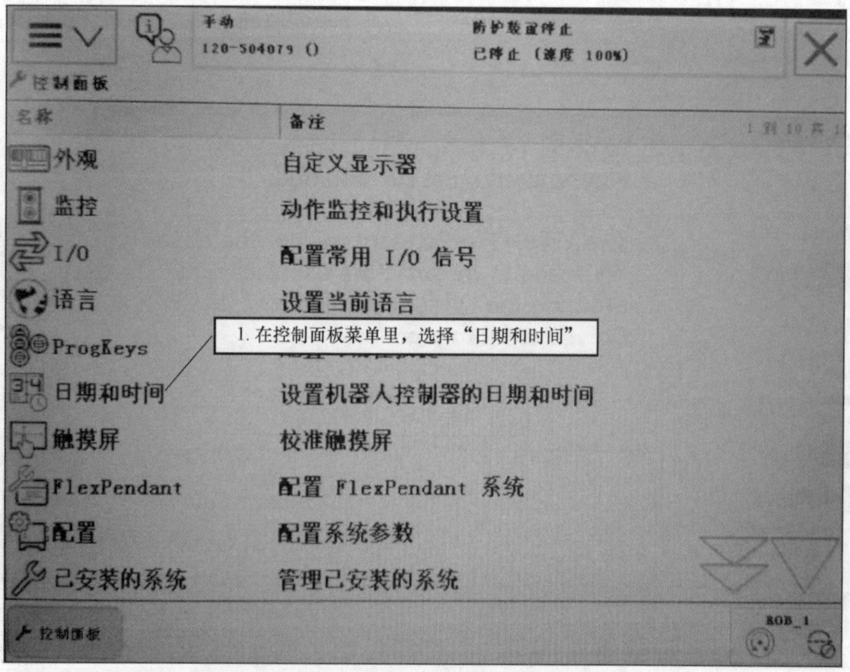

图 1-31 选择“日期和时间”

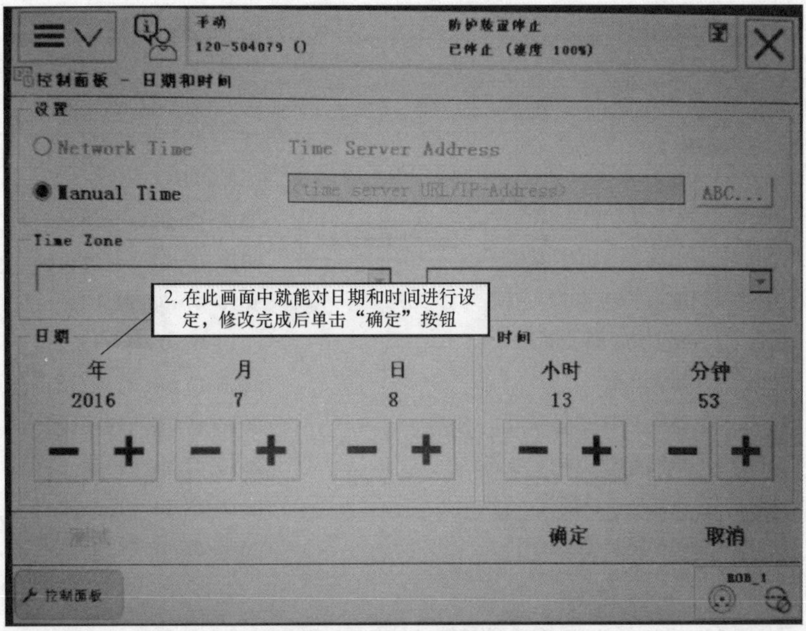

图 1-32 设定日期和时间

1.4.2 查看 ABB 机器人的事件日志与系统信息

（1）通过示教器查看机器人的事件日志，具体操作步骤如图 1-33 与图 1-34 所示。

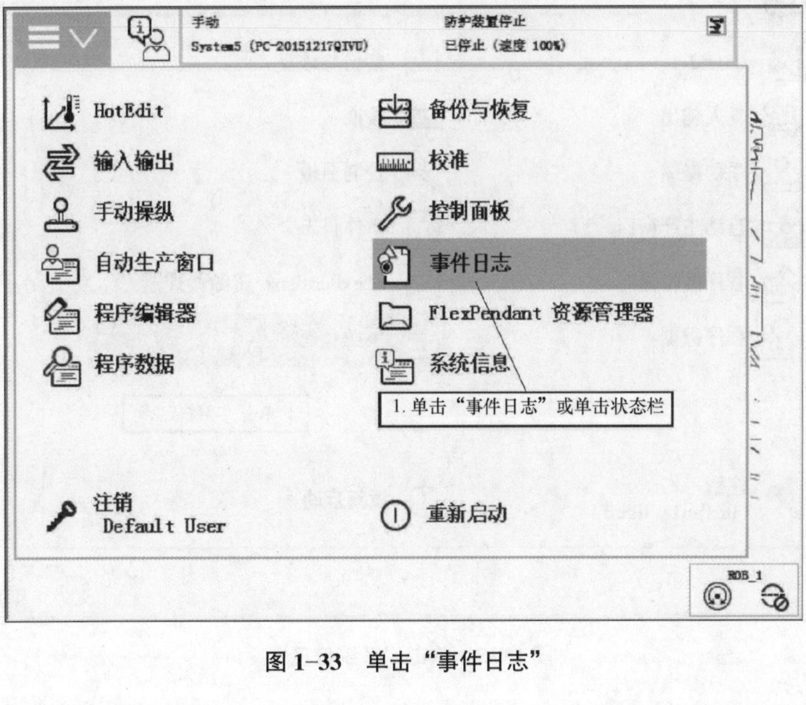

图 1-33 单击“事件日志”

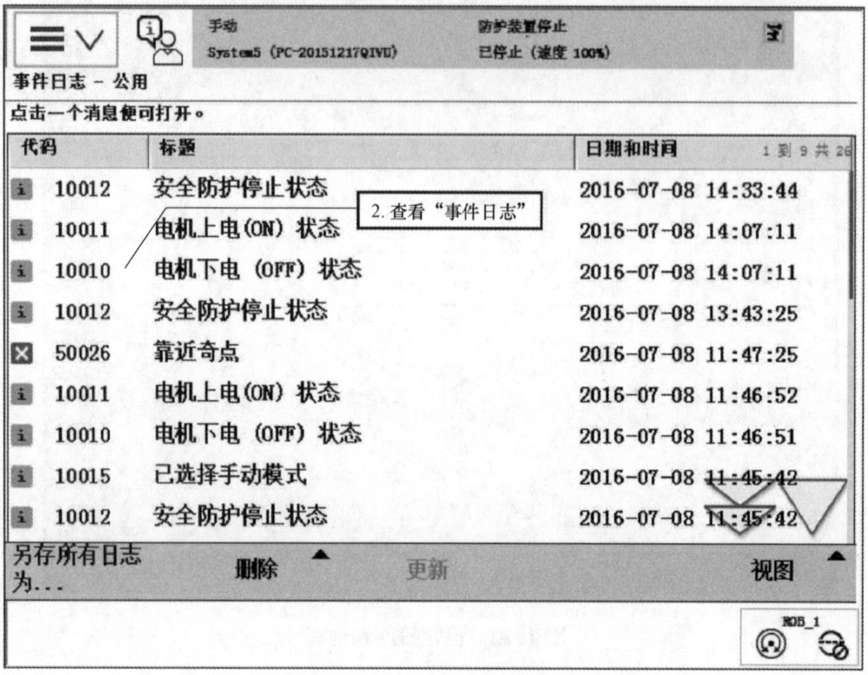

图 1-34　查看“事件日志”

（2）通过示教器查看机器人的系统信息，具体操作步骤如图 1-35 与图 1-36 所示。

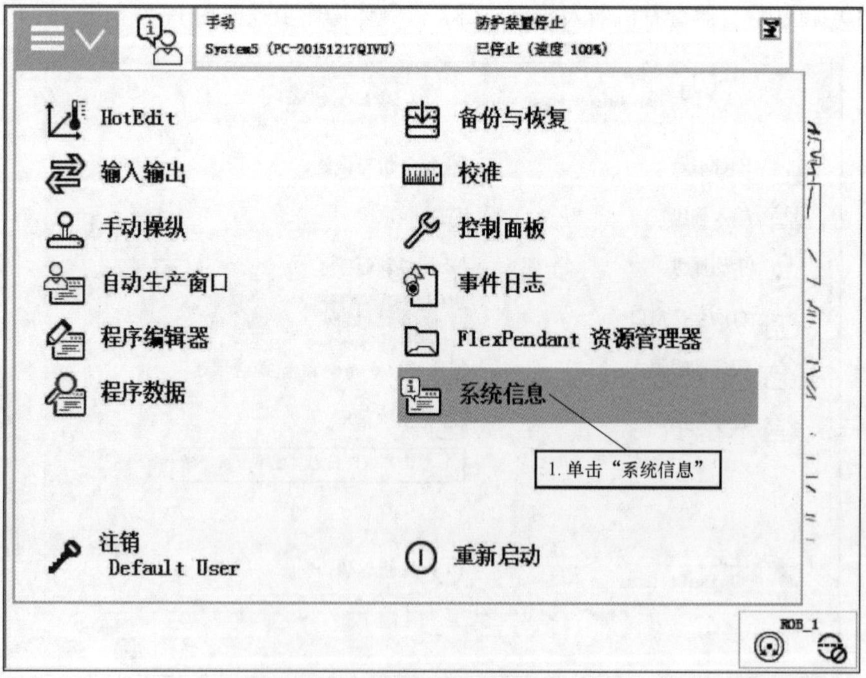

图 1-35　单击“系统信息”

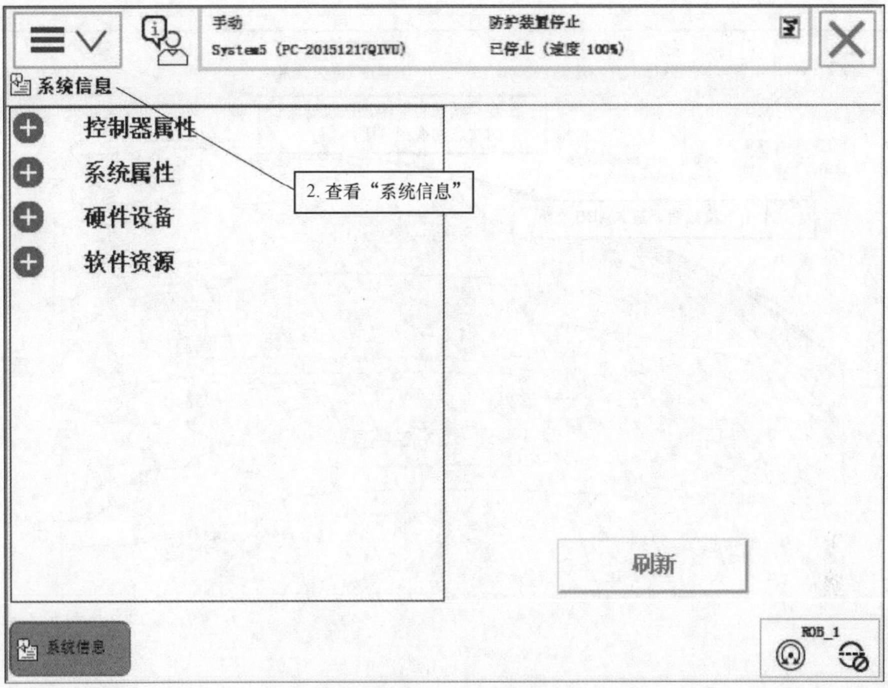

图 1-36　查看“系统信息”

1.4.3　ABB 机器人的关节运动

通过示教器操作机器人关节运动，具体操作步骤如图 1-37～图 1-43 所示。

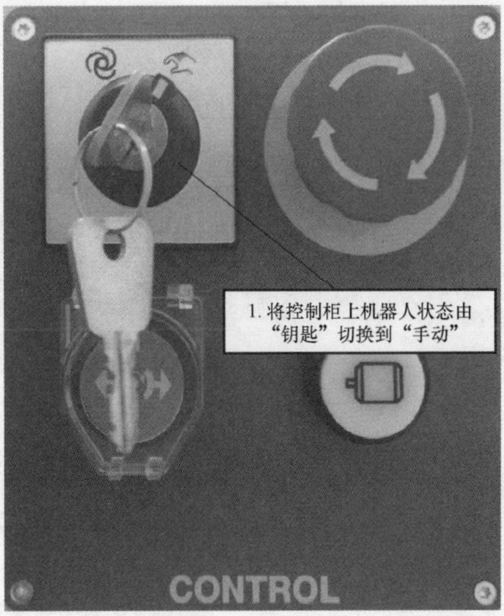

图 1-37　将机器人状态由“钥匙”切换到“手动”

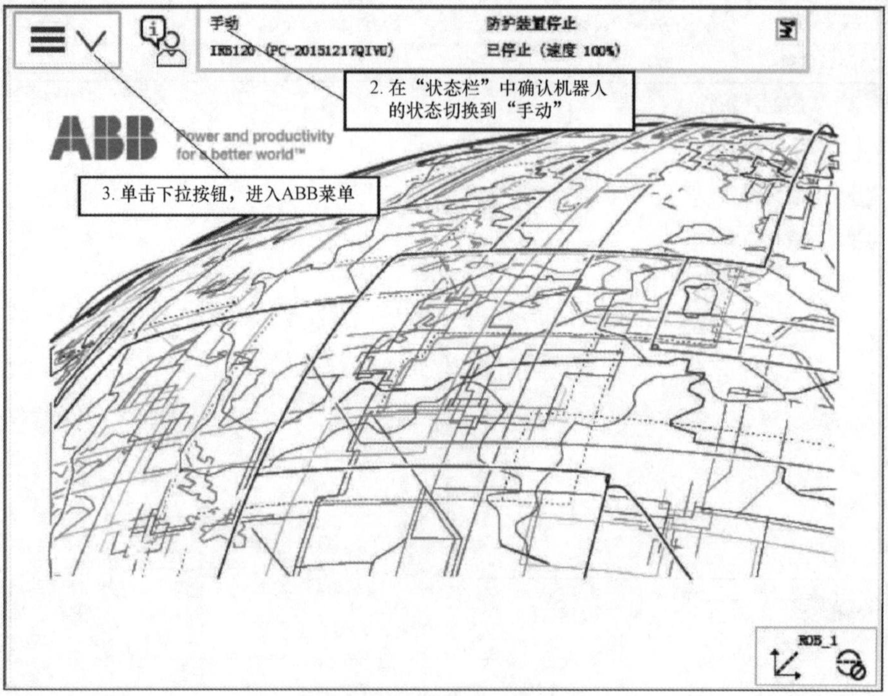

图 1-38　进入 ABB 菜单

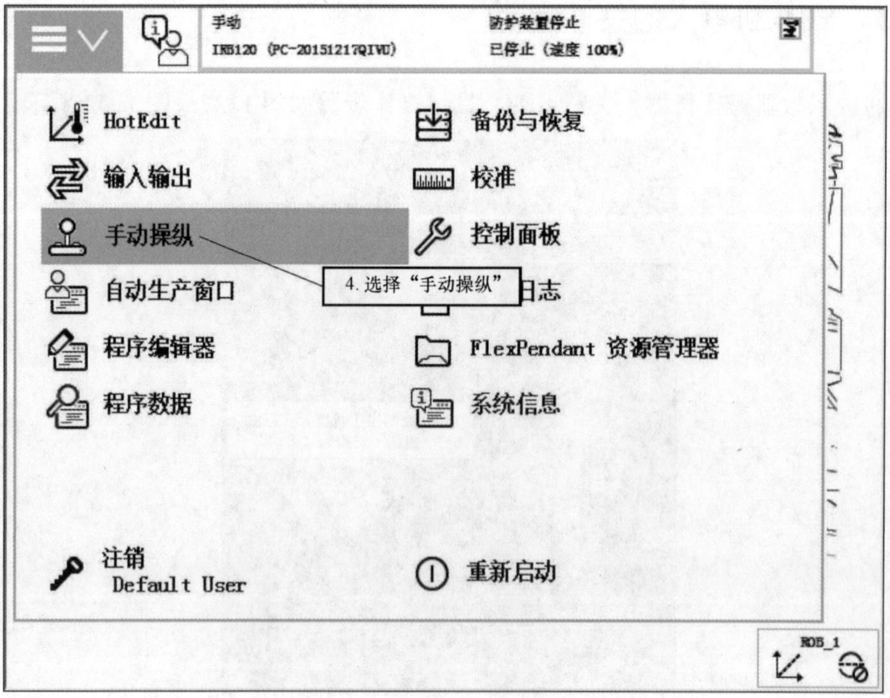

图 1-39　选择“手动操纵”

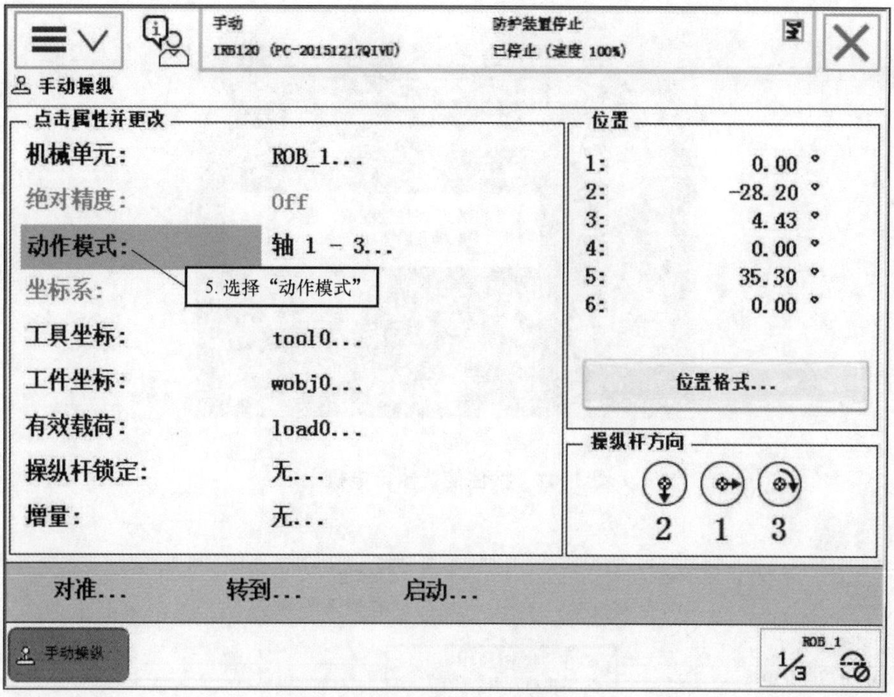

图 1-40　选择“动作模式”

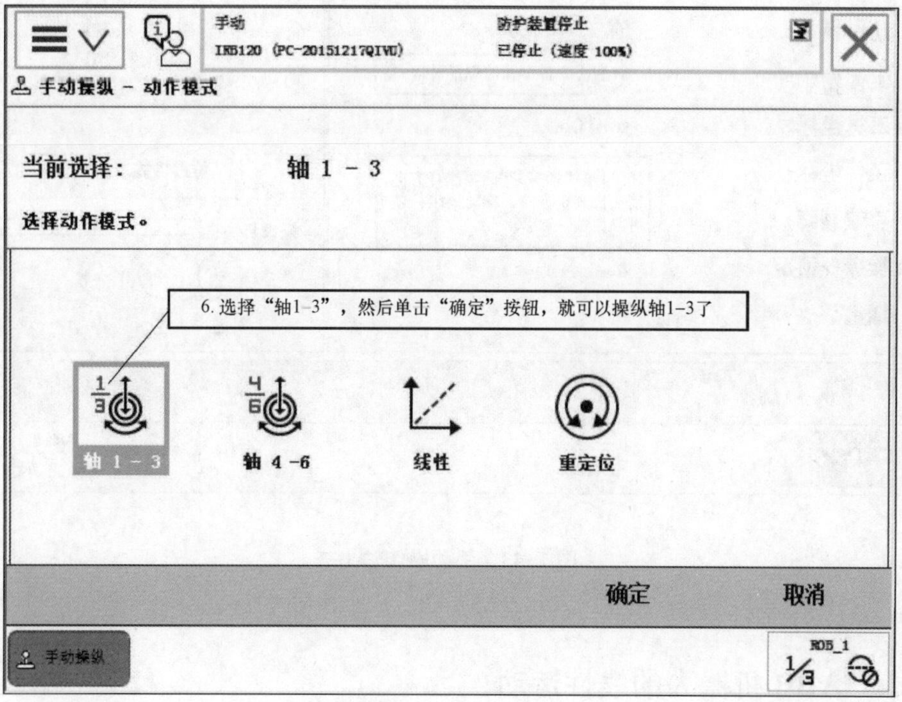

图 1-41　选择“轴 1-3”

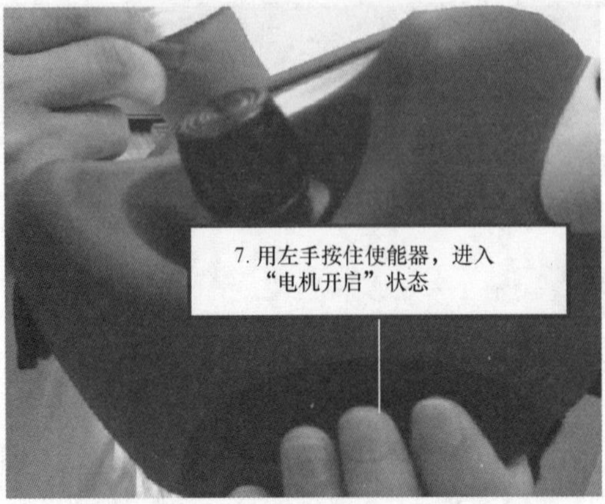

图 1-42　按住使能器，电机上电

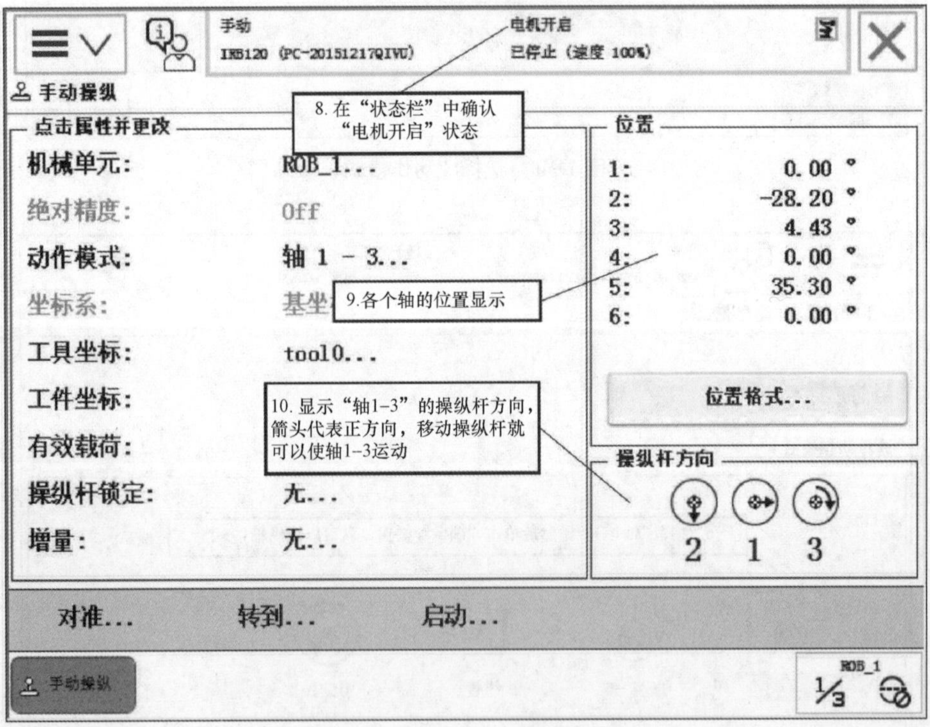

图 1-43　手动操作轴 1-3

1.4.4　ABB 机器人的线性运动

通过示教器操作机器人进行线性运动，具体操作步骤如图 1-44～图 1-52 所示。

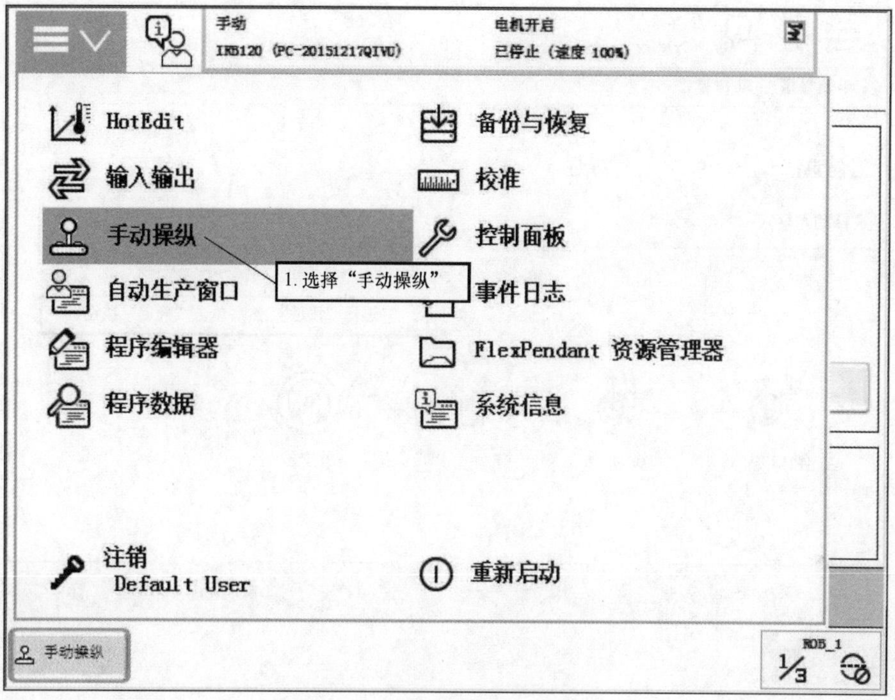

图 1-44　选择“手动操纵”

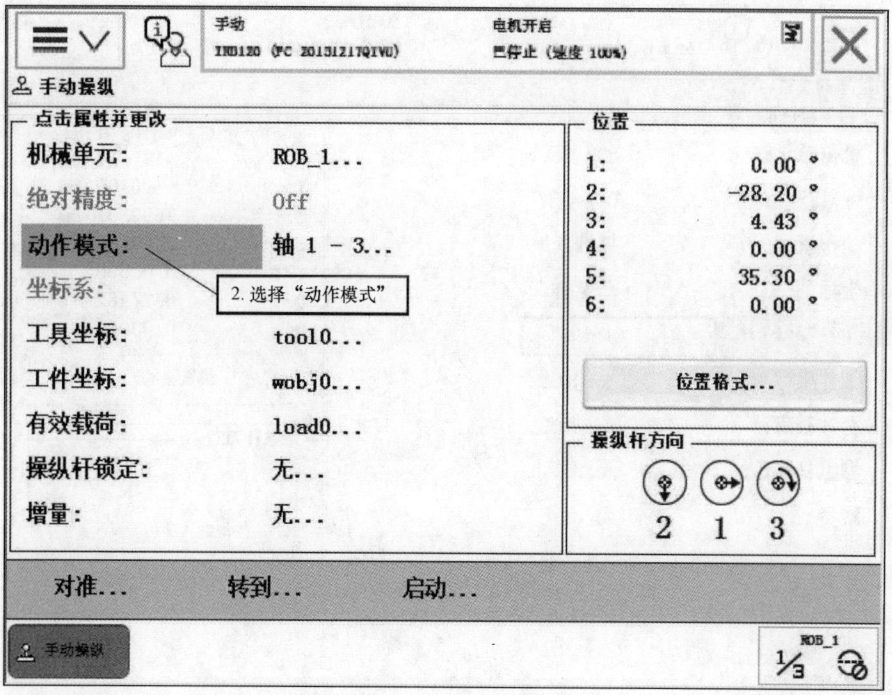

图 1-45　选择“动作模式”

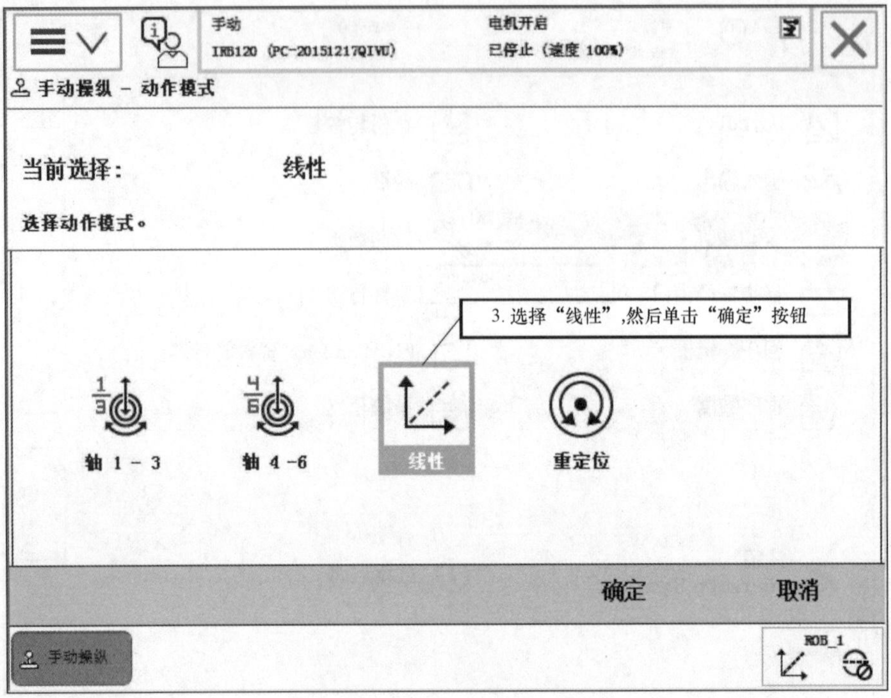

图 1-46 选择“线性”

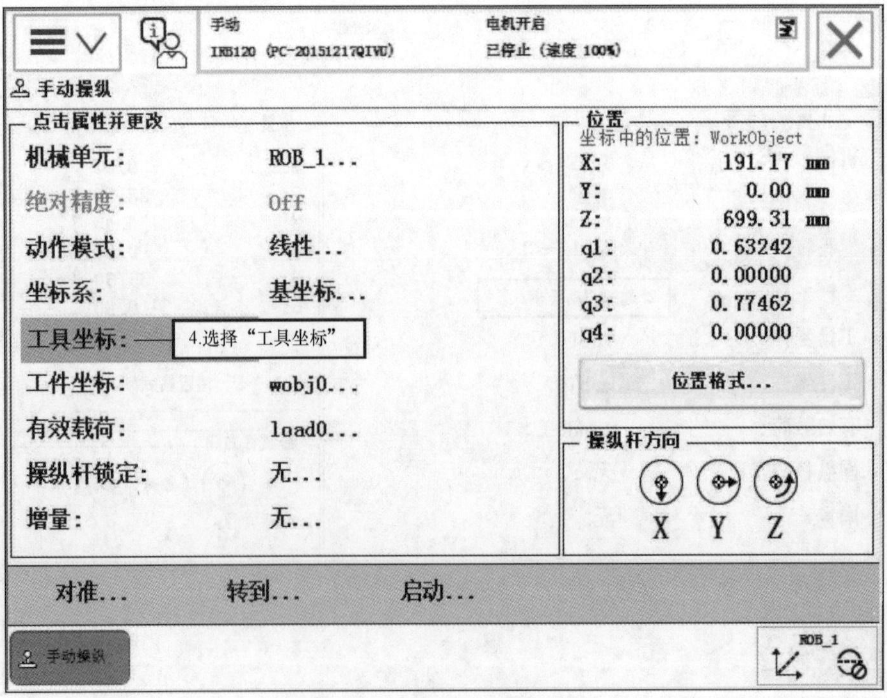

图 1-47 选择“工具坐标”

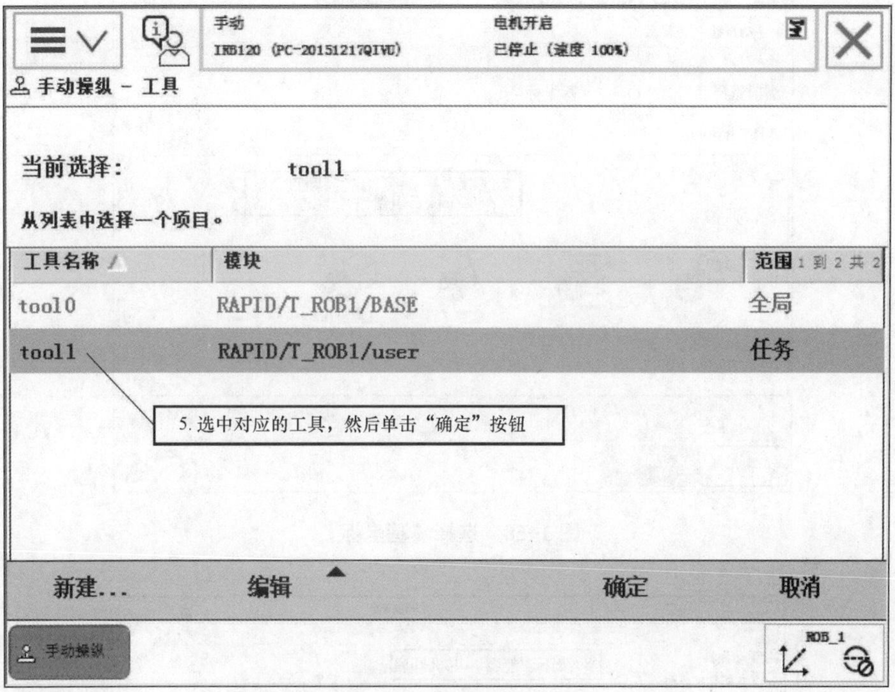

图 1-48 选中对应的工具

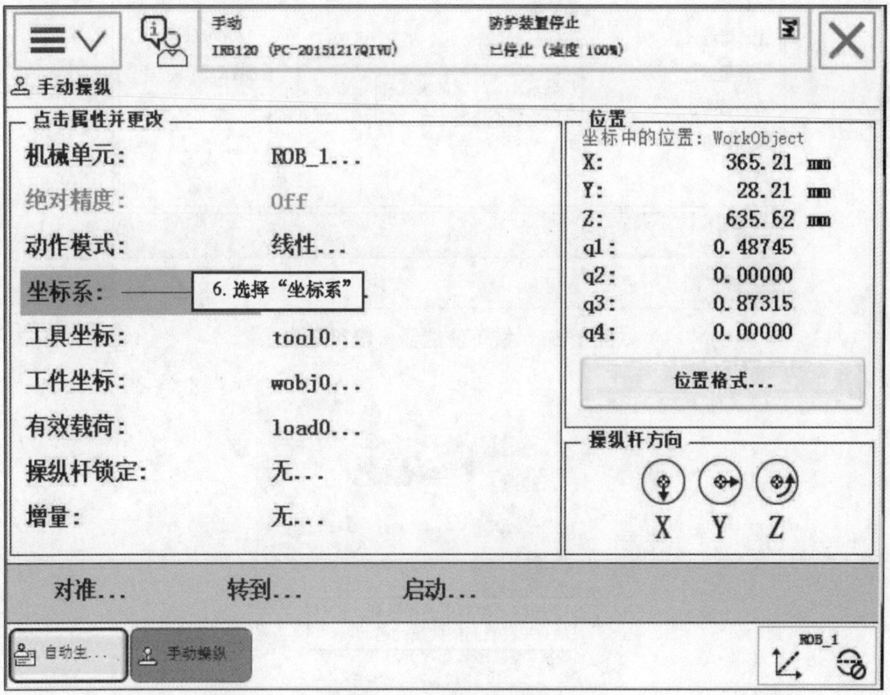

图 1-49 选择“坐标系”

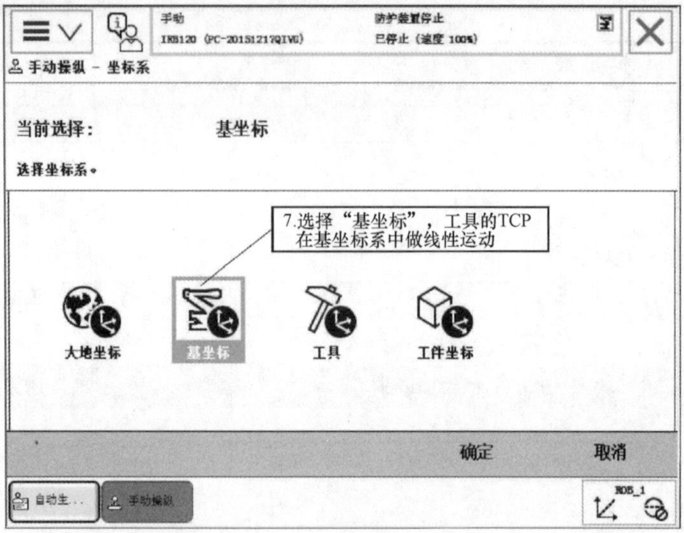

图 1-50 选择“基坐标”

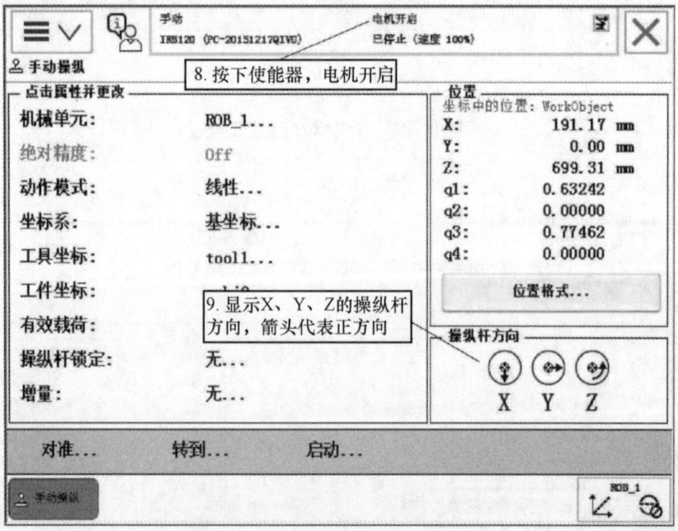

图 1-51 按下使能器，电机开启

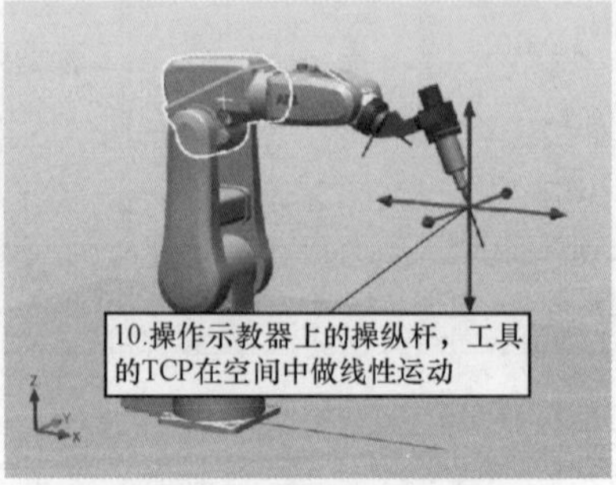

图 1-52 操作机器人做线性运动

1.4.5　ABB 机器人的重定位运动

通过示教器操作机器人进行重定位运动，具体操作步骤如图 1–53～图 1–60 所示。

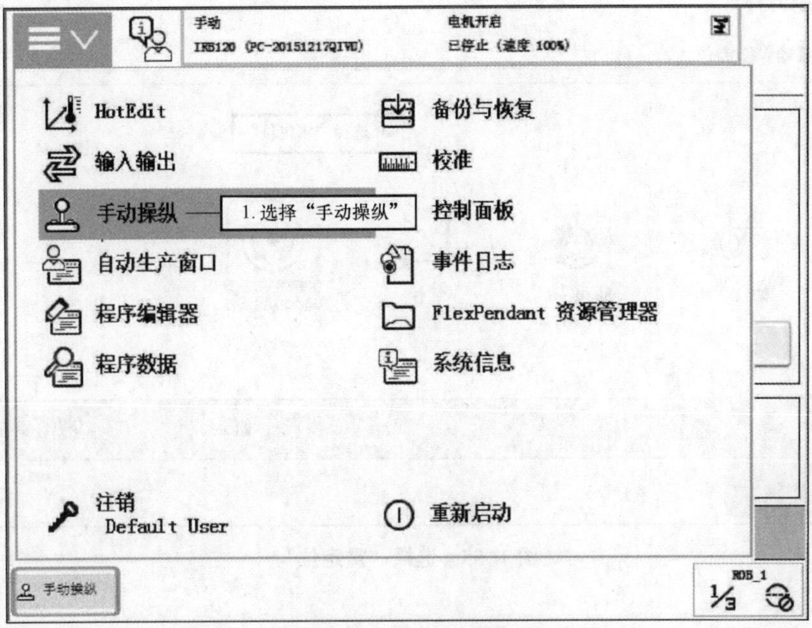

图 1–53　选择“手动操纵”

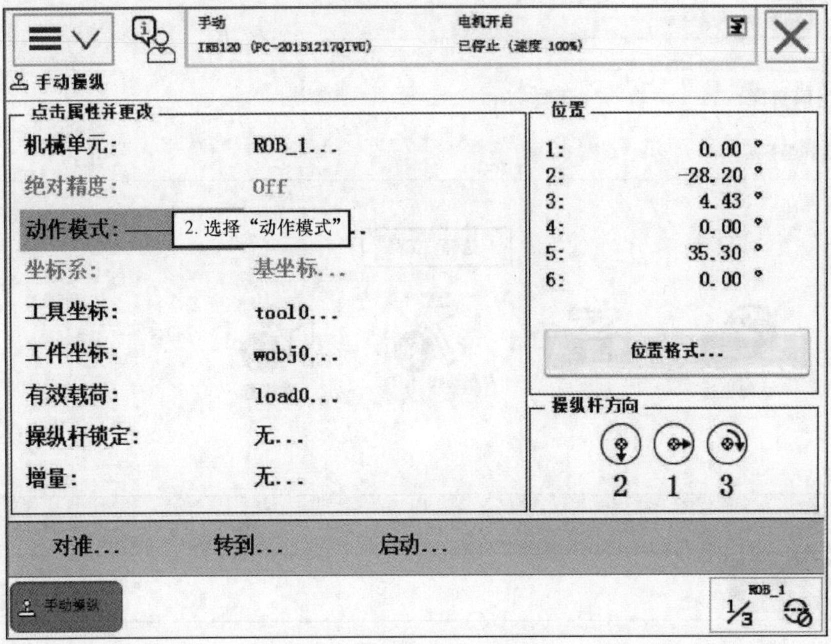

图 1–54　选择“动作模式”

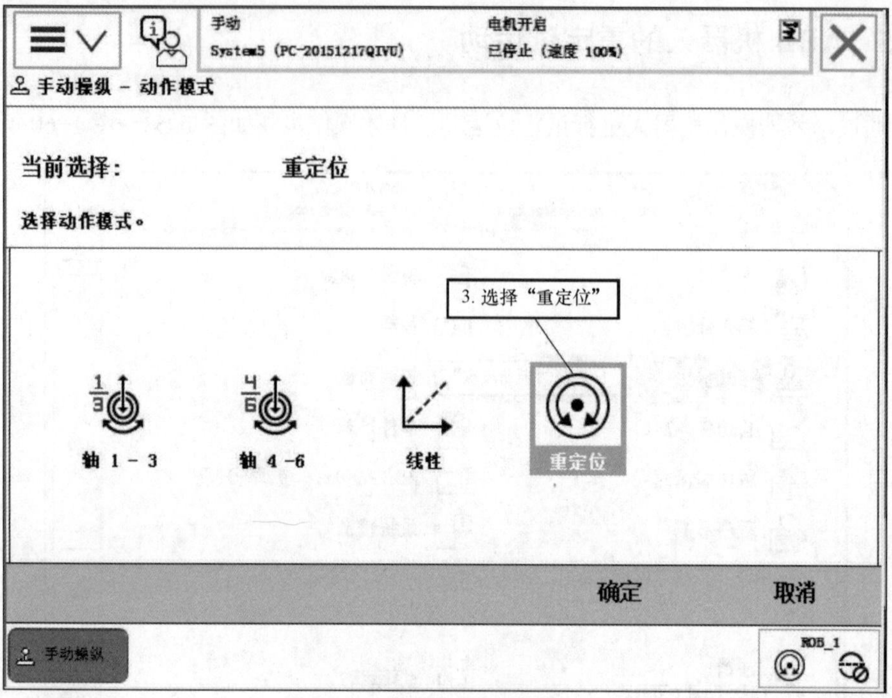

图 1-55　选择“重定位”

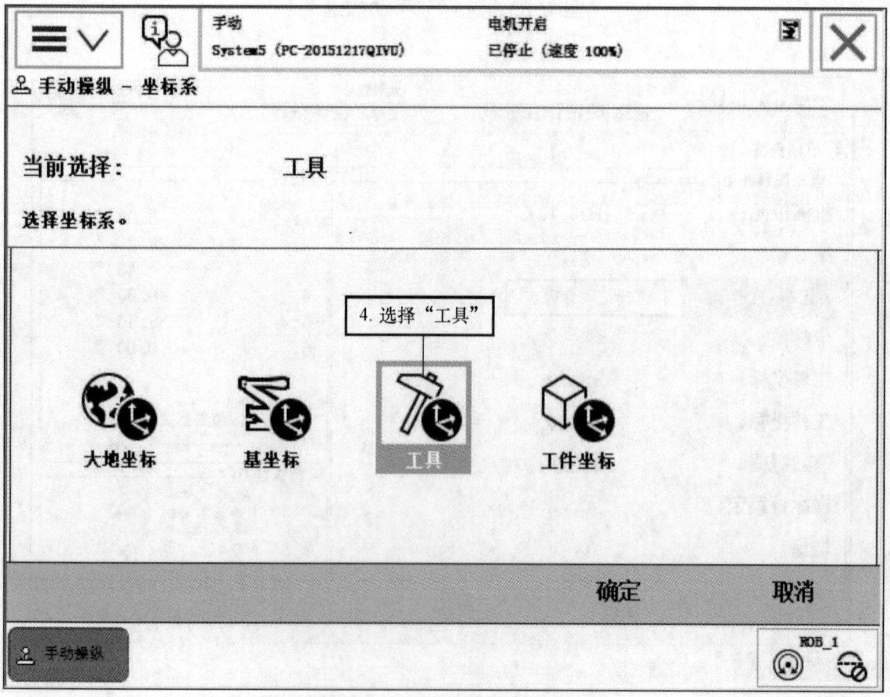

图 1-56　选择工具坐标系

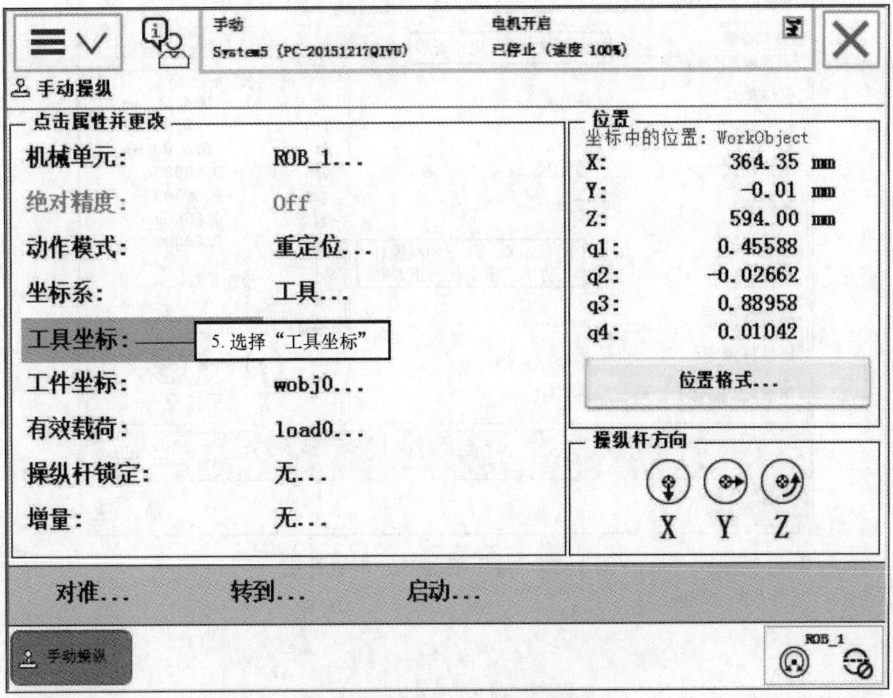

图 1-57 选择“工具坐标”

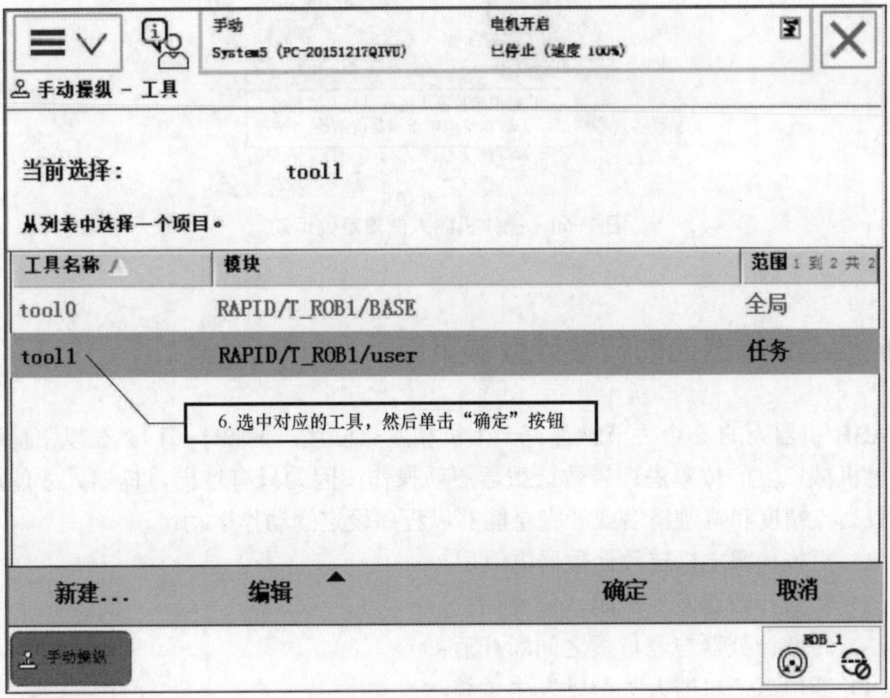

图 1-58 选中对应的工具

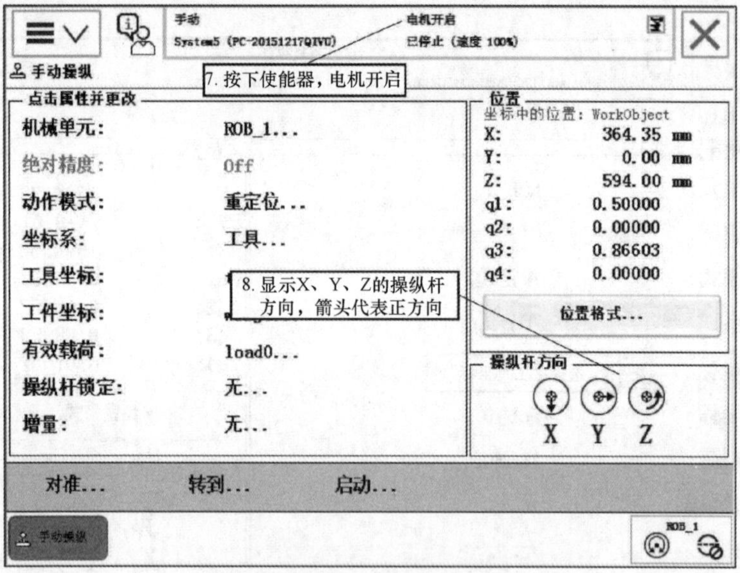

图 1-59　按下使能器，电机开启

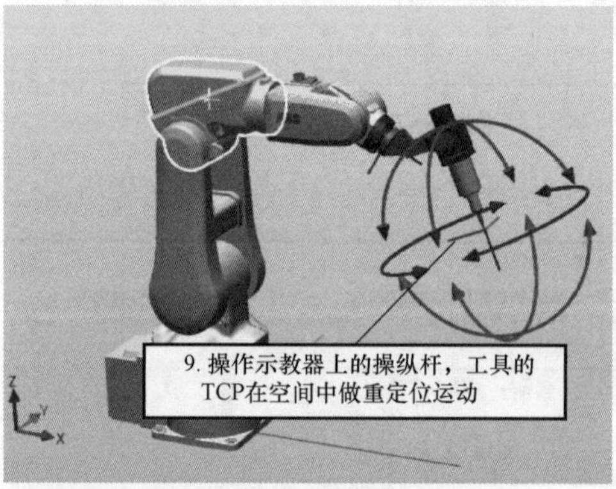

图 1-60　操作机器人做重定位运动

1.4.6　ABB 机器人的转数计数器更新

ABB 机器人的 6 个关节轴都有一个机械原点位置（见图 1-61）。在以下情况，需要对机械原点的位置进行转数计数器更新操作，因为只有这样，机器人才能达到它的最高点精度和轨迹精度或者完全能够以程序设定的动作运动：

（1）更换伺服电机转数计数器电池后；

（2）转数计数器发生故障，修复后；

（3）转数计数器与测量板之间断开后；

（4）断电后，机器人关节轴发生了移动；

（5）系统报警提示“10036 转数计数器未更新”时。

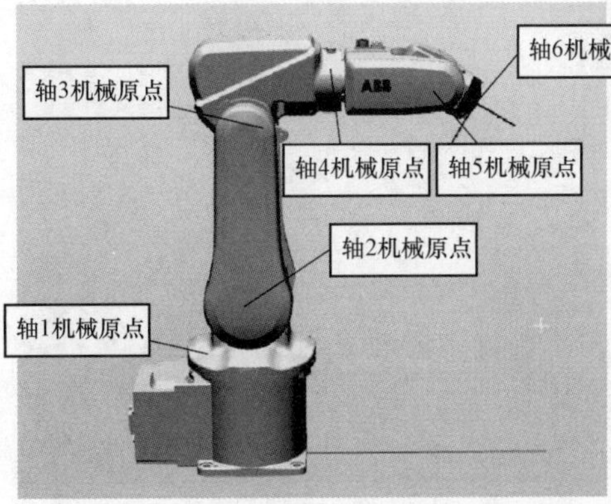

图 1-61　IRB120 型机器人机械原点位置示意

图 1-62～图 1-81 是进行 IRB120 型机器人转数计数器更新的操作，通过示教器手动操作让机器人各关节轴运动到机械原点的位置。

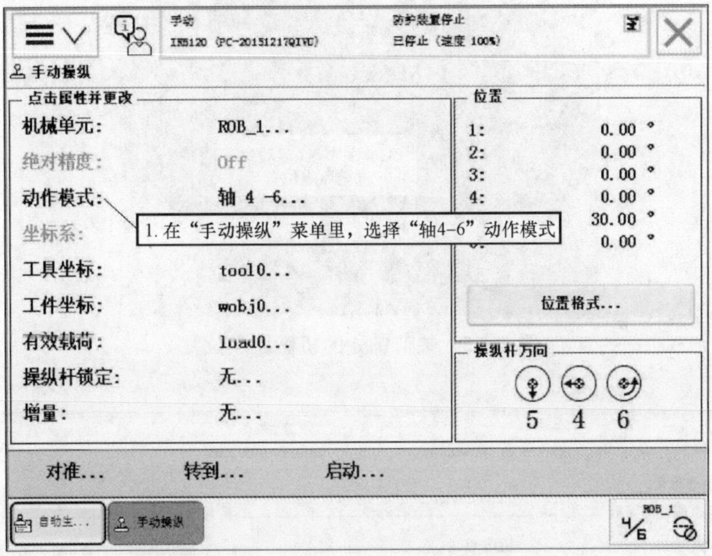

图 1-62　选择“轴 4-6”动作模式

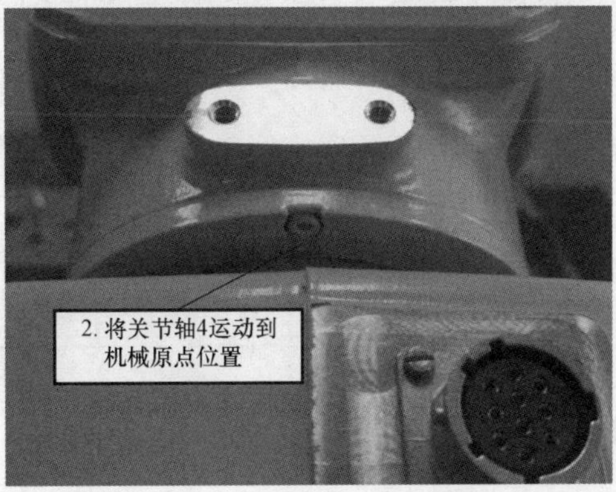

图 1-63　关节轴 4 的机械原点位置

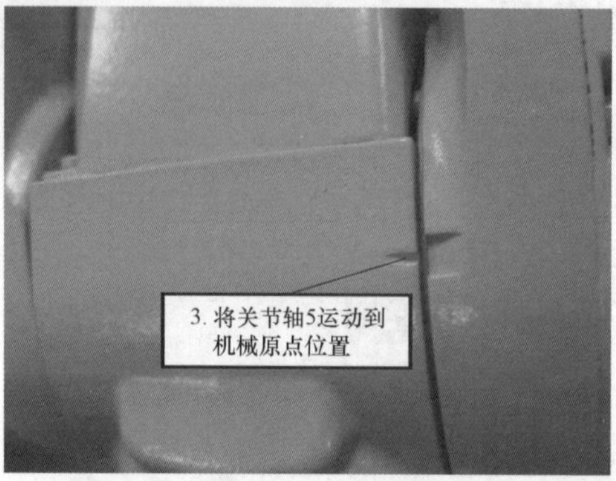

图 1-64　关节轴 5 的机械原点位置

图 1-65　关节轴 6 的机械原点位置

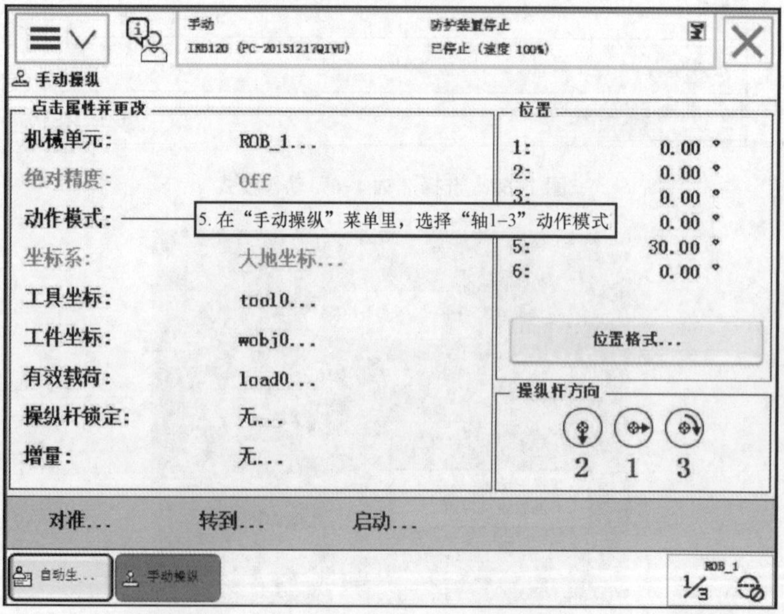

图 1-66　选择“轴 1-3”动作模式

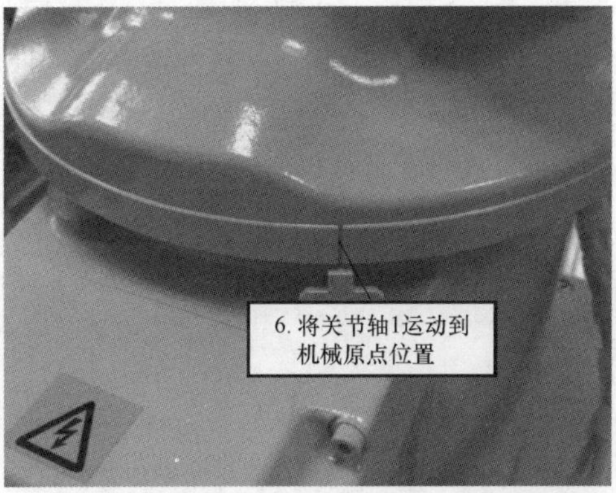

图 1-67 关节轴 1 的机械原点位置

图 1-68 关节轴 2 的机械原点位置

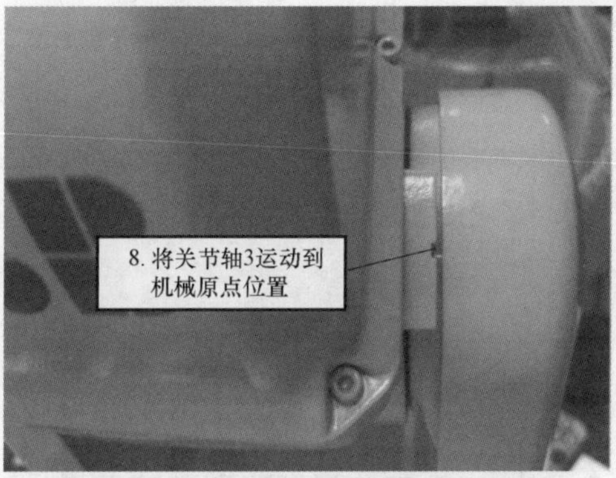

图 1-69 关节轴 3 的机械原点位置

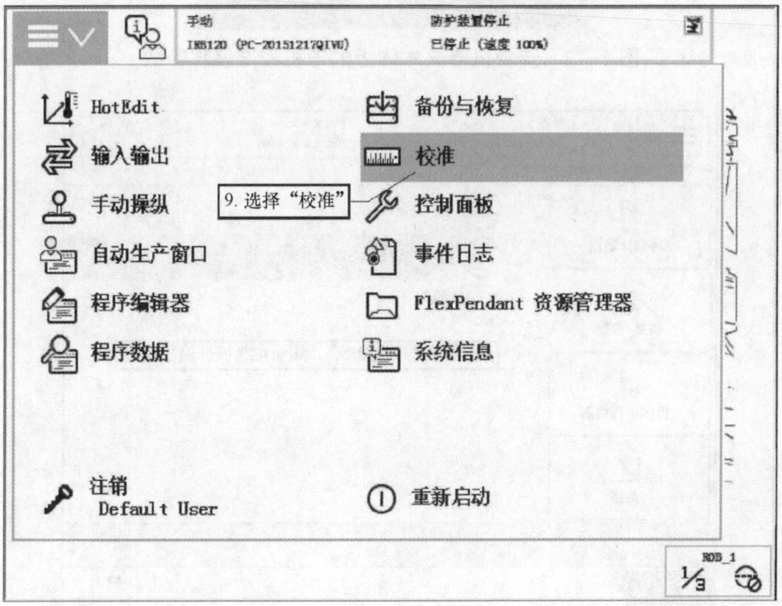

图 1-70 选择“校准”

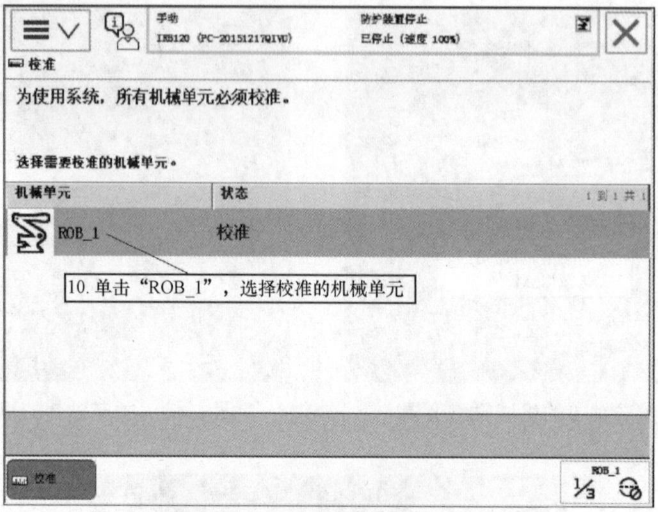

图 1–71　选择校准的机械单元

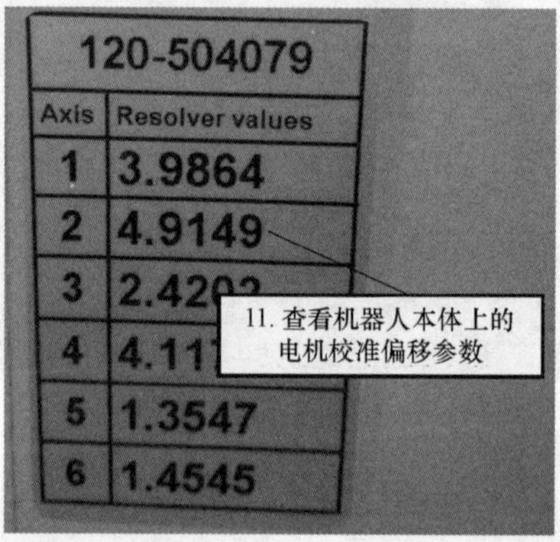

图 1–72　查看机器人本体上的电机校准偏移参数

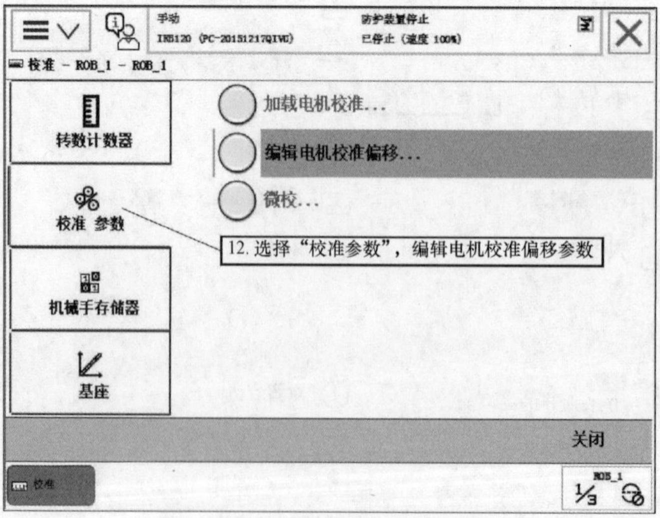

图 1–73　编辑电机校准偏移参数

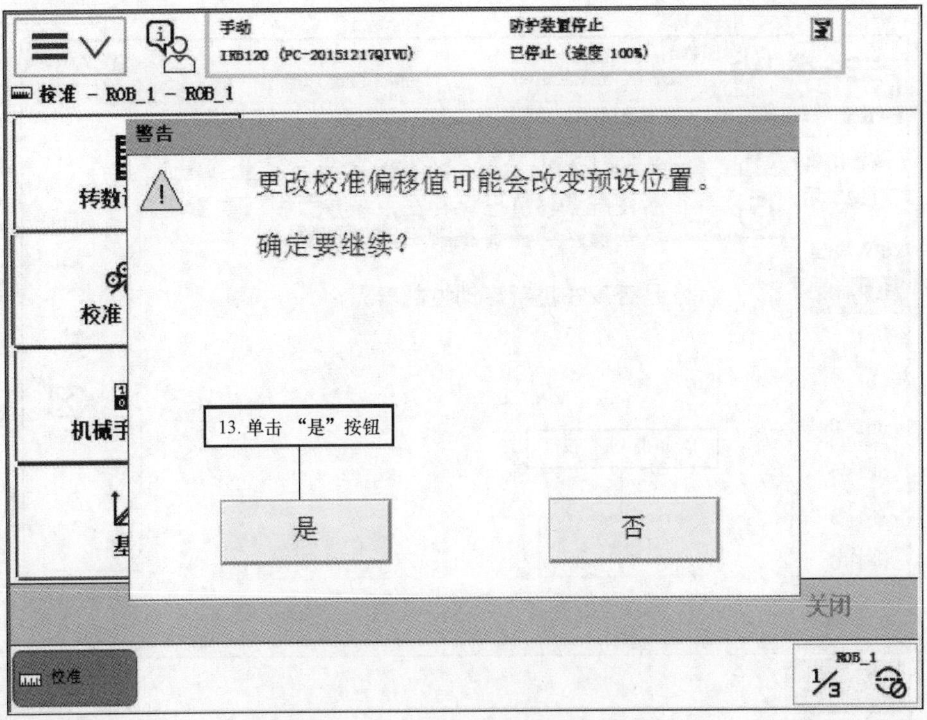

图 1-74　单击“是”按钮确认修改

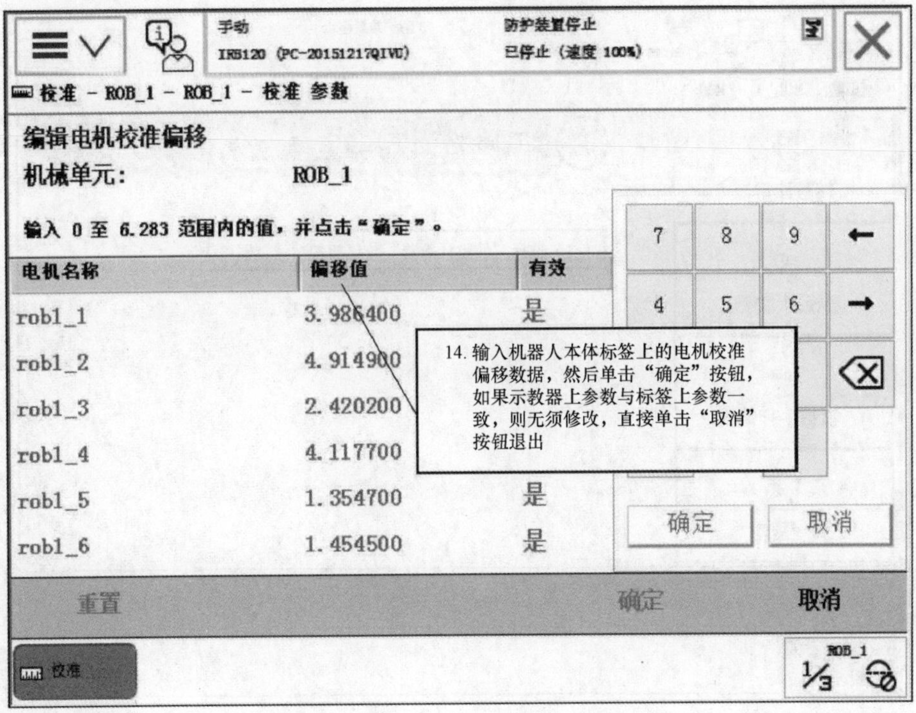

图 1-75　输入电机校准偏移数据

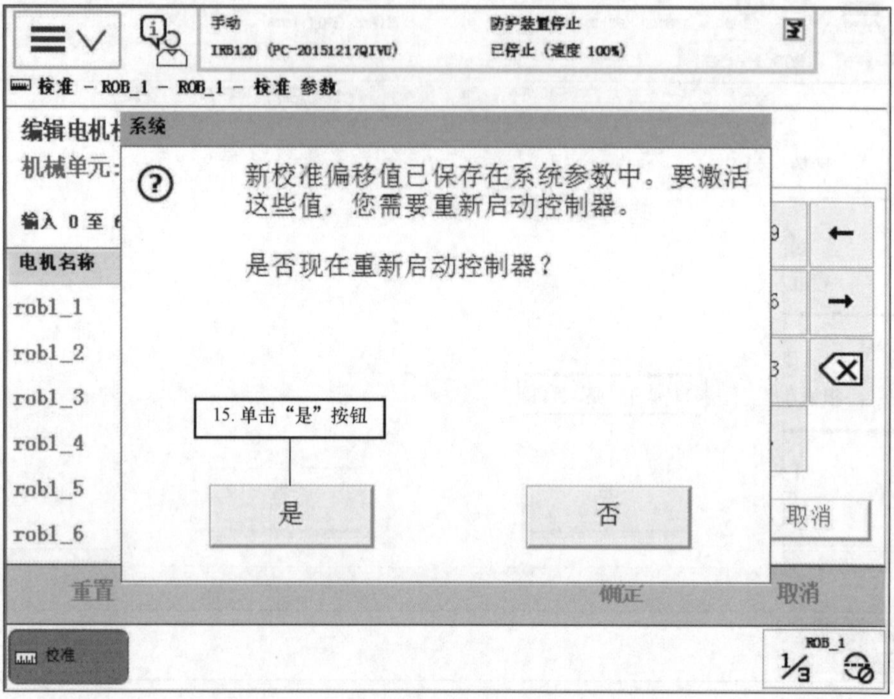

图 1-76　重启

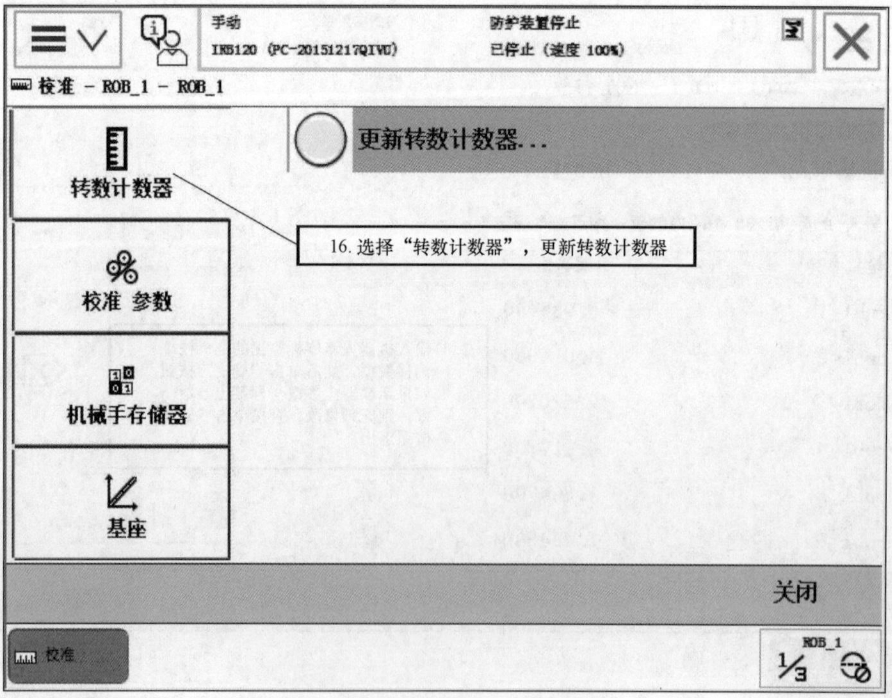

图 1-77　更新转数计数器

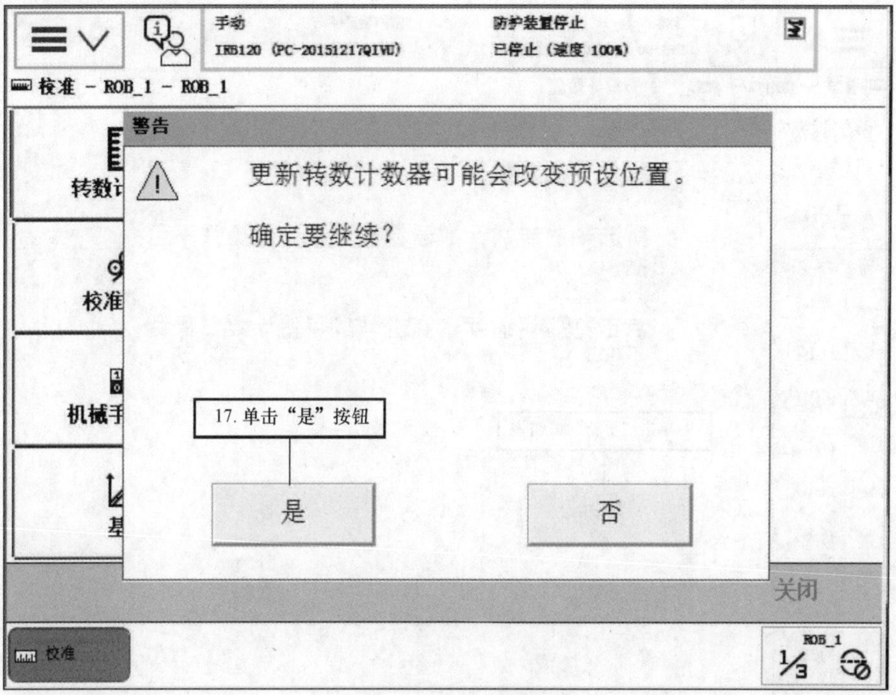

图 1-78　确认更新

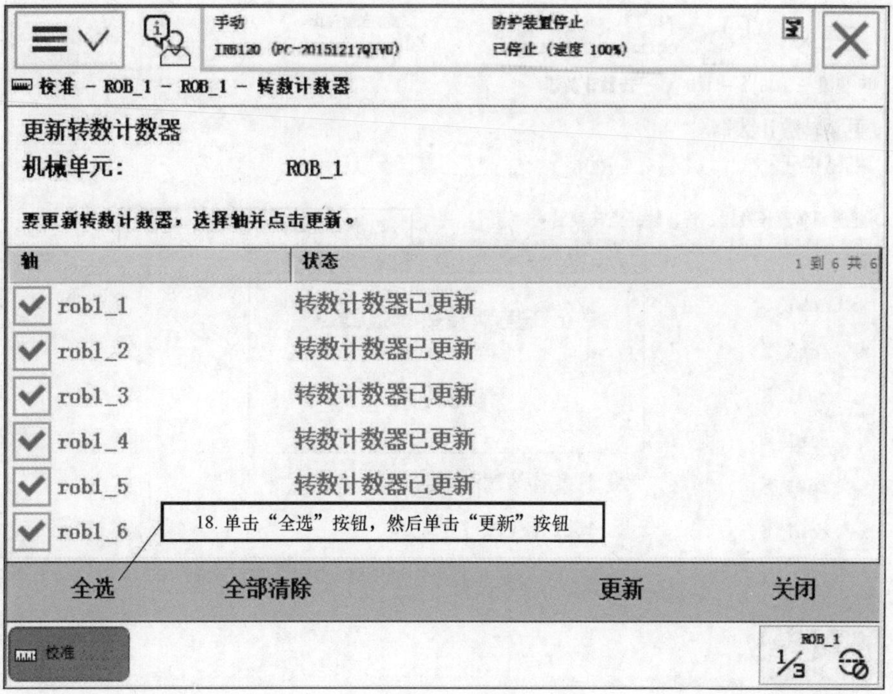

图 1-79　更新

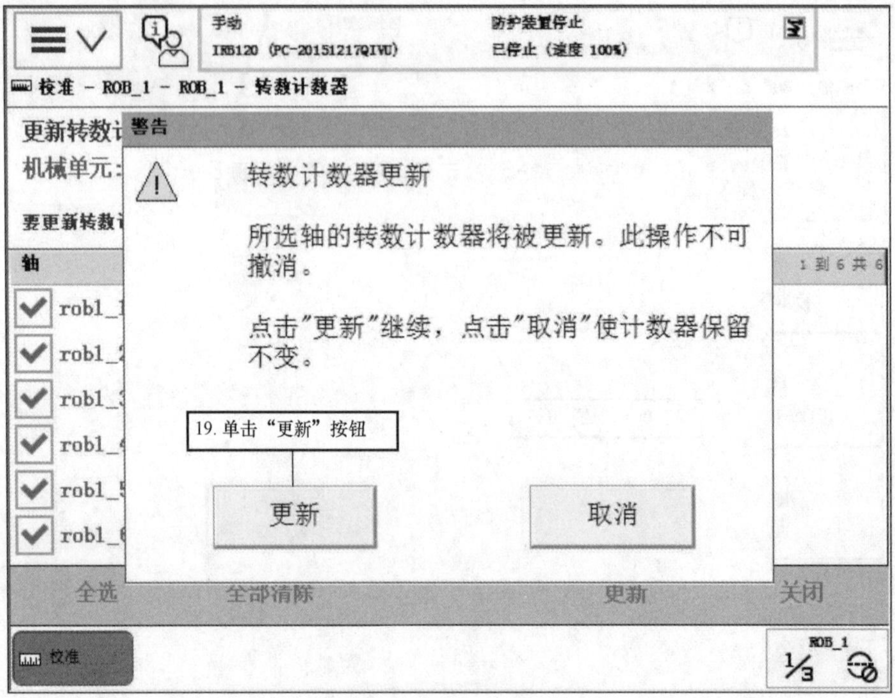

图 1-80　确认更新

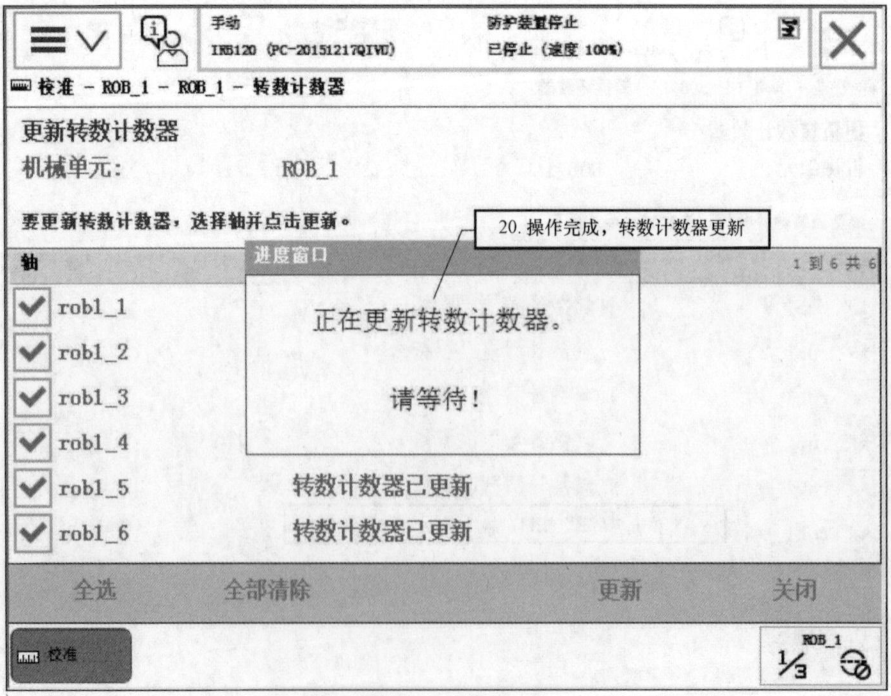

图 1-81　操作完成，转数计数器更新

1.5　考核评价

任务 1.1　熟悉示教器的使用

要求：能够熟练地掌握 ABB 机器人示教器的使用，熟悉示教器的界面，能用专业语言正确流利地展示配置的基本步骤，思路清晰、有条理，能圆满地回答老师与同学提出的问题，并能提出一些新的建议。

任务 1.2　能够在示教器上设定语言和时间

要求：能够在示教器上设定语言和时间，能用专业语言正确流利地展示配置的基本步骤，思路清晰、有条理，能圆满地回答老师与同学提出的问题，并能提出一些新的建议。

任务 1.3　熟练地掌握在手动操纵模式下移动机器人的方法

要求：熟练地掌握在手动操纵模式下移动机器人的方法，能够正确使用关节运动、线性运动、重定位运动相结合去移动机器人，能用专业语言正确流利地展示操作的基本步骤，思路清晰、有条理，能圆满地回答老师与同学提出的问题，并能提出一些新的建议。

任务 1.4　通过示教器对机器人的数据进行备份与恢复

要求：能够通过示教器对机器人的数据进行备份与恢复、加载机器人程序，能用专业语言正确流利地展示操作的基本步骤，思路清晰、有条理，能圆满地回答老师与同学提出的问题，并能提出一些新的建议。

任务 1.5　熟悉机器人各个轴的机械原点位置，并进行转数计数器更新

要求：熟悉机器人各个轴的机械原点位置，当机器人需要进行转数计数器更新时，能够熟练进行转数计数器更新，能用专业语言正确流利地展示操作的基本步骤，思路清晰、有条理，能圆满地回答老师与同学提出的问题，并能提出一些新的建议。

1.6　扩展提高

任务 1.6　通过示教器调整机器人的姿态，使之准确地移动到目标点

要求：通过示教器调整机器人的姿态，使之准确地移动到目标点，能用专业语言正确流利地展示操作的基本步骤，思路清晰、有条理，能圆满地回答老师与同学提出的问题，并能提出一些新的建议。

项目 2
ABB 机器人的 I/O 配置

2.1 项目描述

本项目的主要学习内容包括：了解 ABB 机器人 I/O 通信的种类，了解 ABB 机器人常用标准 I/O 板（651、652、653、377B），了解并配置 ABB 机器人 DSQC 651 标准 I/O 板，了解并配置输入/输出信号并与系统输入/输出信号关联，配置可编程按键等。

2.2 教学目的

通过本项目的学习，让学生了解 ABB 机器人 I/O 通信的种类，了解 ABB 机器人常用标准 I/O 板（651、652、653、377B），通过示教器配置 ABB 机器人 DSQC 651 标准 I/O 板，通过示教器配置输入/输出信号、组合输入/输出信号和模拟量输出信号，通过示教器将系统输入/输出与 I/O 信号关联，通过示教器对 I/O 信号进行监控与操作，对示教器上的可编程按键进行定义等。本项目的内容主要是关于 ABB 机器人的 I/O，包含很多配置环节，学生可以按照本项目所讲的配置步骤同步操作，为后续学习更加复杂的内容打下坚实的基础。

2.3 知识准备

通过项目 1 的学习，学生已经对机器人各方面有了一定的了解，这将为本项目的学习提供很好的帮助。

2.3.1　ABB 机器人 I/O 通信的种类

ABB 机器人控制柜上有丰富的 I/O 通信接口，便于和其他设备进行通信。ABB 机器人常用通信种类见表 2–1。

表 2–1　ABB 机器人常用通信种类

ABB 机器人	
现场总线	PC
Device Net	RS-232
Profibus	OPC server
Profibus-DP	……
Profinet	
EtherNet IP	
……	

ABB 机器人 I/O 通信接口说明：ABB 机器人的标准 I/O 板提供的信号处理有数字量输入 di、数字量输出 do、模拟量输入 ai、模拟量输出 ao、组合输入 gi、组合输出 go，下文将会对此进行介绍。

ABB 机器人常用标准 I/O 板见表 2–2。

表 2–2　ABB 机器人常用标准 I/O 板

标准 I/O 板型号	说明
DSQC 651	分布式 I/O 模块 DI8\DO8 AO2
DSQC 652	分布式 I/O 模块 DI16\DO16
DSQC 653	分布式 I/O 模块 DI8\DO8（带继电器型）
DSQC 377B	输送链跟踪模块

2.3.2　ABB 机器人标准 I/O 板 DSQC 651 介绍

DSQC 651 主要提供 8 个通道的数字量输入信号、8 个通道的数字量输出信号和 2 个通道的模拟量输出信号的处理，输出电流最大为 500 mA，驱动负载时电流若大于 500 mA，有可能损坏输出点位，使用时应特别注意。

1. I/O 板接口说明

DSQC 651 如图 2-1 所示。

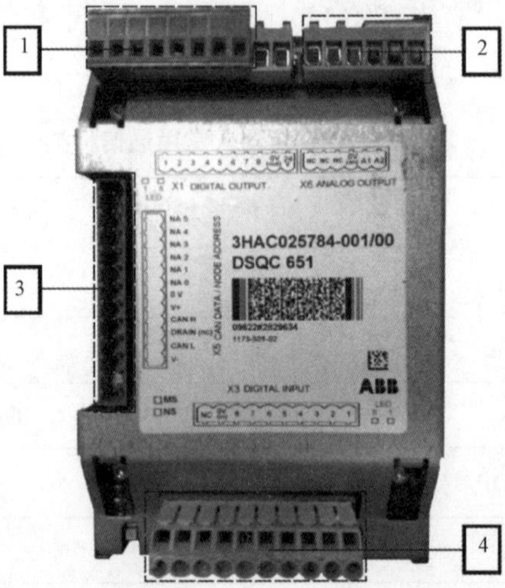

1—X1，数字量输出接口；2—X6，模拟量输出接口；3—X5，DeviceNet 接口；4—X3，数字量输入接口

图 2-1　DSQC 651

2. DSQC 651 I/O 板各接口说明

X1 端子的详细介绍见表 2-3。

表 2-3　DSQC 651 的 X1 端子介绍

X1 端子编号	使用定义	分配地址
1	Output CH1	32
2	Output CH2	33
3	Output CH3	34
4	Output CH4	35
5	Output CH5	36
6	Output CH6	37
7	Output CH7	38
8	Output CH8	39
9	0 V	
10	24 V X3 端子	
说明：输出端子 9 脚接 0 V，10 脚接 24 V，可从 XS16 上接线		

X3 端子的详细介绍见表 2-4。

表 2-4　DSQC 651 的 X3 端子介绍

X3 端子编号	使用定义	分配地址
1	Iutput CH1	0
2	Iutput CH2	1
3	Iutput CH3	2
4	Iutput CH4	3
5	Iutput CH5	4
6	Iutput CH6	5
7	Iutput CH7	6
8	Iutput CH8	7
9	0 V	
10	未使用	
说明：输入端子 9 脚接 0 V，可从 XS16 上接线		

X5 端子的详细介绍见表 2-5。

表 2-5　DSQC 651 的 X5 端子介绍

X5 端子编号	使用定义
1	0 V（黑）
2	CAN 信号线 Low（蓝）
3	屏蔽线
4	CAN 信号线 High（白）
5	24 V（红）
6	I/O 板地址选择公共端 GND
7	板卡 ID Bit0（LSB）
8	板卡 ID Bit1（LSB）
9	板卡 ID Bit2（LSB）
10	板卡 ID Bit3（LSB）
11	板卡 ID Bit4（LSB）
12	板卡 ID Bit5（LSB）

ABB 机器人标准 I/O 板是下挂在 DeviceNet 网络上的，所以需要设定板卡在网络中的地址，X5 端子的 6～12 脚的跳线决定板卡的地址，将跳线的相应引脚剪掉即可得到相应的地址，地址范围为 10～63。

如图 2-2 所示，剪断了 8 号、10 号地址针脚，由 2+8=10，可以获得 10 的地址。如需获得 15 的地址，可把 7～10 脚的跳线剪去。

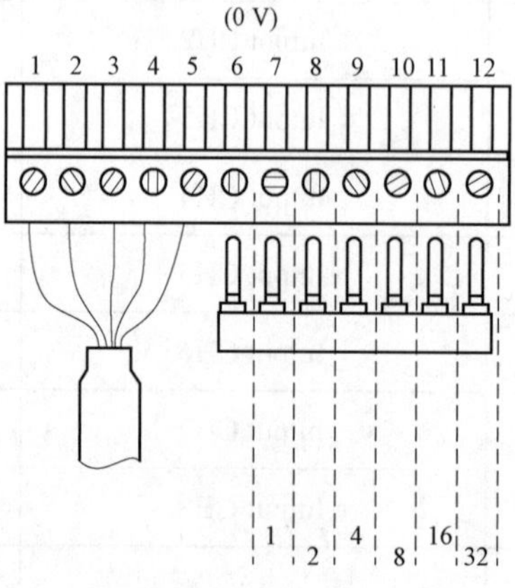

图 2-2 X5 端子

X6 端子的详细介绍见表 2-6。

表 2-6 DSQC 651 的 X6 端子介绍

X6 端子编号	使用定义	分配地址
1	未使用	
2	未使用	
3	未使用	
4	0 V	
5	模拟量输出 AO1	0～15
6	模拟量输出 AO2	16～31

说明：模拟量输出的范围为 0～+10 V

2.3.3 ABB 机器人标准 I/O 板 DSQC 652 介绍

DSQC 652 主要提供 16 个通道的数字量输入信号、16 个通道的数字量输出信号的处理，输出电流最大为 500 mA，驱动负载时电流若大于 500 mA，有可能损坏输出点位，使用时应特别注意。

1. I/O 板接口说明

DSQC 652 如图 2-3 所示。

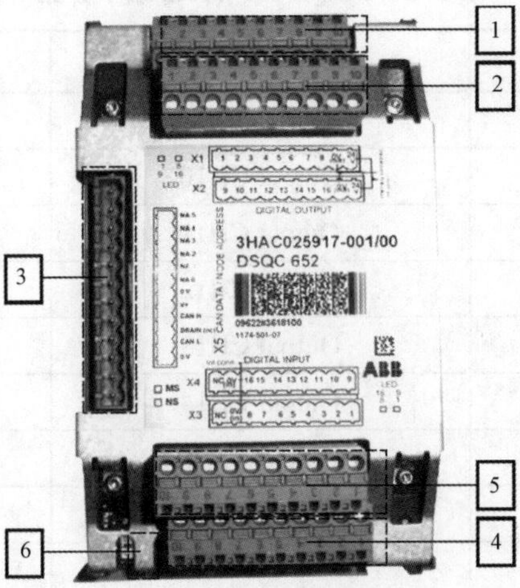

1—X1，数字量输出接口（1～8）；2—X2，数字量输出接口（9～16）；3—X5，DeviceNet 接口；4—X3，数字量输入接口（1～8）；5—X4，数字量输入接口（9～16）；6—状态指示灯

图 2-3 DSQC 652

2. DSQC 652 I/O 板各接口说明

X1 端子的详细介绍见表 2-7。

表 2-7 DSQC 652 的 X1 端子介绍

X1 端子编号	使用定义	分配地址
1	Output CH1	0
2	Output CH2	1
3	Output CH3	2
4	Output CH4	3
5	Output CH5	4
6	Output CH6	5
7	Output CH7	6
8	Output CH8	7
9	0 V	
10	24 V	

说明：输出端子 9 脚接 0 V，10 脚接 24 V，可从 XS16 上接线

X2 端子的详细介绍见表 2-8。

表 2-8　DSQC 652 的 X2 端子介绍

X2 端子编号	使用定义	分配地址
1	Output CH9	8
2	Output CH10	9
3	Output CH11	10
4	Output CH12	11
5	Output CH13	12
6	Output CH14	13
7	Output CH15	14
8	Output CH16	15
9	0 V	
10	24 V	

X5 端子的详细介绍参见表 2-5。

X3 端子的详细介绍参见表 2-4。

X4 端子的详细介绍见表 2-9。

表 2-9　DSQC 652 的 X4 端子介绍

X4 端子编号	使用定义	分配地址
1	Input CH9	8
2	Input CH10	9
3	Input CH11	10
4	Input CH12	11
5	Input CH13	12
6	Input CH14	13
7	Input CH15	14
8	Input CH16	15
9	0 V	
10	未使用	

2.3.4　ABB 机器人标准 I/O 板 DSQC 653 介绍

DSQC 653 主要提供 8 个通道的数字量输入信号、8 个通道的数字继电器输出信号的处理，输出电流最大为 2 A，驱动负载时电流若大于 2 A 或通断频率过高有可能损坏输出点位，使用时应特别注意。

1. I/O 板接口说明

DSQC 653 如图 2-4 所示。

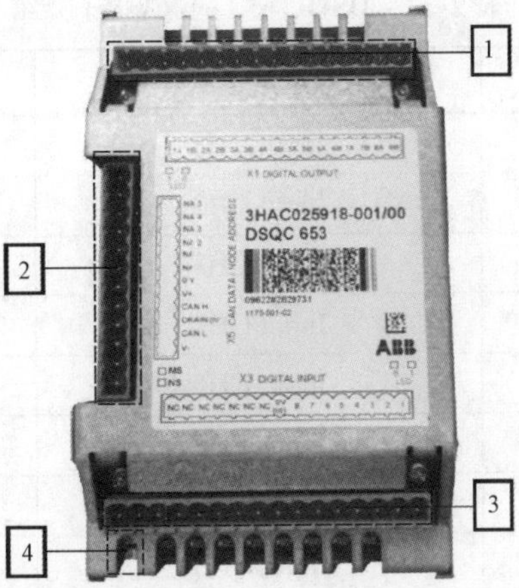

1—X1，数字量继电器输出信号接口；2—X5，DeviceNet 接口；3—X3，数字量输入接口；4—状态指示灯

图 2-4　DSQC 653

2. DSQC 653 I/O 板各接口说明

X1 端子的详细介绍见表 2-10。

表 2-10　DSQC 653 的 X1 端子介绍

X1 端子编号	使用定义	分配地址
1	Output CH1A	0
2	Output CH1B	
3	Output CH2A	1
4	Output CH2B	
5	Output CH3A	2
6	Output CH3B	
7	Output CH4A	3
8	Output CH4B	
9	Output CH5A	4
10	Output CH5B	
11	Output CH6A	5
12	Output CH6B	
13	Output CH7A	6
14	Output CH7B	
15	Output CH8A	7
16	Output CH8B	

说明：输出端子 9 脚接 0 V，可从 XS16 上接线

X3 端子的详细介绍见表 2-11。

表 2-11　DSQC 653 的 X3 端子介绍

X3 端子编号	使用定义	分配地址
1	Input CH1	0
2	Input CH2	1
3	Input CH3	2
4	Input CH4	3
5	Input CH5	4
6	Input CH6	5
7	Input CH7	6
8	Input CH8	7
9	0 V	
10～16	未使用	

X5 端子的详细介绍参见表 2-5。

2.3.5　ABB 机器人标准 I/O 板 DSQC 377B 介绍

DSQC 377B 主要提供机器人输送链跟踪功能的同步开关与编码器信号的处理。一块输送链跟踪板卡只能对应一条需要跟踪的输送链，若需要同时跟踪多条输送链，则需要配置对应数量的跟踪板卡，ABB 机器人最多可以同时跟踪 6 条输送链。

1. I/O 板接口说明

DSQC 377B I/O 板接口如图 2-5 所示。

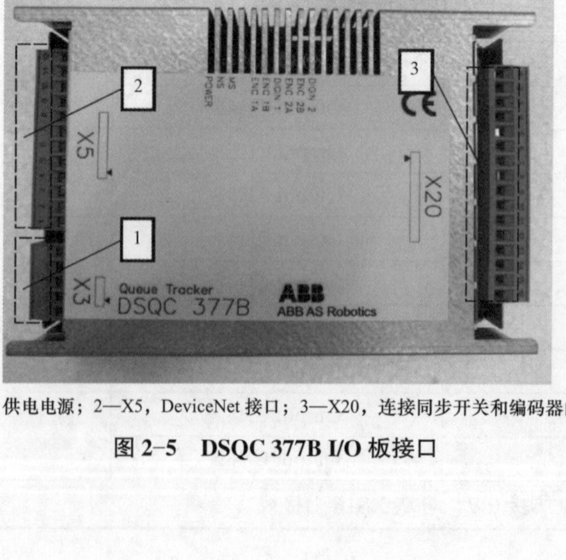

1—X3，供电电源；2—X5，DeviceNet 接口；3—X20，连接同步开关和编码器的端子

图 2-5　DSQC 377B I/O 板接口

2. DSQC 377B I/O 板各接口说明

X3 端子的详细介绍见表 2-12。

表 2-12 DSQC 377B 的 X3 端子介绍

X3 端子编号	使用定义
1	0 V
2	未使用
3	接地
4	未使用
5	24 V

X5 端子的详细介绍参见表 2-5。

X20 端子的详细介绍见表 2-13。

表 2-13 DSQC 377B 的 X20 端子介绍

X20 端子编号	使用定义
1	24 V
2	0 V
3	编码器 24 V 电源接线端
4	编码器 0 V 电源接线端
5	编码器 A 相接线端（视情况调整）
6	编码器 B 相接线端（视情况调整）
7	同步传感器 24 V 接线端
8	同步传感器 0 V 接线端
9	同步传感器信号接线端
10～16	未使用

2.4 任 务 实 现

2.4.1 ABB 机器人 DSQC 651 标准 I/O 板的配置

ABB 机器人标准 I/O 板 DSQC 651 是最常用的板卡，这里就以配置 DSQC 651 为例进行介绍。

ABB 机器人标准 I/O 板都是下挂在 DeviceNet 现场总线下，通过 X5 端口与 DeviceNet 现场总线进行通信。

定义 DSQC 651 板的总线连接的相关参数设定详见表 2-14。

表 2-14　DSQC 651 板的总线连接的相关参数设定

参数名称	设定值	说明
使用来自模板的值	DSQC 651	设定 I/O 板的类型
Name	Board10	设定 I/O 板在系统中的名称
Address	10	设定 I/O 板在总线中的地址

具体操作步骤如图 2-6～图 2-15 所示。

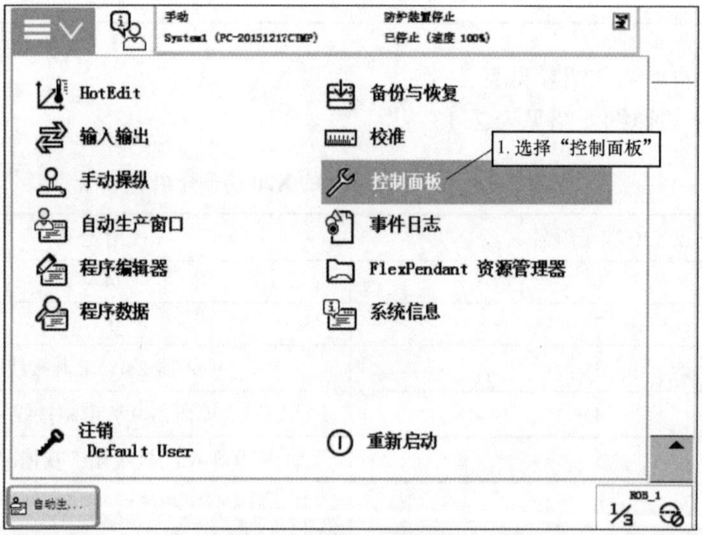

图 2-6　选择“控制面板”

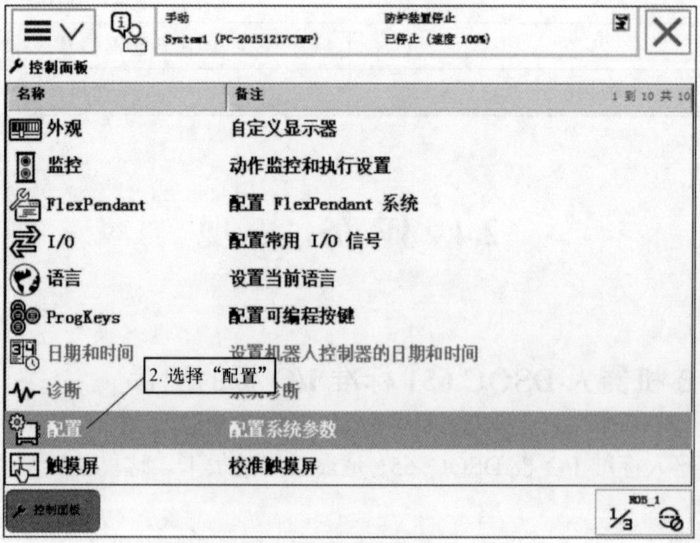

图 2-7　选择“配置”

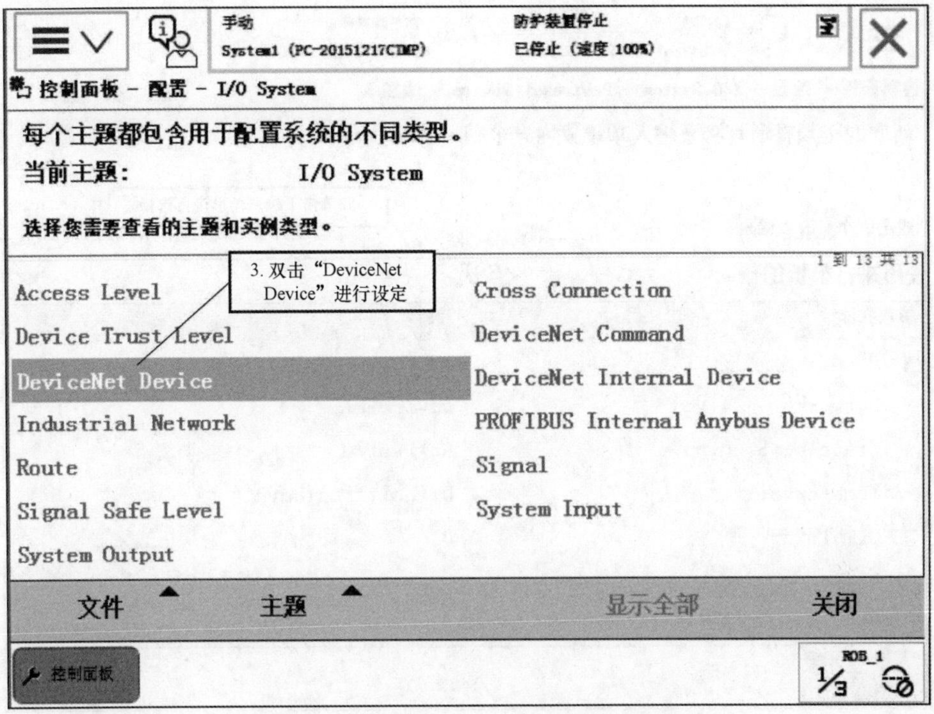

图 2-8　双击“DeviceNet Device”进行设定

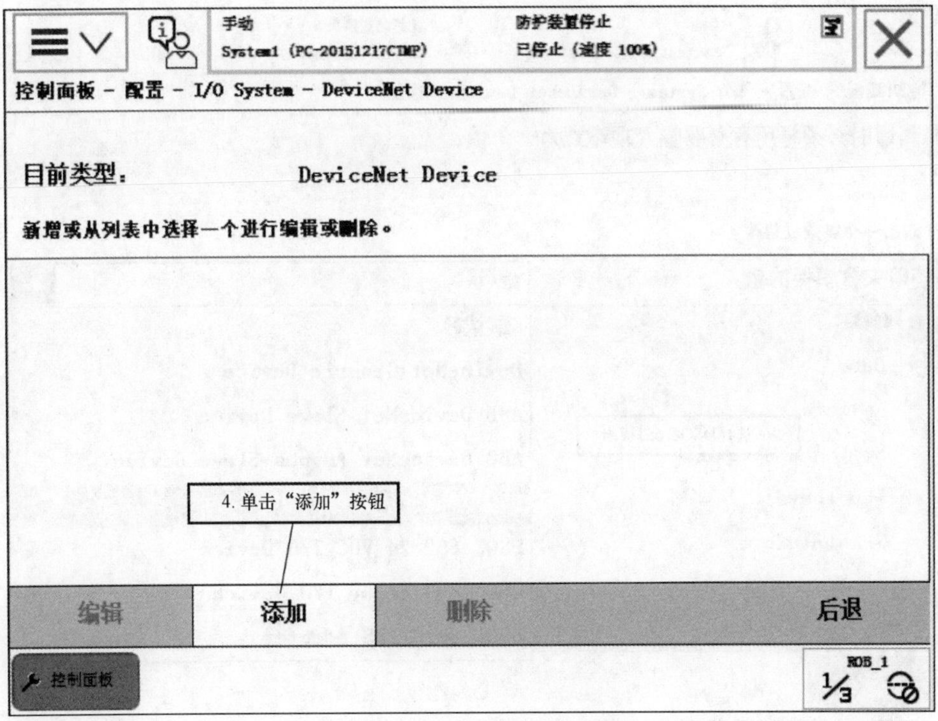

图 2-9　单击“添加”按钮

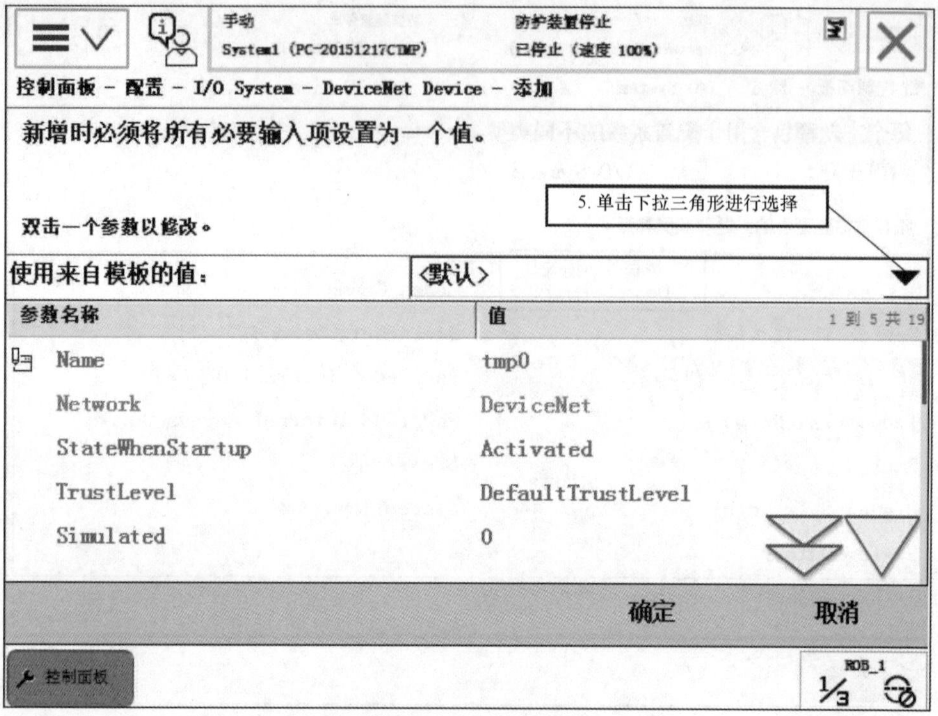

图 2-10　新增 I/O 板卡

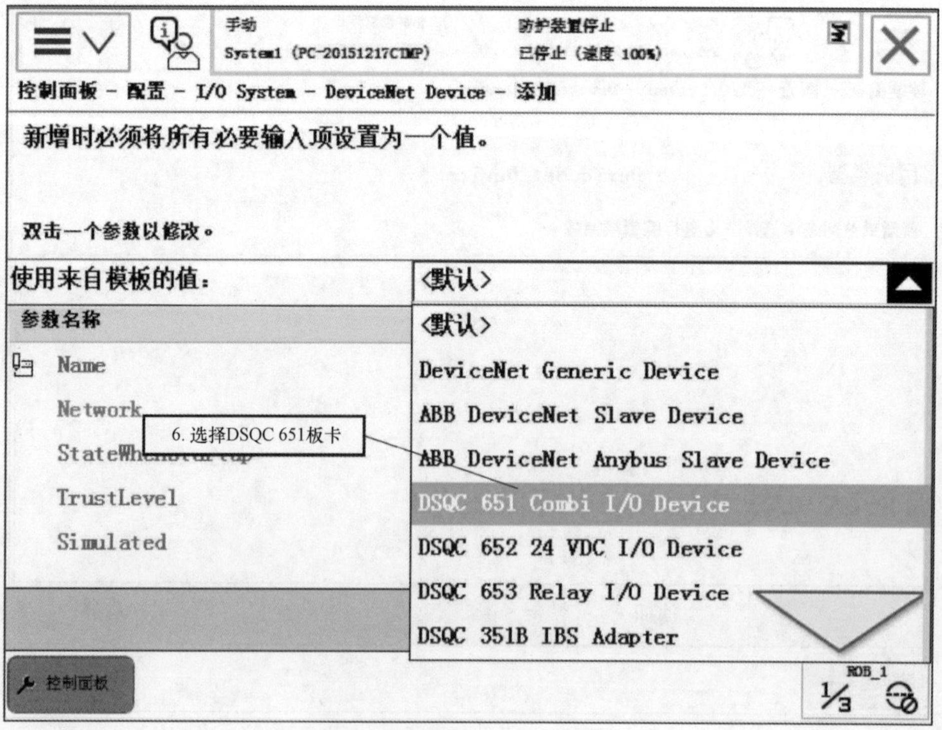

图 2-11　选择 DSQC 651 板卡

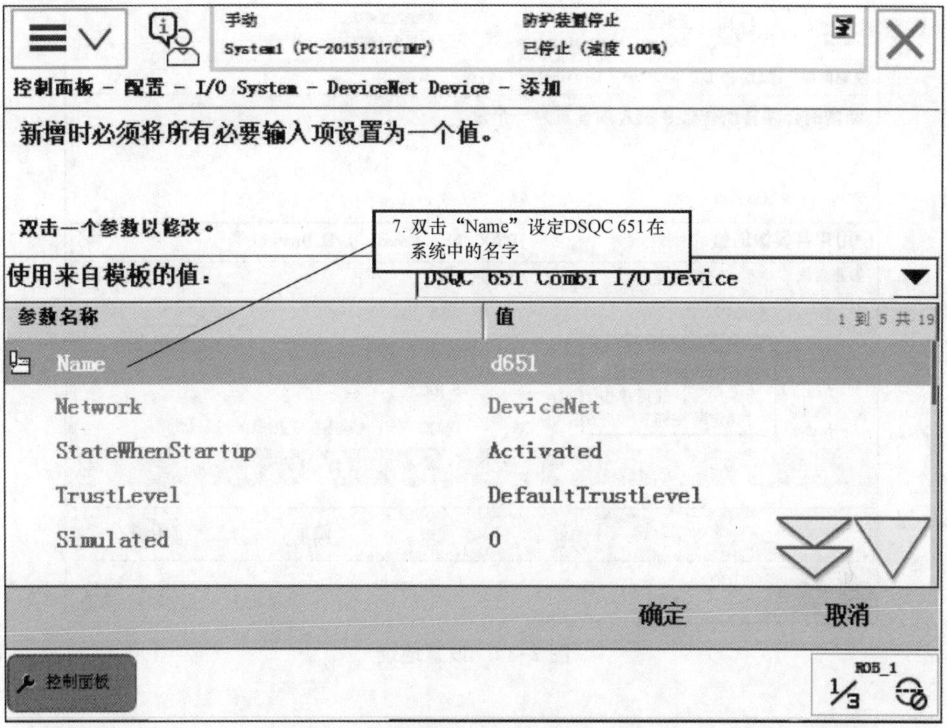

图 2-12　设定 DSQC 651 在系统中的名字

图 2-13　设定板卡的名字为“Board10”

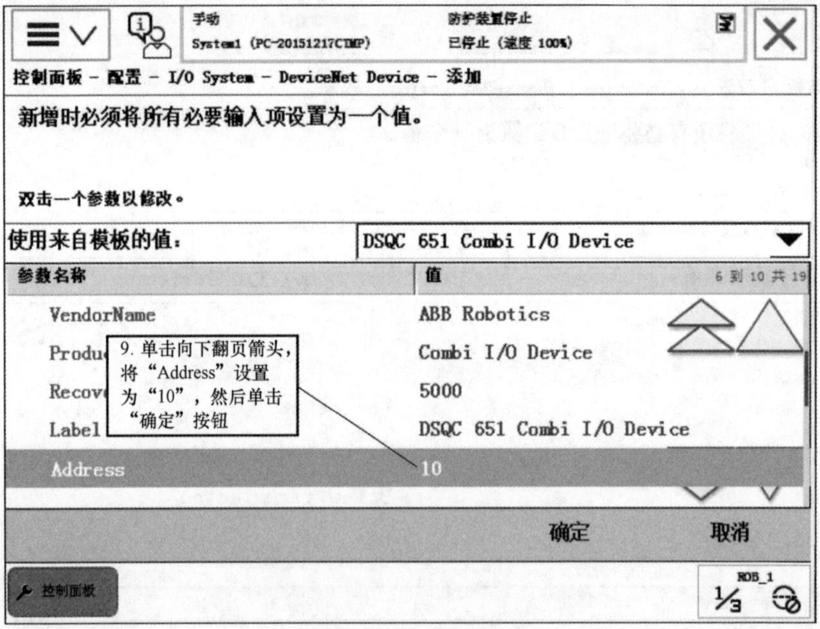

图 2-14　设置地址

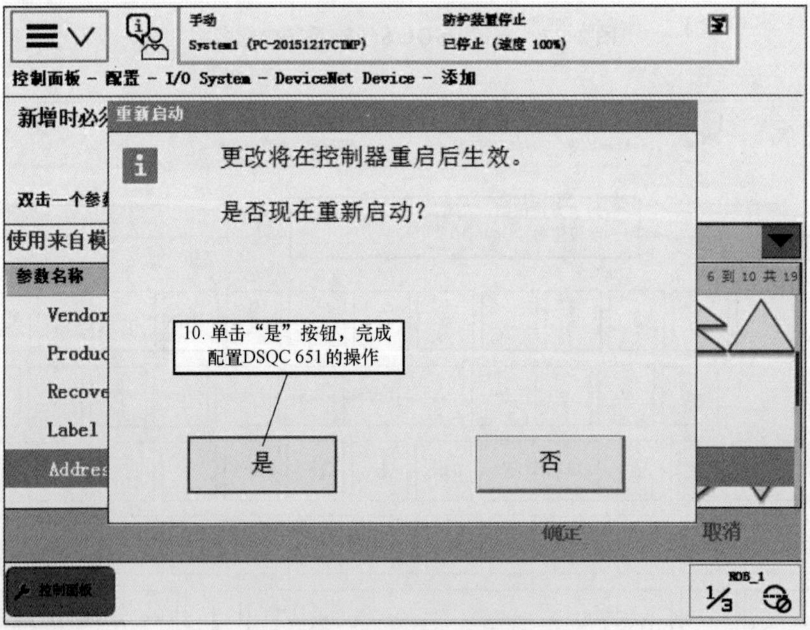

图 2-15　完成配置，重新启动

2.4.2　数字输入信号 di1 的定义

数字输入信号 di1 的相关参数详见表 2-15。

表 2-15　数字输入信号 di1 说明

参数名称	设定值	说明
Name	di1	设定数字量输入信号的名称
Type of Signal	Digital Input	设定信号的类型
Assigned to Device	Board10	设定信号所在的 I/O 板卡
Device Address	0	设定信号所占用的地址

具体操作步骤如图 2-16～图 2-27 所示。

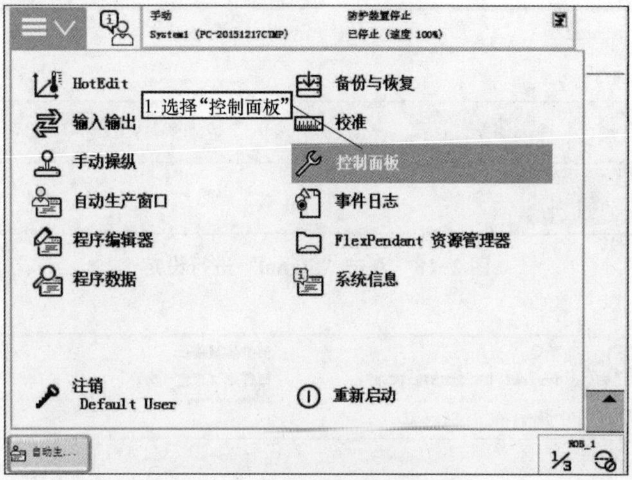

图 2-16　选择“控制面板”

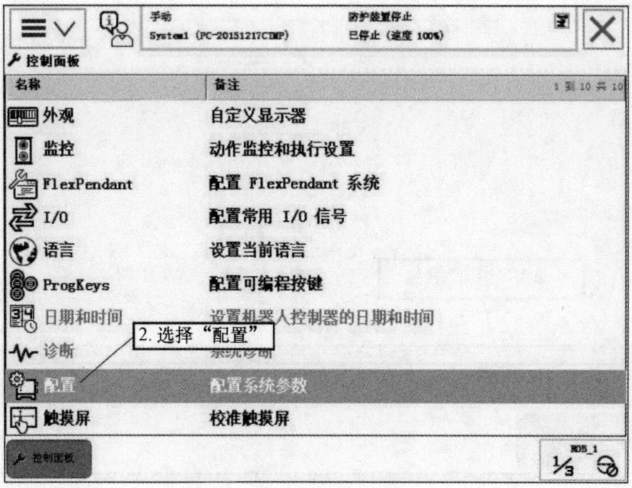

图 2-17　选择“配置”

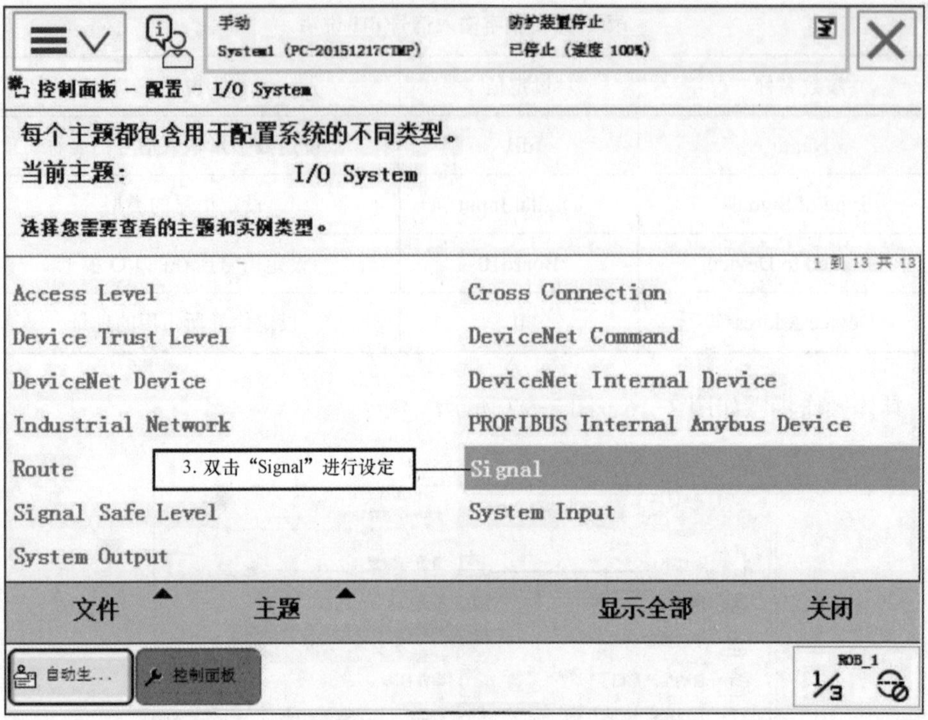

图 2-18　双击“Signal”进行设定

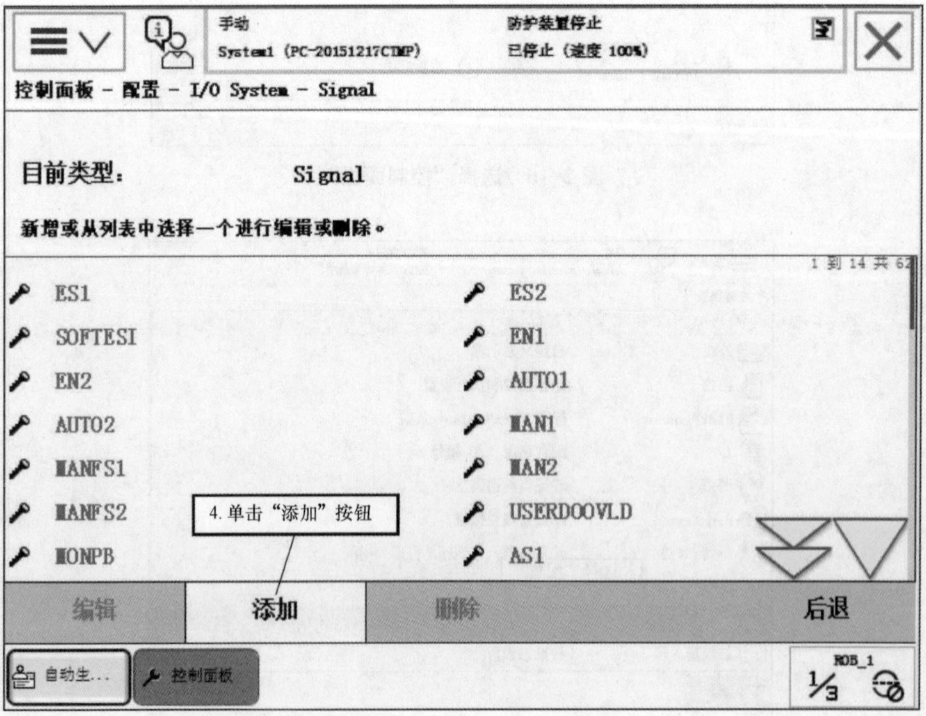

图 2-19　单击“添加”按钮

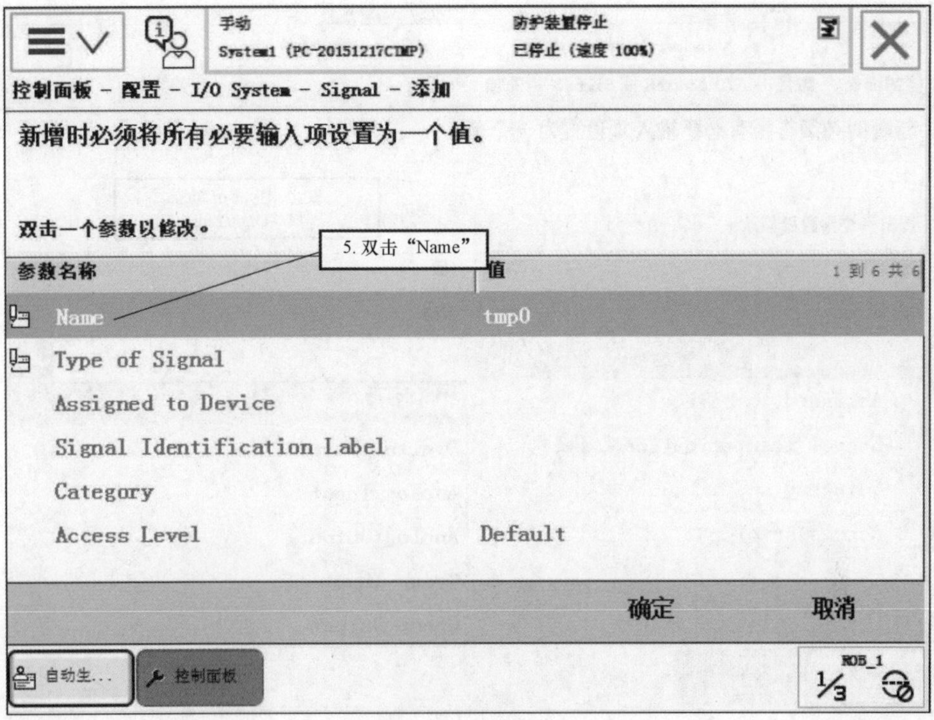

图 2-20　命名

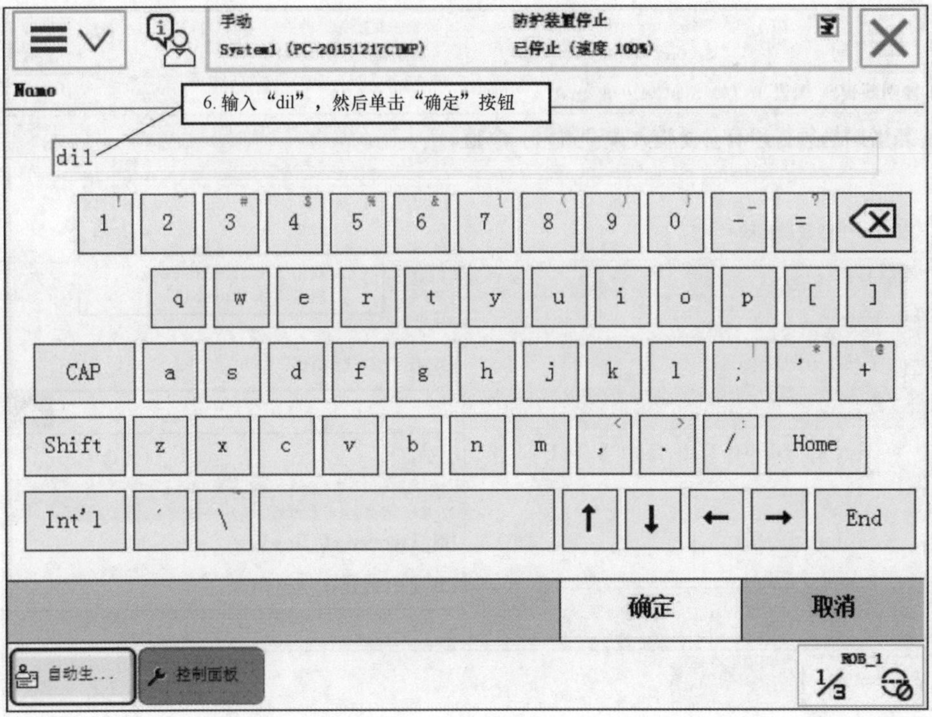

图 2-21　输入“di1”，然后单击“确定”按钮

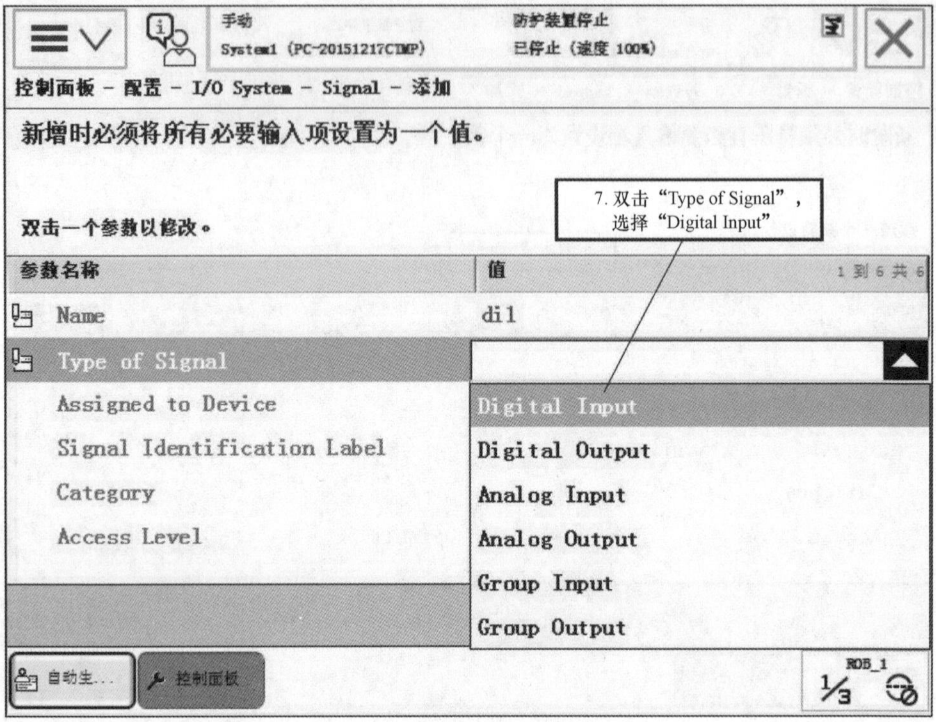

图 2-22　选择“Digital Input”

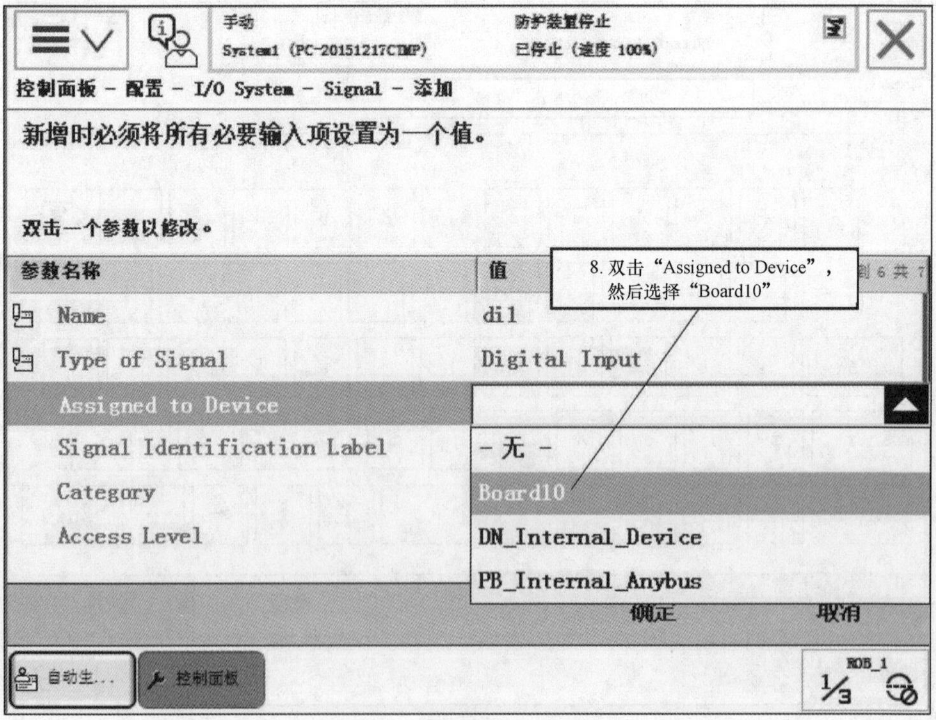

图 2-23　选择“Board10”

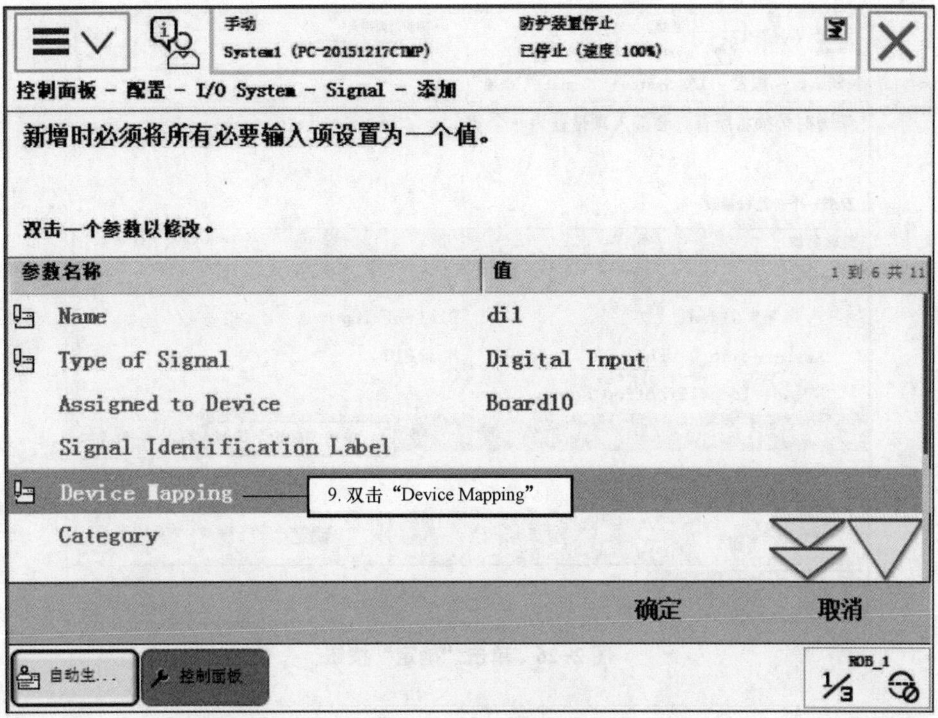

图 2-24 双击“Device Mapping”

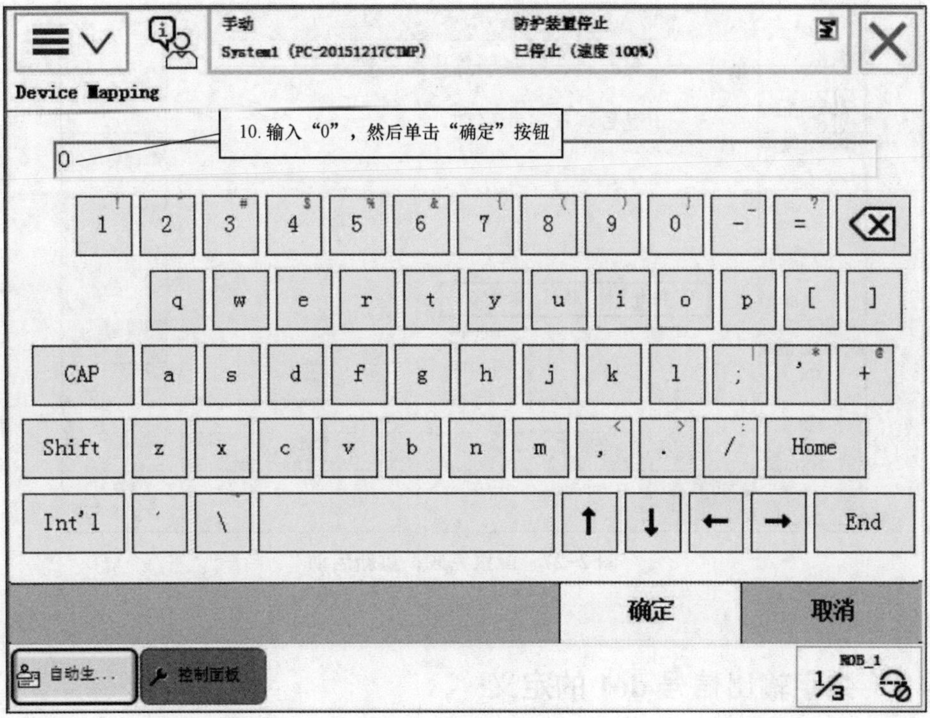

图 2-25 输入“0”

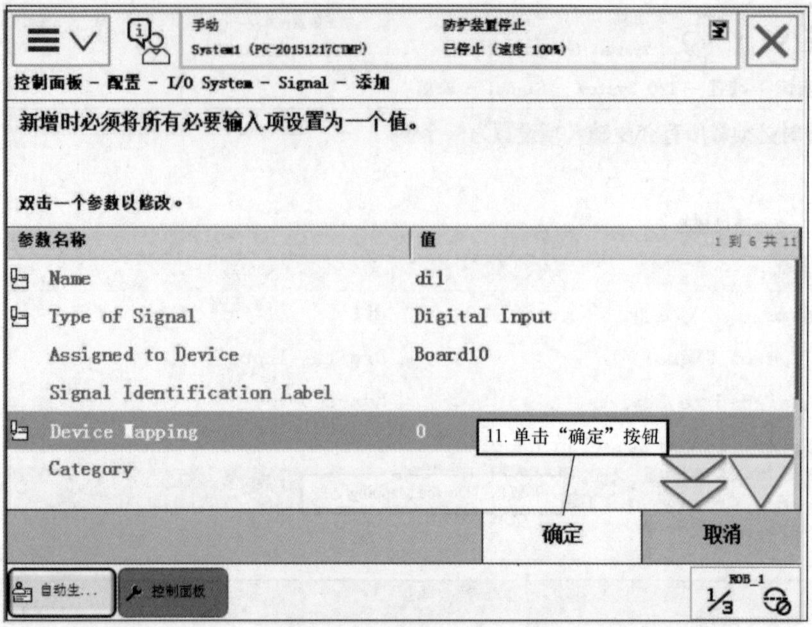

图 2-26　单击“确定”按钮

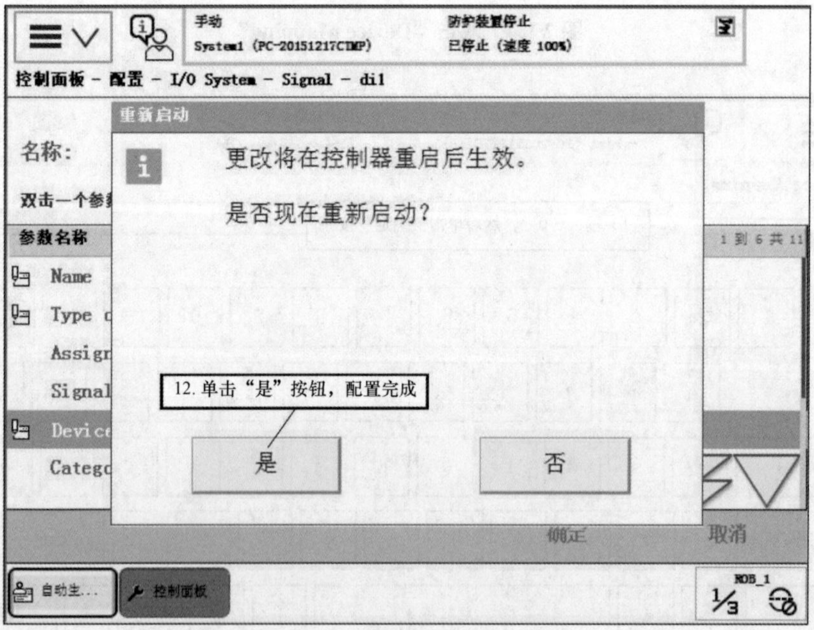

图 2-27　配置完成，重新启动

2.4.3　数字输出信号 do1 的定义

数字输出信号 do1 的相关参数详见表 2-16。

表 2-16　数字输出信号 do1 说明

参数名称	设定值	说明
Name	do1	设定数字量输出信号的名称
Type of Signal	Digital Output	设定信号的类型
Assigned to Device	Board10	设定信号所在的 I/O 板卡
Device Address	32	设定信号所占用的地址

具体操作步骤如图 2-28～图 2-39 所示。

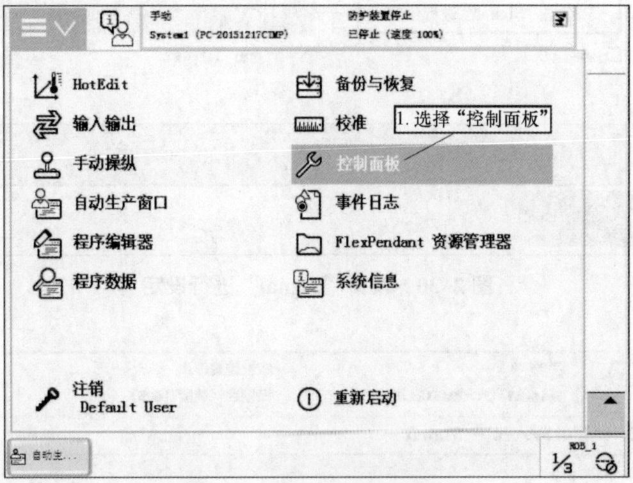

图 2-28　选择“控制面板”

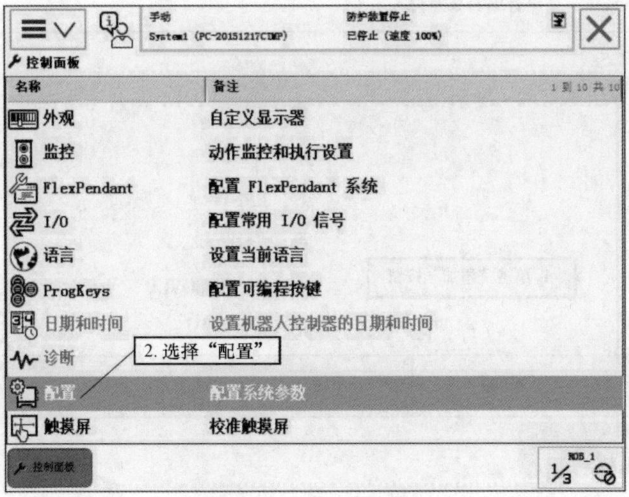

图 2-29　选择“配置”

图 2-30 双击“Signal”进行设定

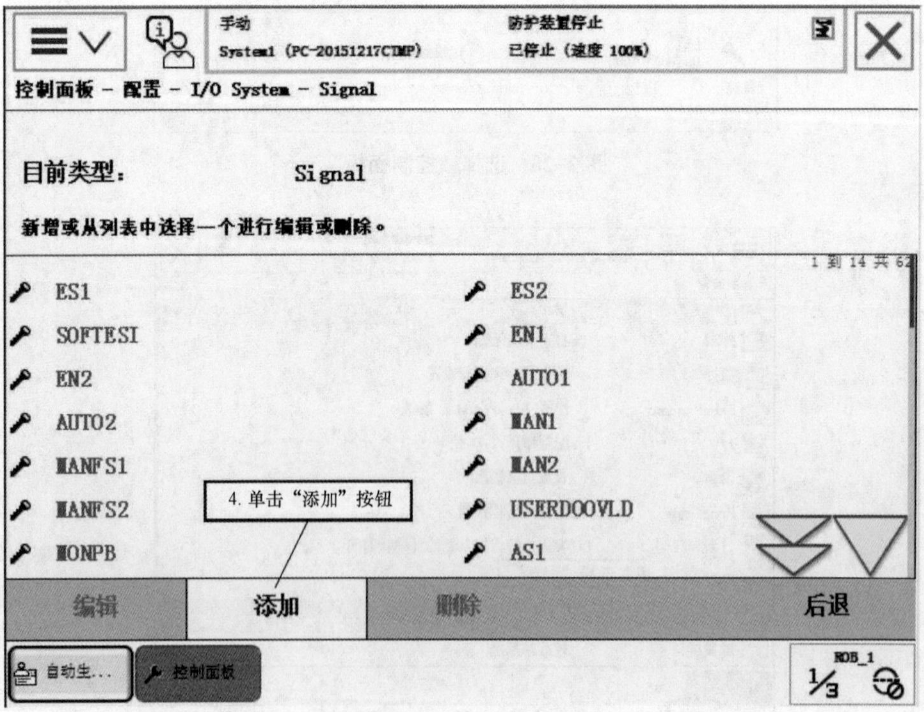

图 2-31 单击“添加”按钮

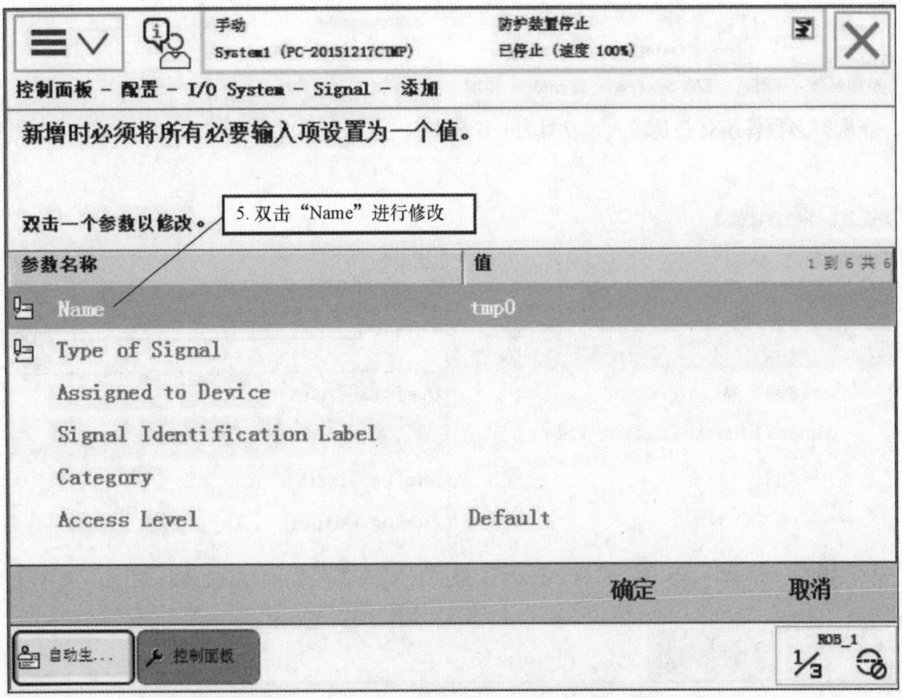

图 2-32　双击“Name”进行修改

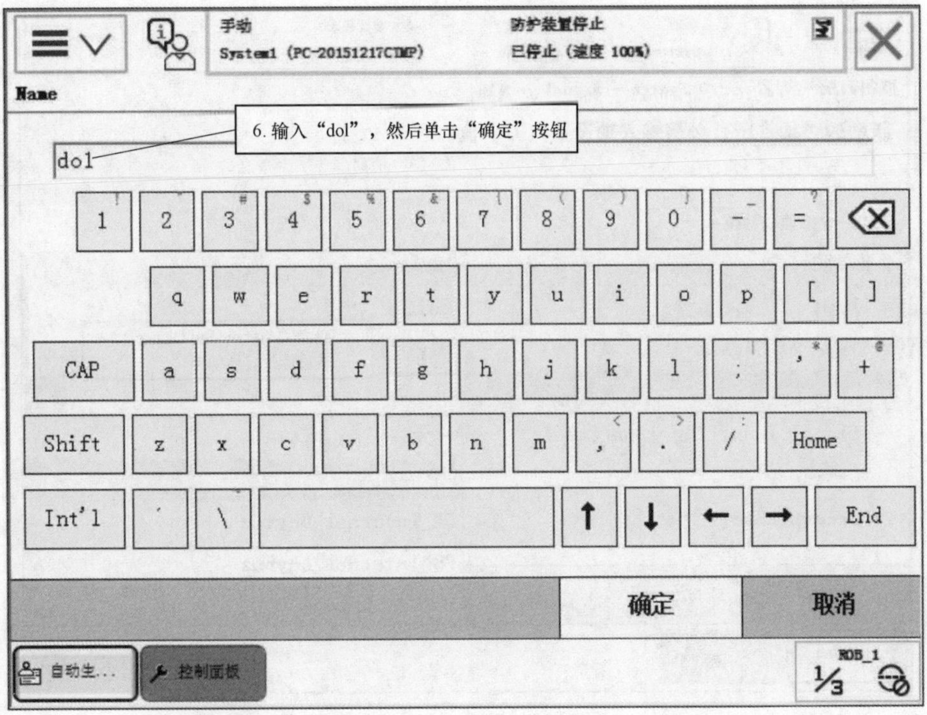

图 2-33　输入“do1”，然后单击“确定”按钮

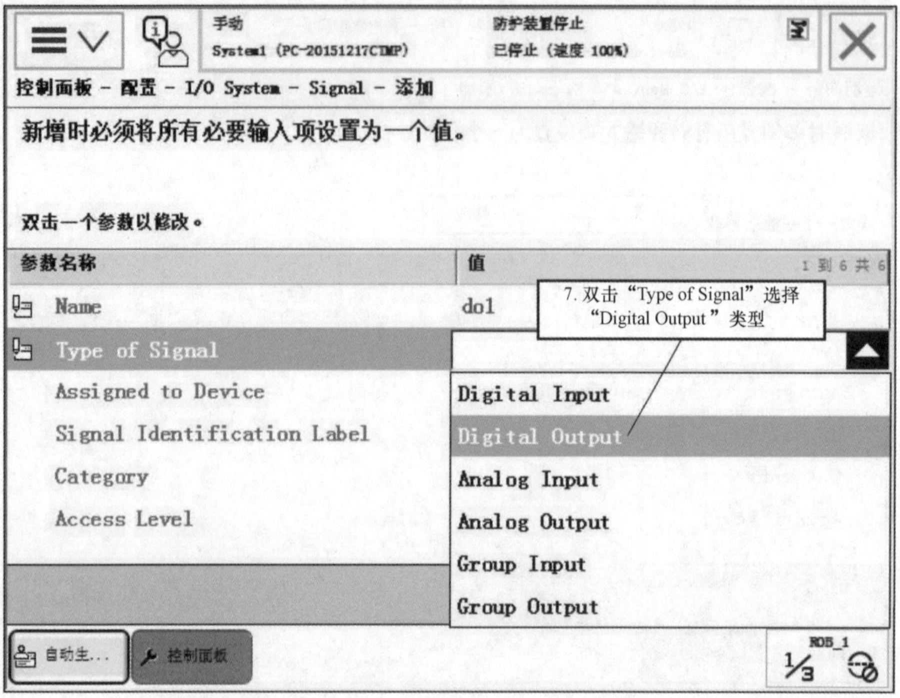

图 2-34　选择“Digital Output”类型

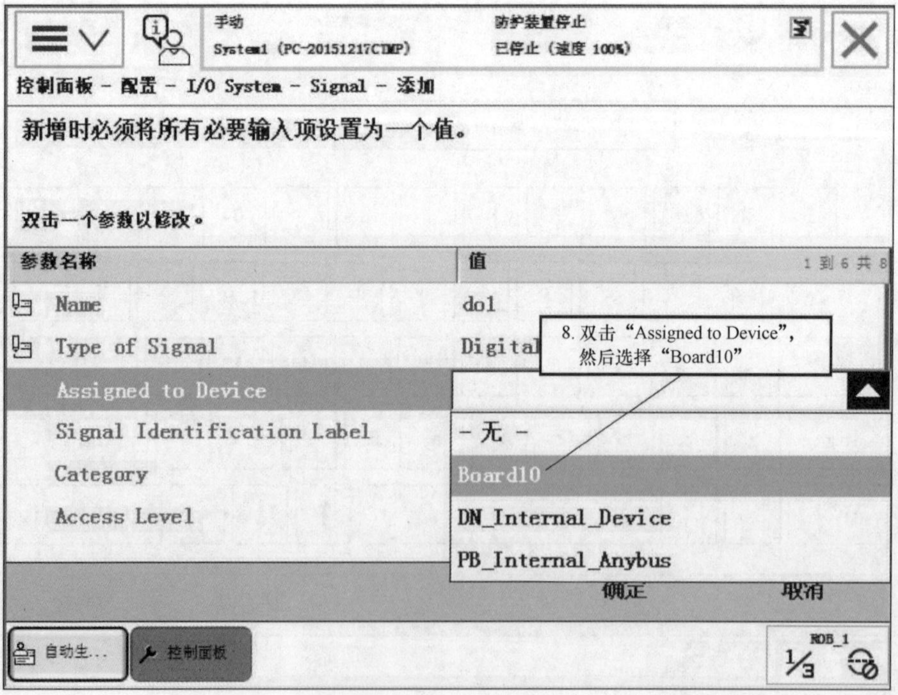

图 2-35　选择“Board10”

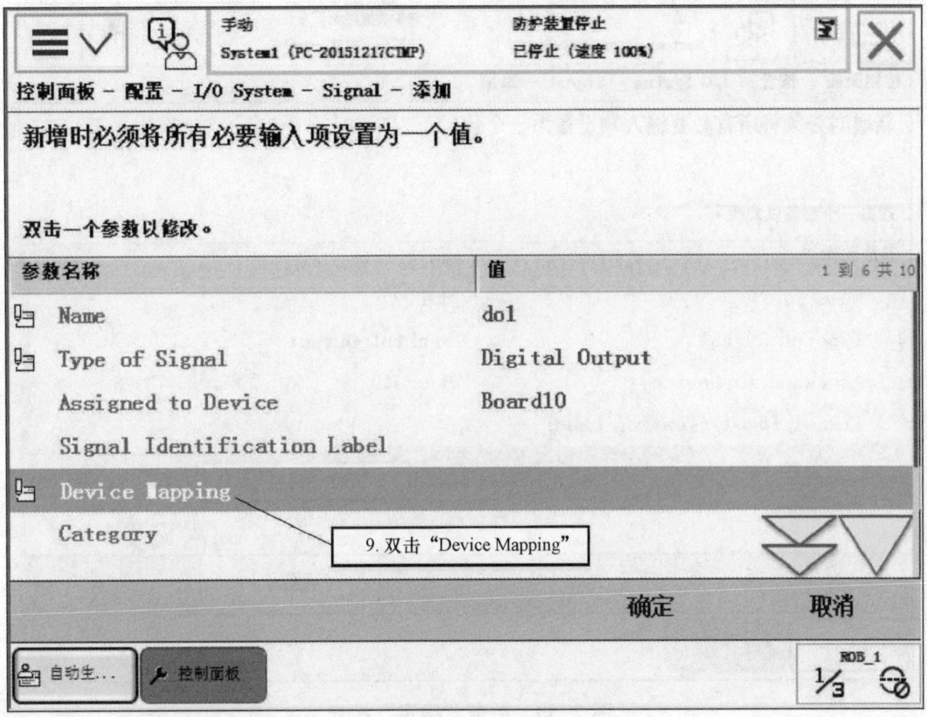

图 2-36　双击“Device Mapping”

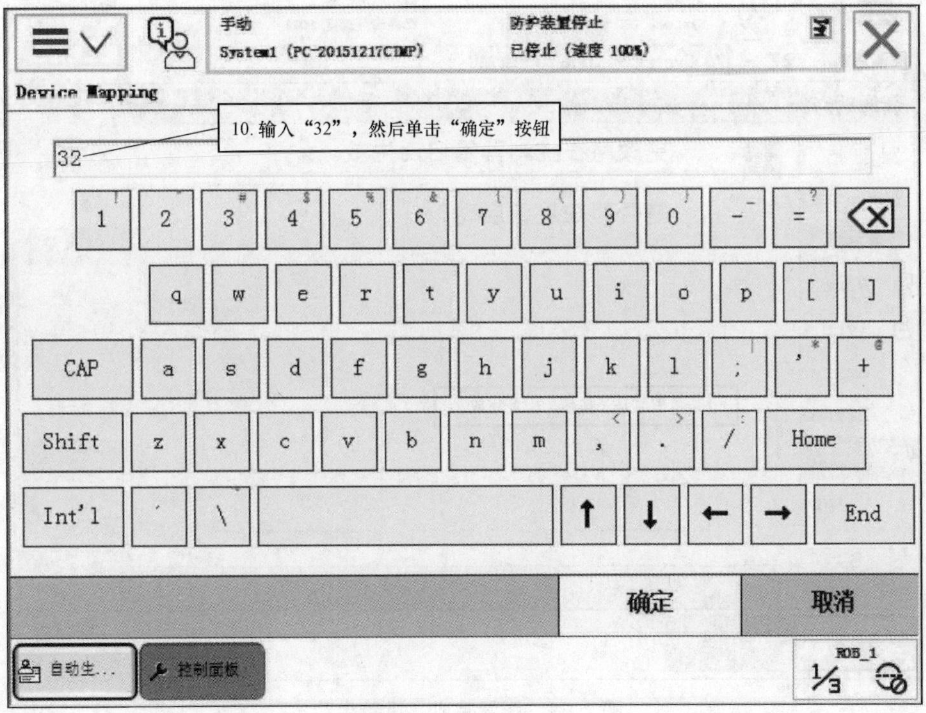

图 2-37　输入“32”

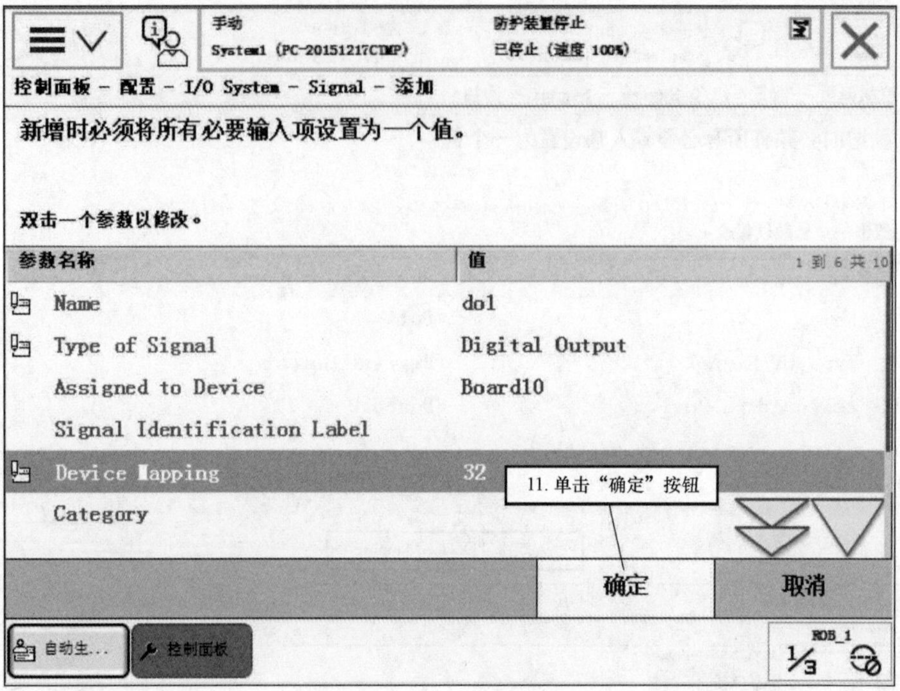

图 2-38　单击“确定”按钮

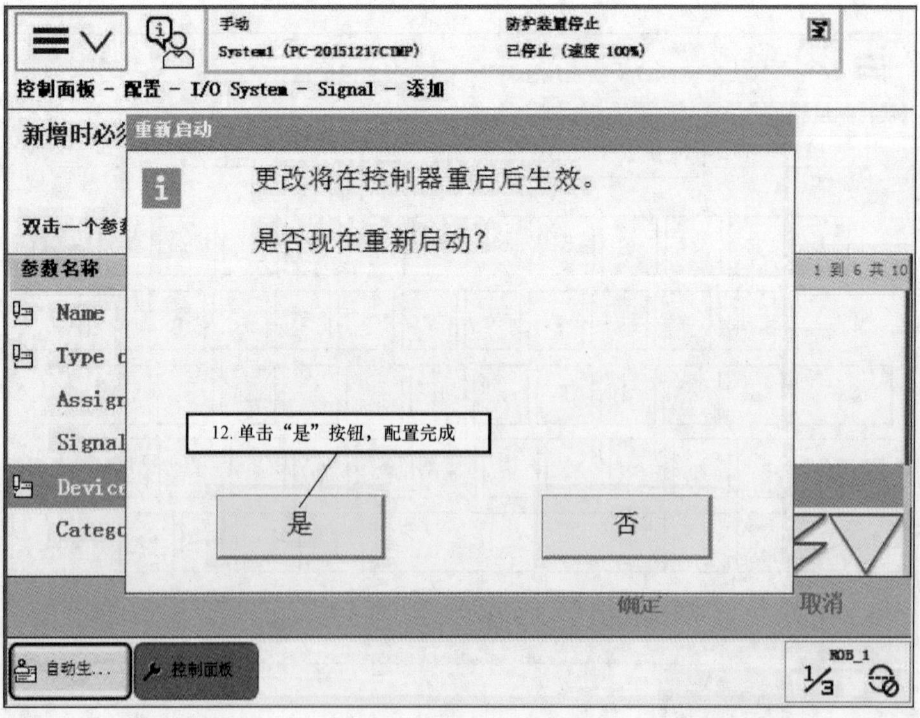

图 2-39　配置完成，重新启动

2.4.4　组合输入信号 gi1 的定义

组合输入信号就是将几个数字输入信号组合起来使用，用于接收外围设备 BCD 码的十进制数的输入。

组合输入信号 gi1 的相关参数和状态详见表 2-17 与表 2-18。

表 2-17　组合输入信号 gi1 的参数说明

参数名称	设定值	说明
Name	gi1	设定组合输入信号的名称
Type of Signal	Group Input	设定信号的类型
Assigned to Device	Board10	设定信号所在的 I/O 板卡
Device Address	1～3	设定信号所占用的地址

表 2-18　组合输入信号 gi1 的状态说明

状态	地址 1	地址 2	地址 3	十进制数
	1	2	4	
状态 1	1	1	0	1+2=3
状态 2	1	1	1	1+2+3=7

gi1 占用地址 1～3 共 3 位，可代表十进制数 0～7，同理，如果占用 8 位，可代表十进制数 0～255。

具体操作步骤如图 2-40～图 2-51 所示。

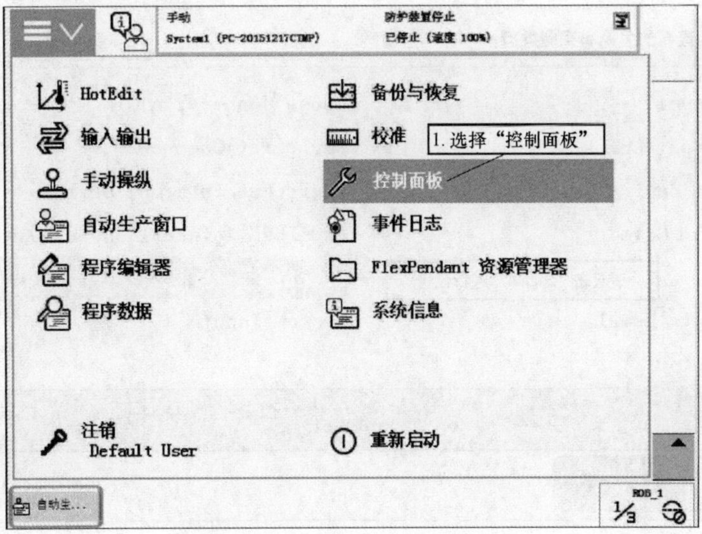

图 2-40　选择“控制面板”

图 2-41　选择“配置”

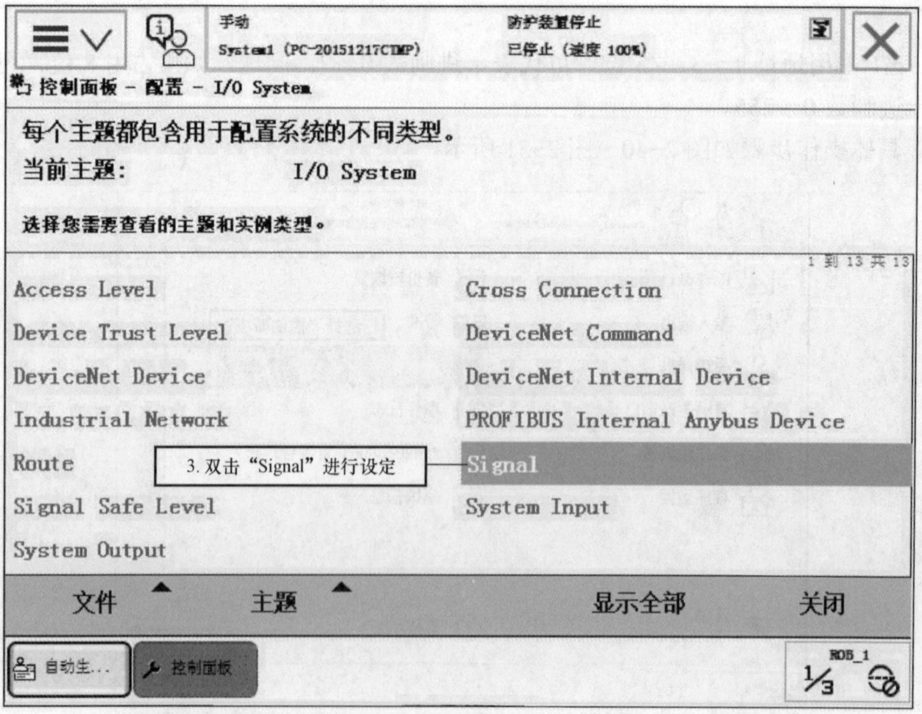

图 2-42　双击“Signal”进行设定

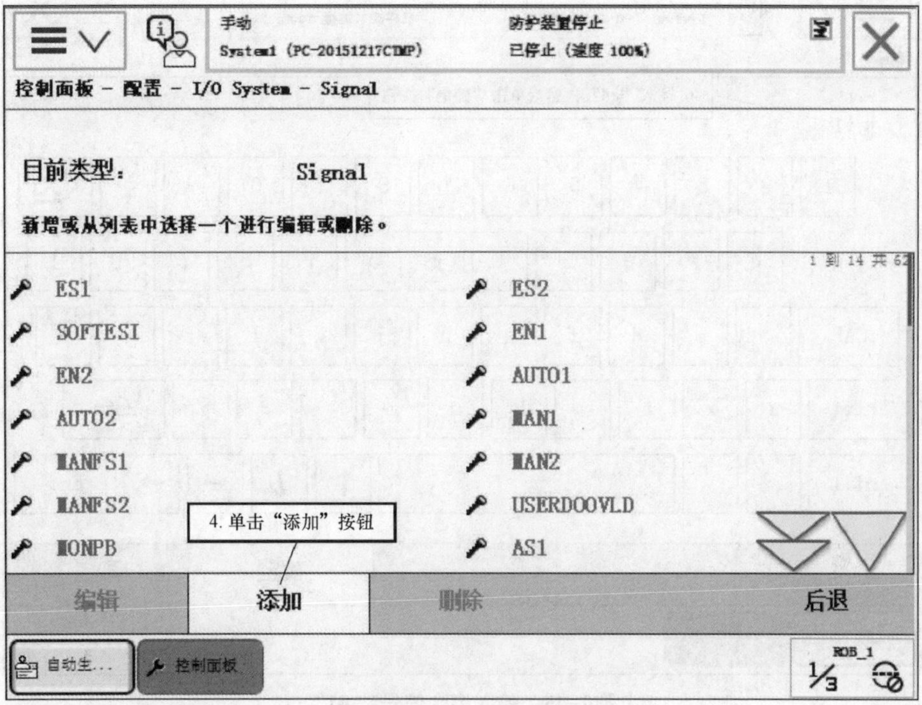

图 2–43　单击“添加”按钮

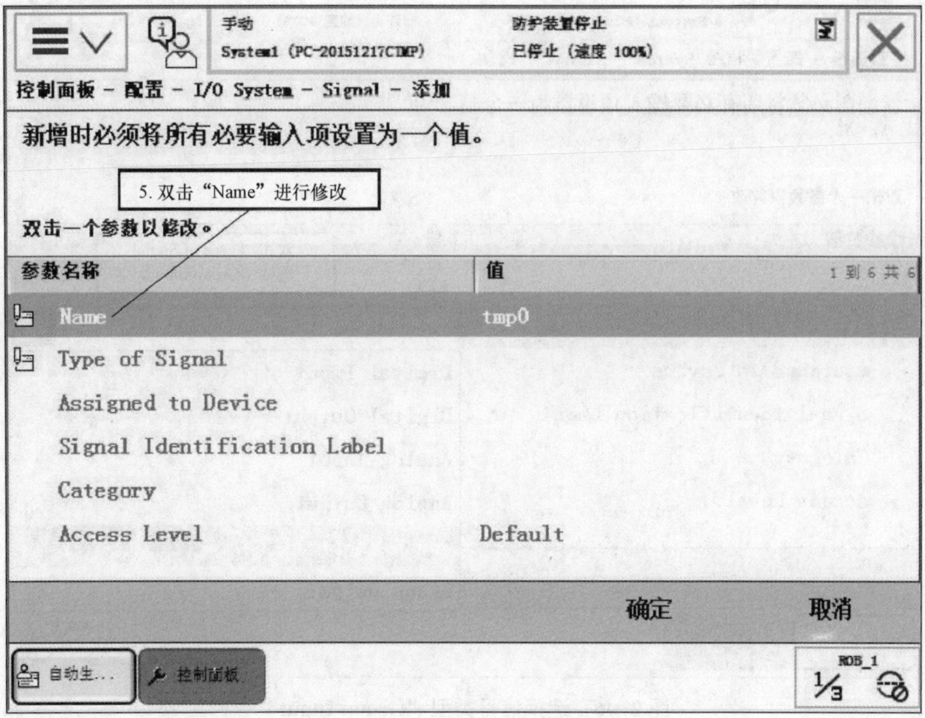

图 2–44　双击“Name”进行修改

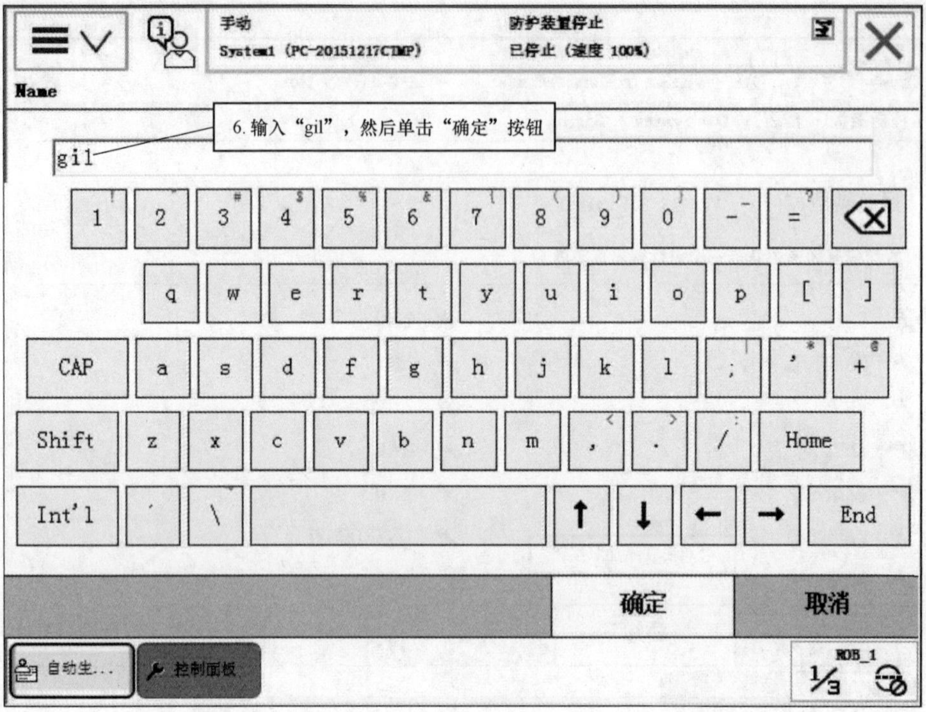

图 2-45　输入组合信号“gi1”

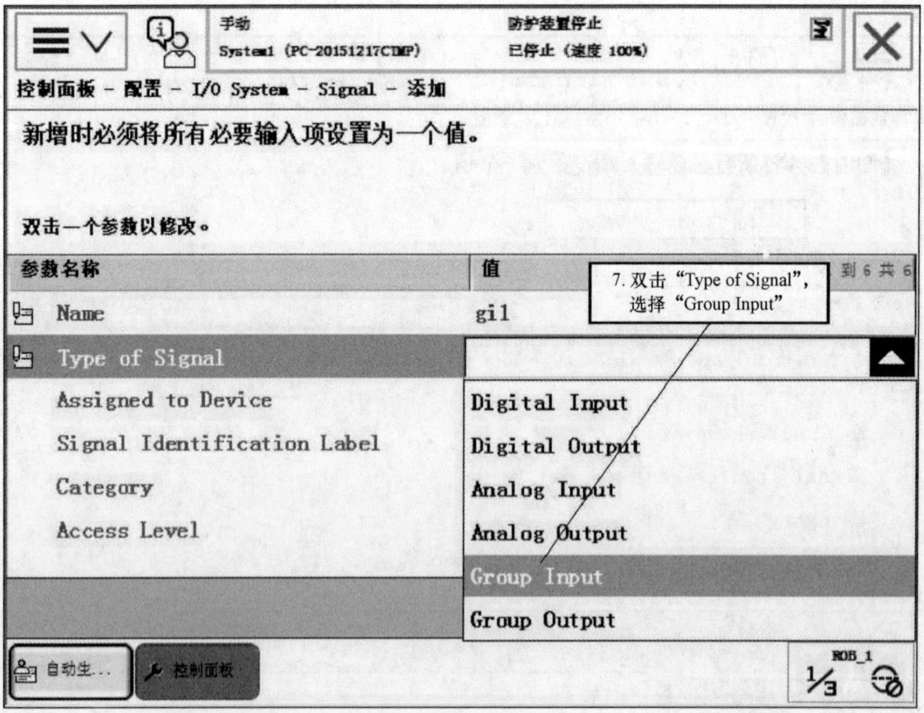

图 2-46　选择信号类型“Group Input”

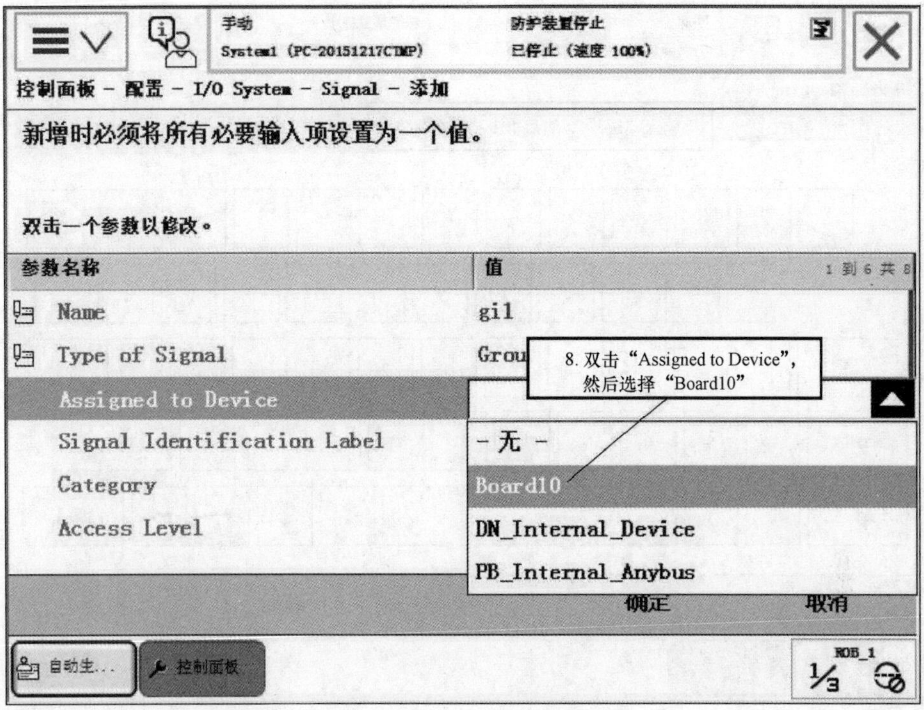

图 2-47　选择“Board10”

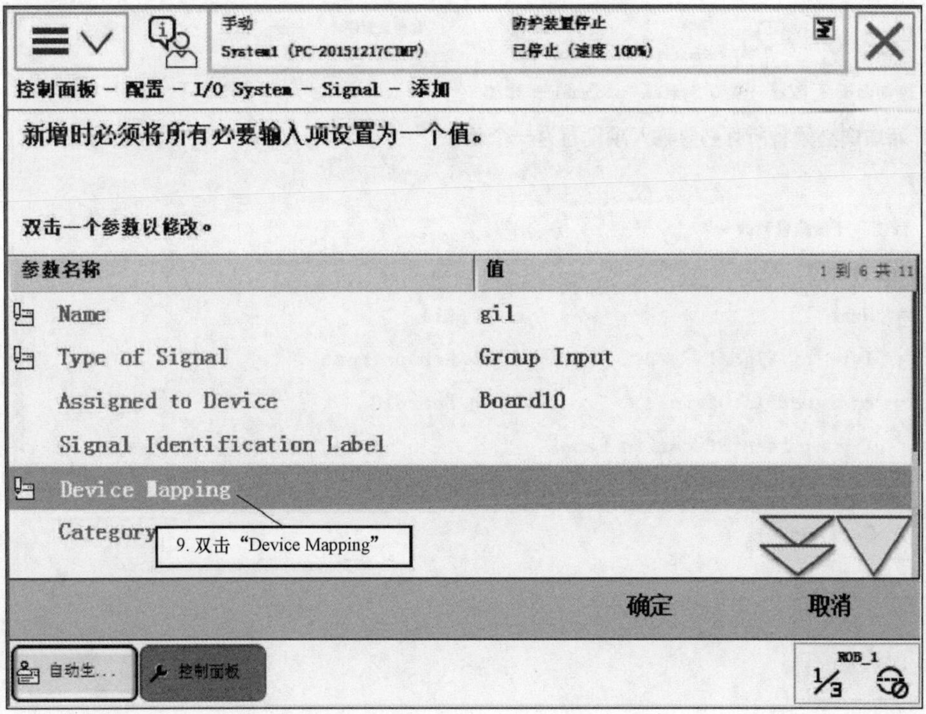

图 2-48　双击“Device Mapping”

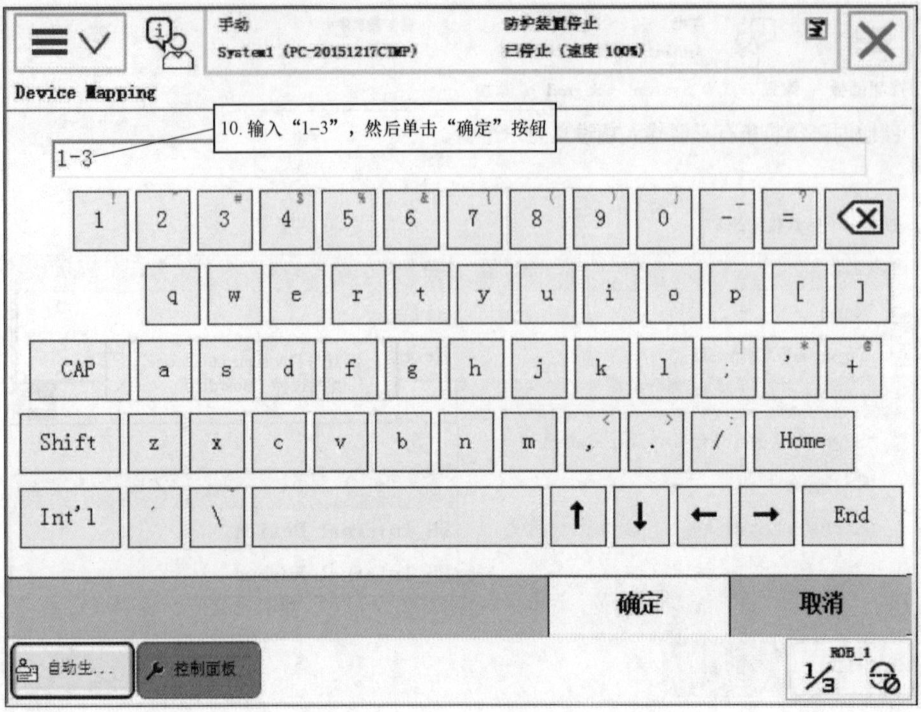

图 2-49　输入“1-3”，然后单击“确定”按钮

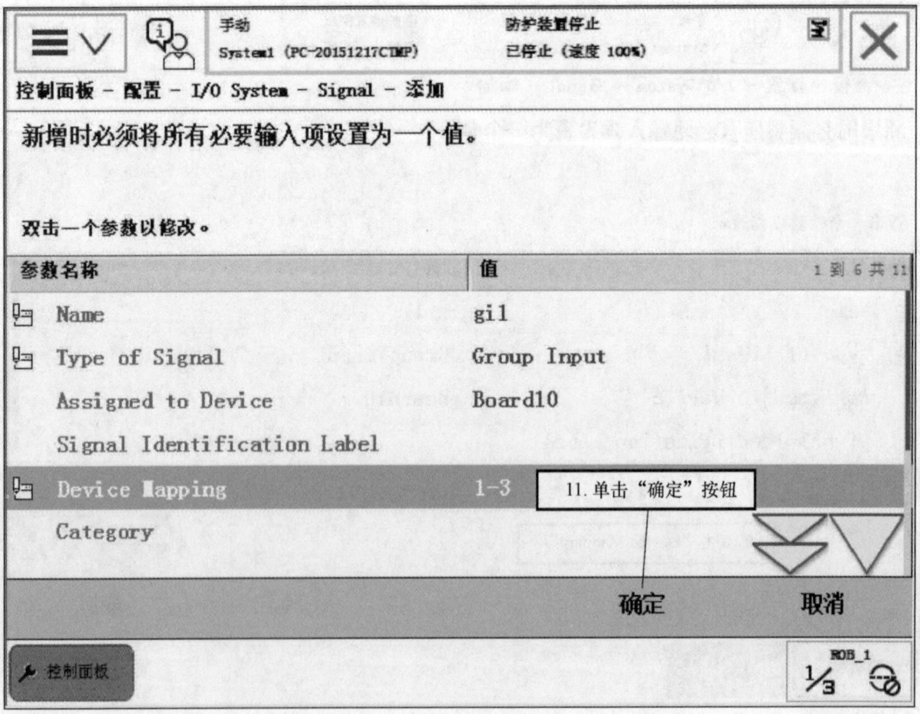

图 2-50　单击“确定”按钮

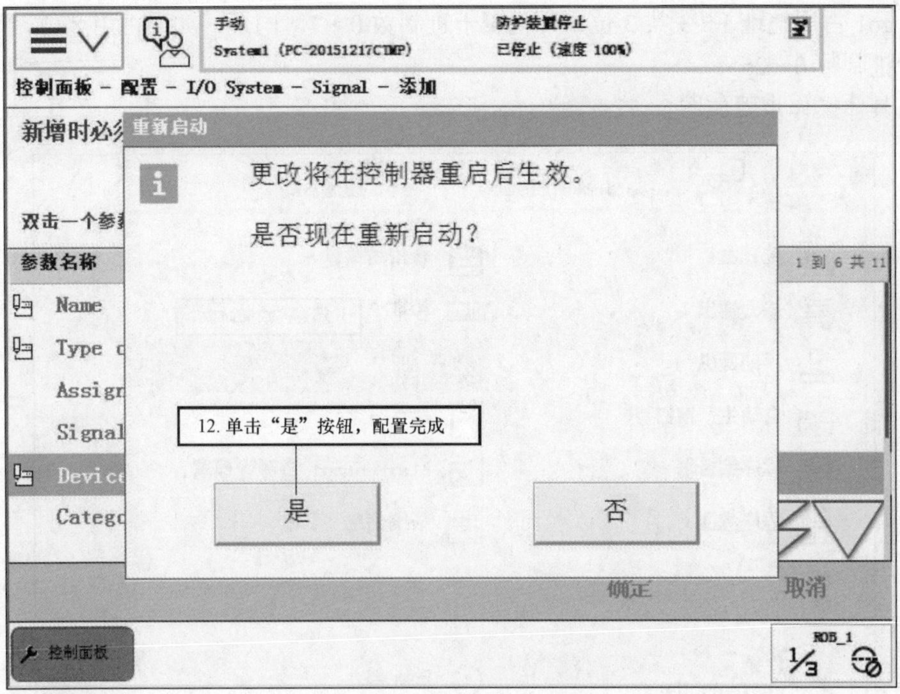

图 2-51　单击“是”按钮，配置完成

2.4.5　组合输出信号 go1 的定义

组合输出信号就是将几个数字输出信号组合起来使用，用于输出 BCD 码的十进制数。

组合输出信号 go1 的相关参数和状态详见表 2-19 与表 2-20。

表 2-19　组合输出信号 go1 的参数说明

参数名称	设定值	说明
Name	go1	设定组合输出信号的名称
Type of Signal	Group Output	设定信号的类型
Assigned to Device	Board10	设定信号所在的 I/O 板卡
Device Address	1～3	设定信号所占用的地址

表 2-20　组合输出信号 go1 的状态说明

状态	地址 1	地址 2	地址 3	十进制数
	1	2	4	
状态 1	1	1	0	1+2=3
状态 2	1	1	1	1+2+3=7

go1 占用地址 1～3 共 3 位，可代表十进制数 0～7，同理，如果占用 8 位，可代表十进制数 0～255。

具体操作步骤如图 2-52～图 2-63 所示。

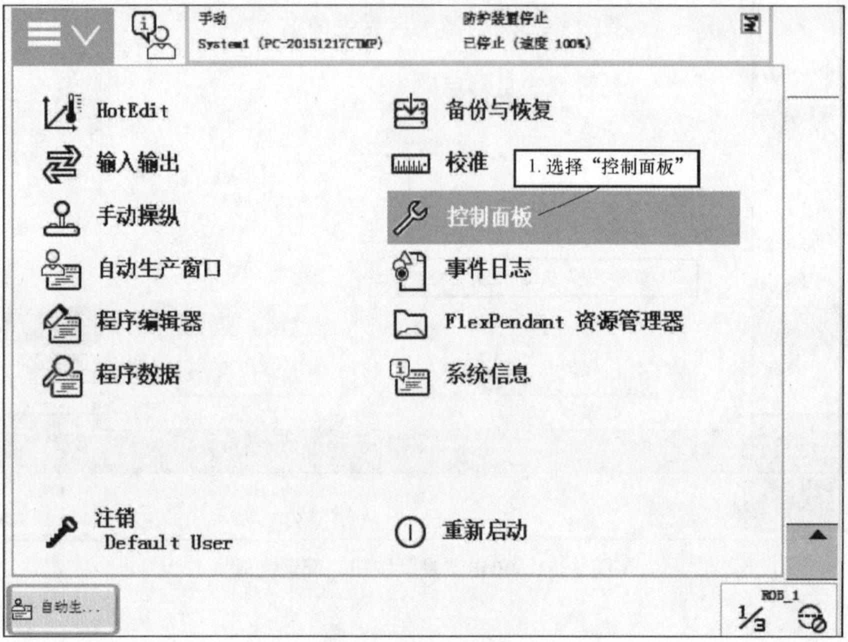

图 2-52　选择“控制面板”

图 2-53　选择“配置”

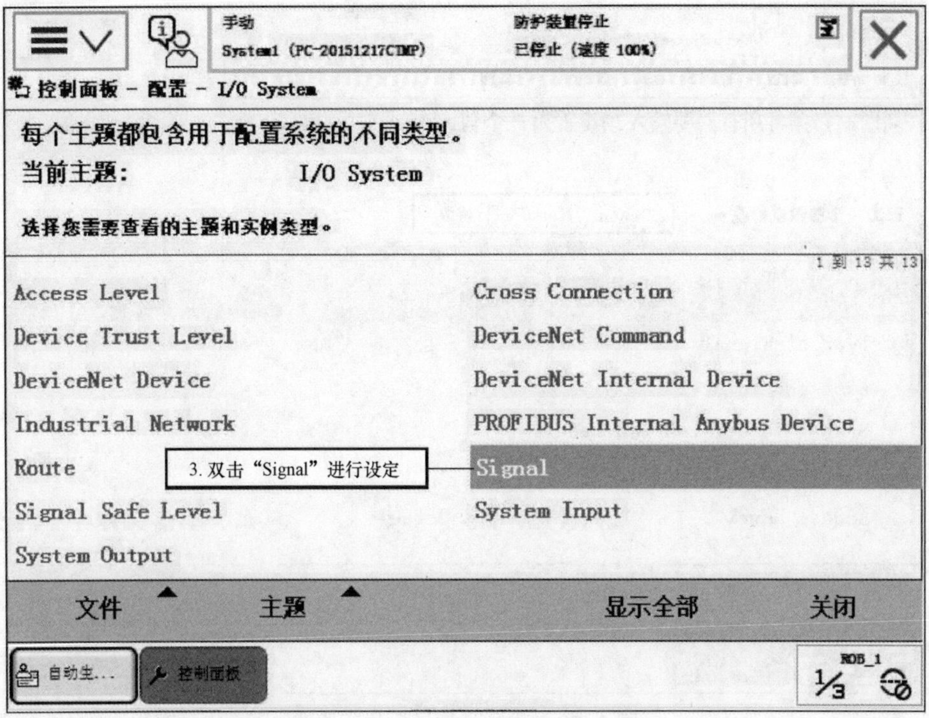

图 2-54　双击"Signal"进行设定

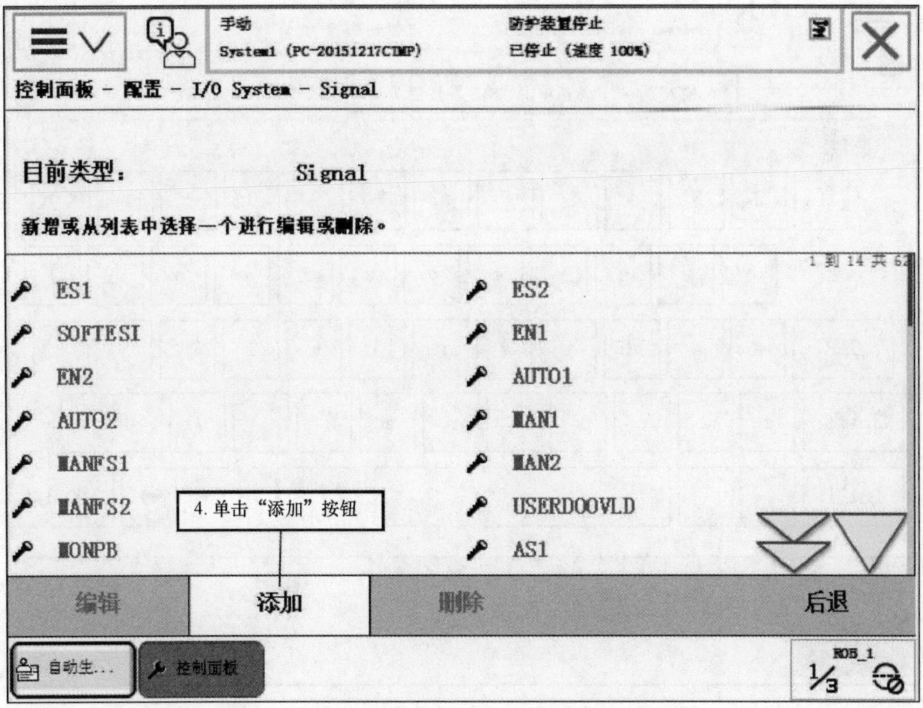

图 2-55　单击"添加"按钮

图 2-56　双击“Name”进行修改

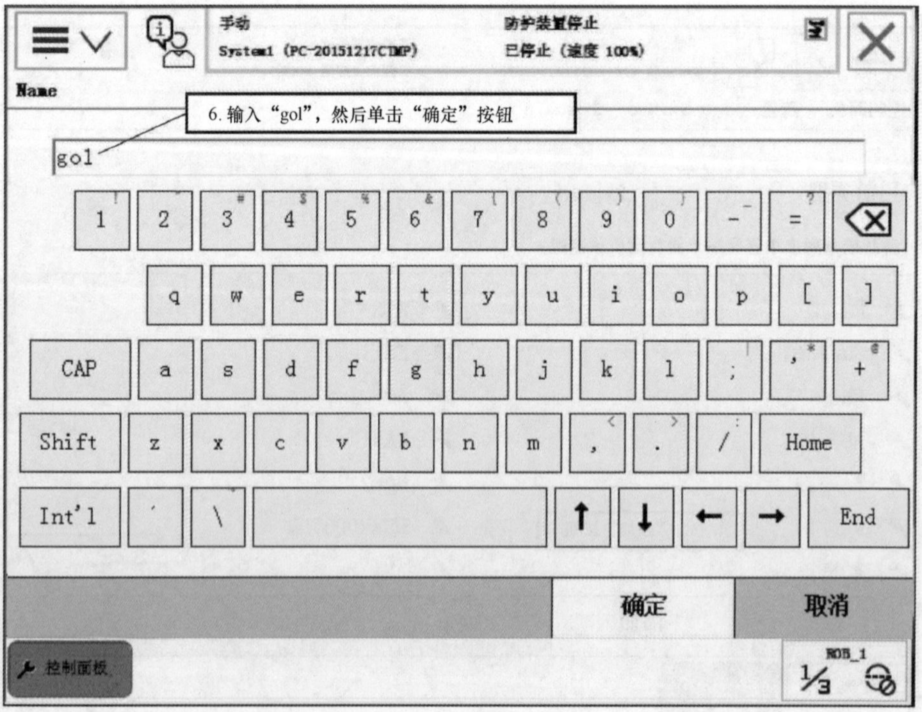

图 2-57　输入“go1”，然后单击“确定”按钮

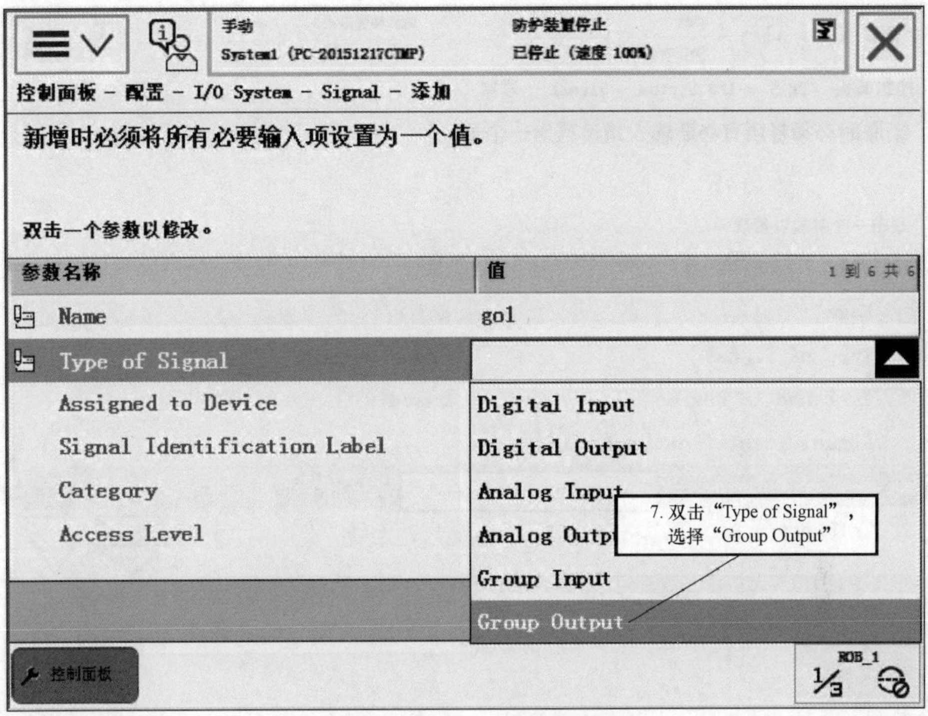

图 2-58　选择“Group Output”

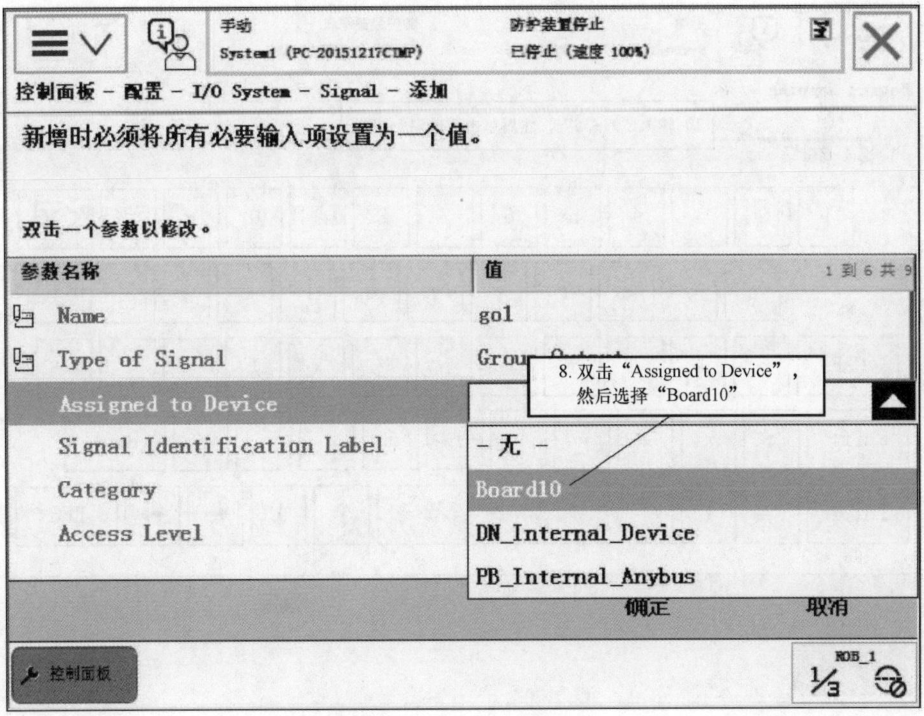

图 2-59　选择“Board10”

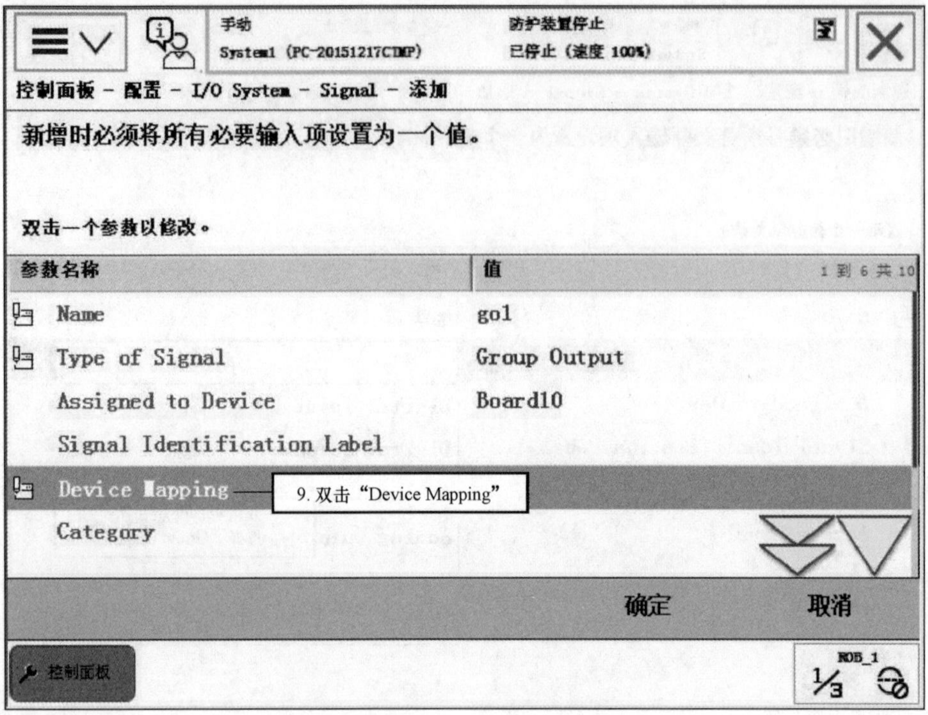

图 2-60　双击“Device Mapping”

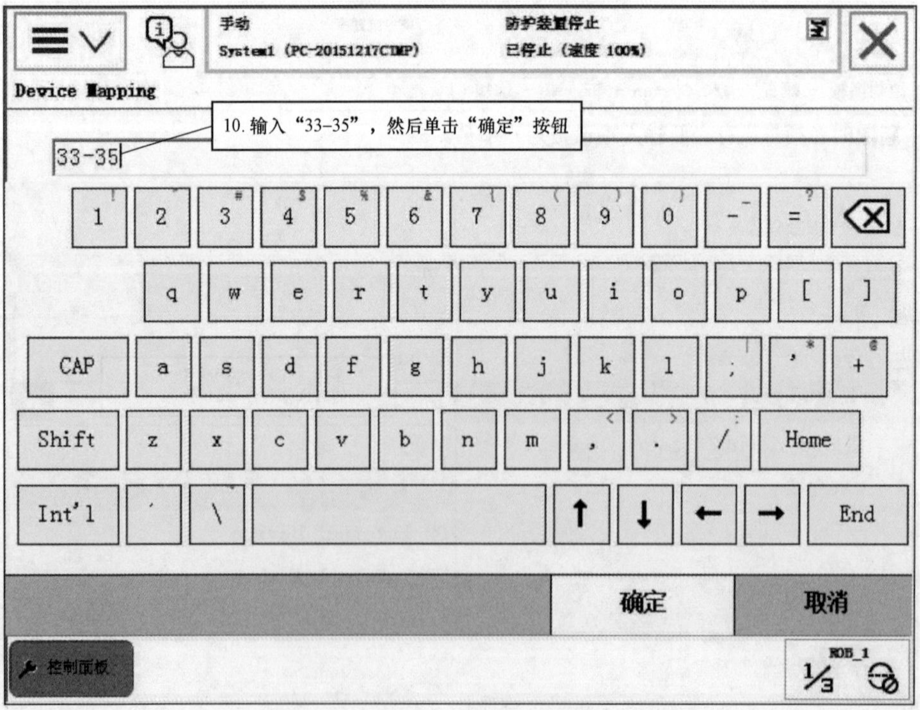

图 2-61　输入“33-35”，然后单击“确定”按钮

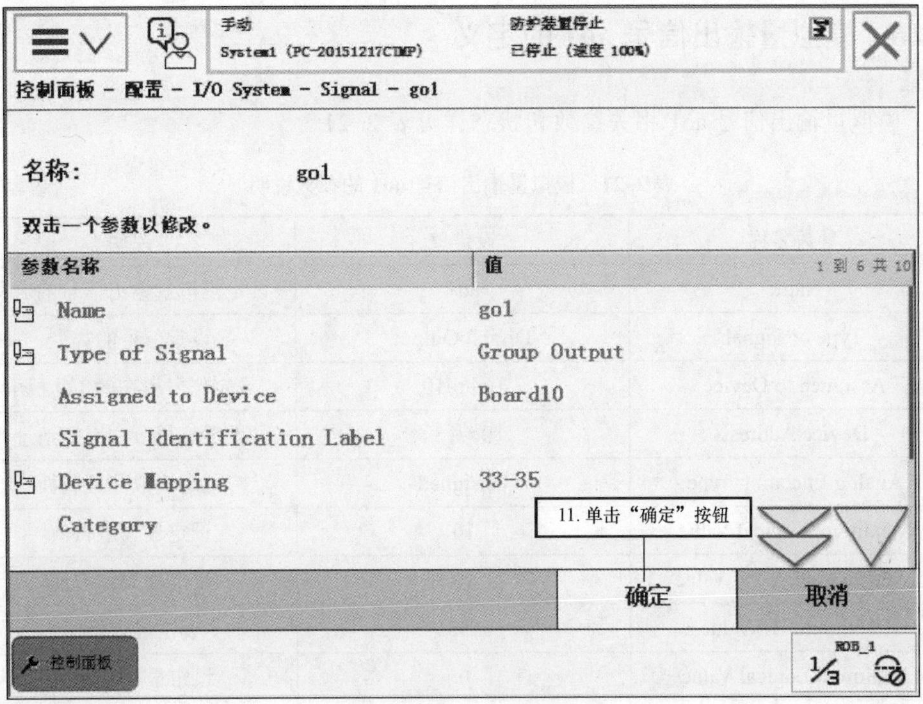

图 2-62 单击“确定”按钮

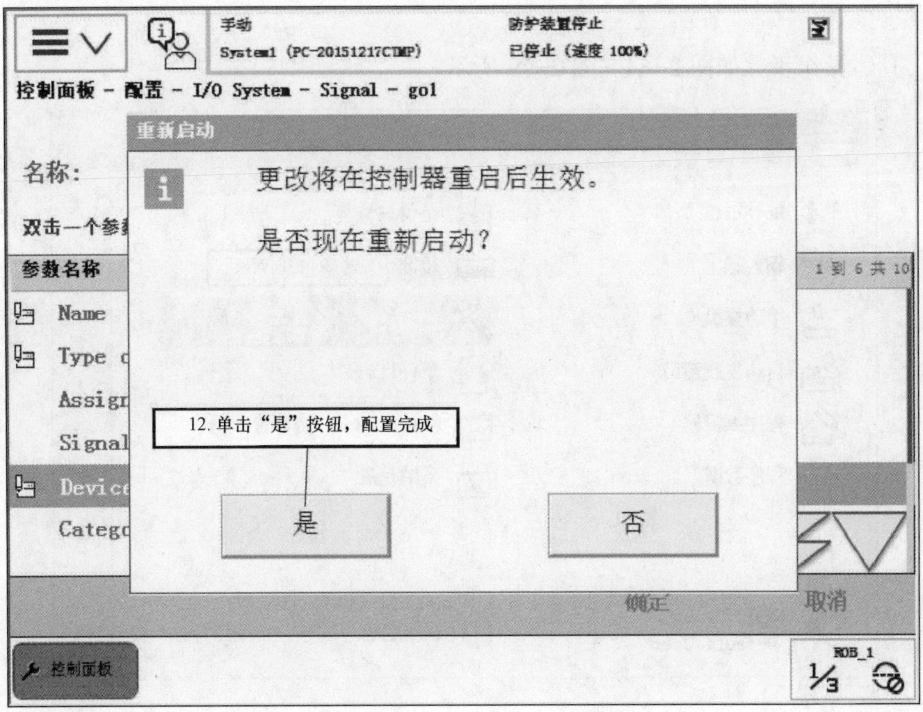

图 2-63 单击“是”按钮，配置完成

2.4.6 模拟量输出信号 ao1 的定义

模拟量输出信号 ao1 相关参数和状态详见表 2-21。

表 2-21 模拟量输出信号 ao1 的参数说明

参数名称	设定值	说明
Name	ao1	设定模拟量输出信号的名称
Type of Signal	Digital Output	设定信号的类型
Assigned to Device	Board10	设定信号所在的 I/O 板卡
Device Address	0～15	设定信号所占用的地址
Analog Encoding Type	Unsigned	设定模拟信号属性
Maximum Logical Value	10	设定最大逻辑值
Maximum Physical Value	10	设定最大物理值
Maximum Bit Value	65535	设定最大位值
Minimum Logical Value	0	设定最小逻辑值
Minimum Physical Value	0	设定最小物理值
Minimum Bit Value	0	设定最小位值

具体操作步骤如图 2-64～图 2-79 所示。

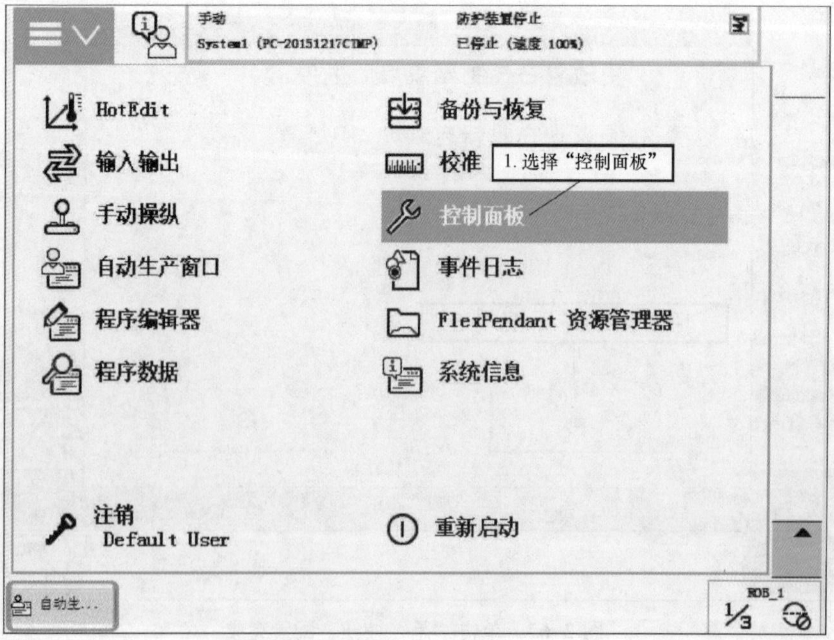

图 2-64 选择“控制面板”

图 2-65　选择“配置”

图 2-66　双击“Signal”进行设定

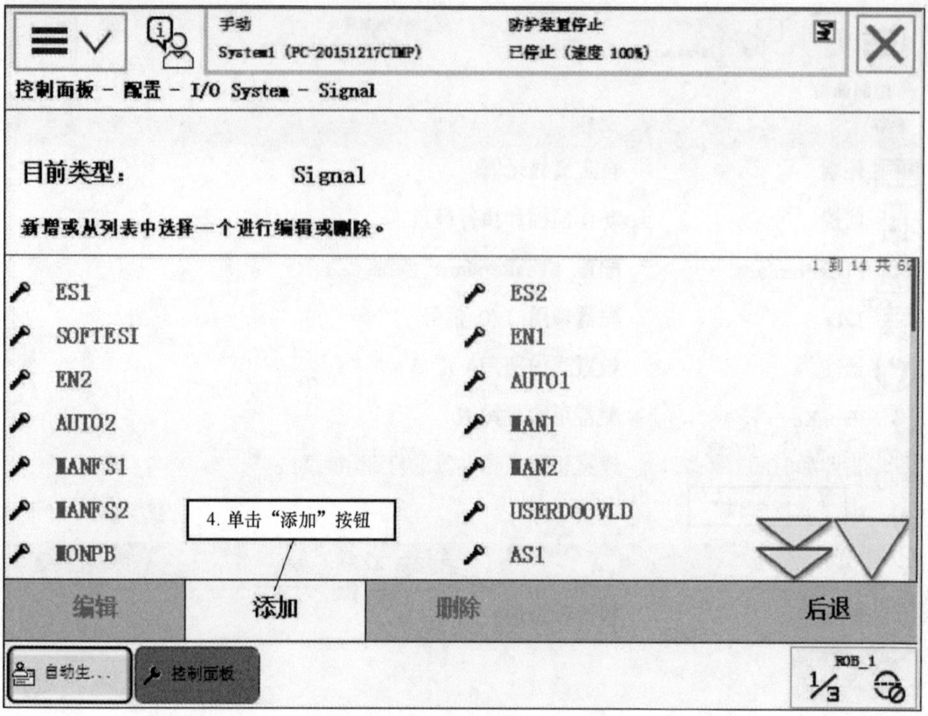

图 2-67　单击“添加”按钮

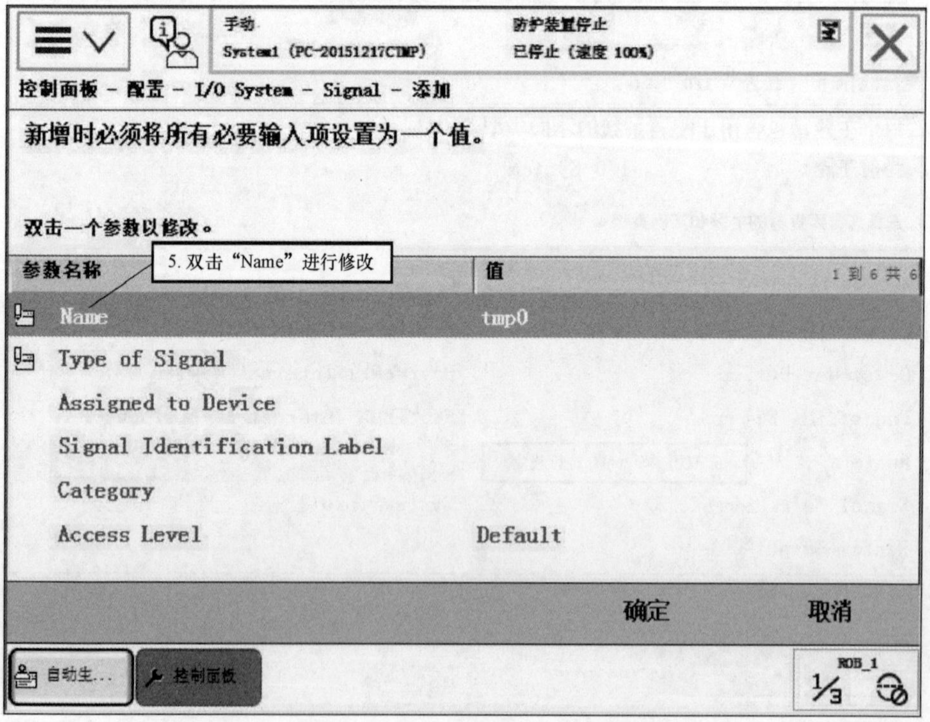

图 2-68　双击“Name”进行修改

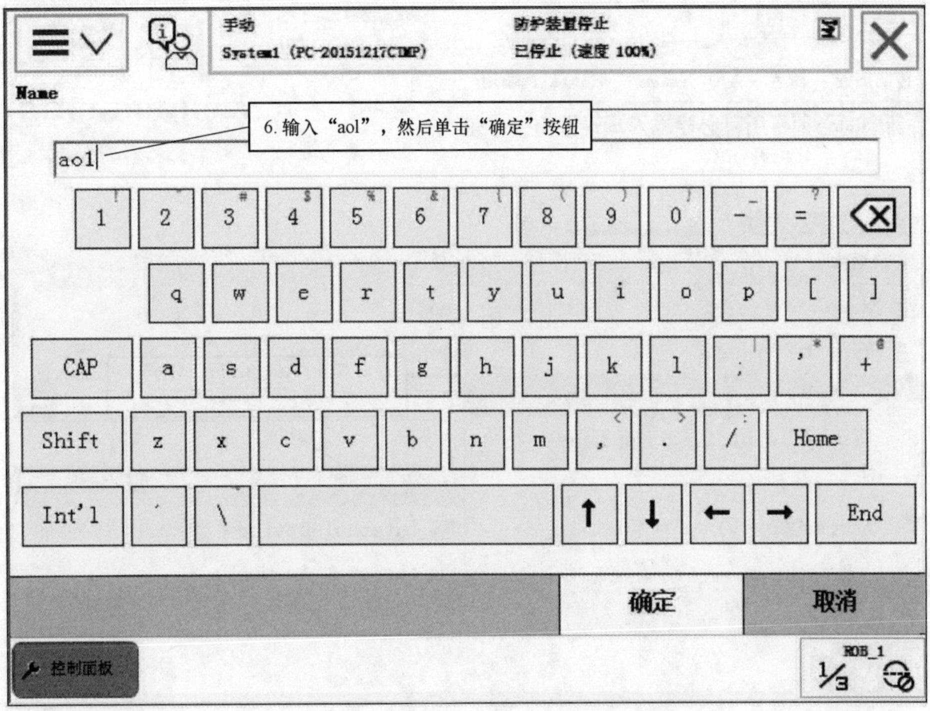

图 2-69　输入“ao1”，然后单击“确定”按钮

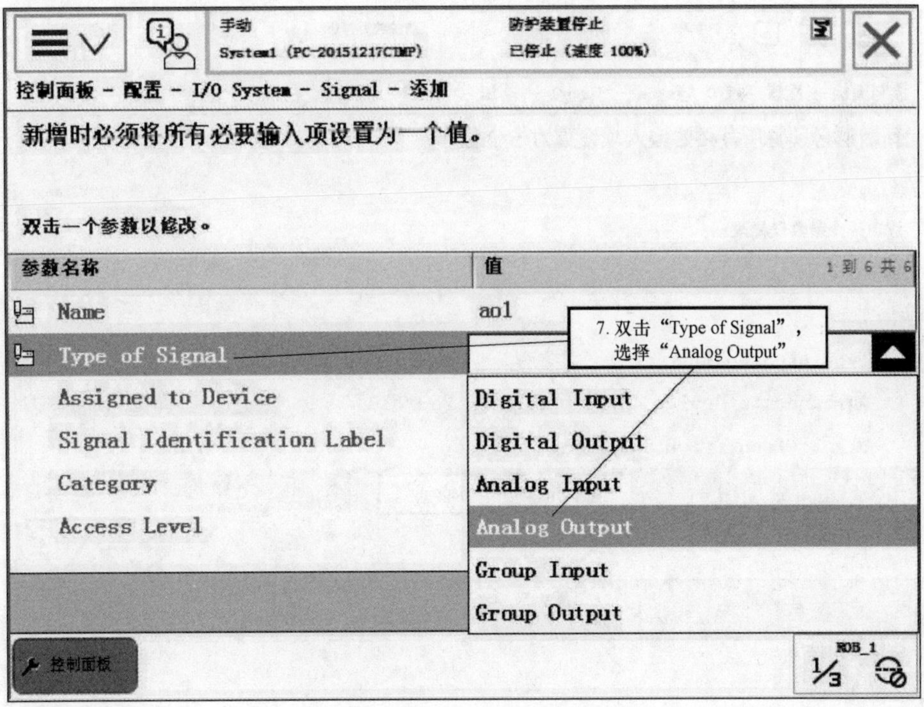

图 2-70　选择“Analog Output”

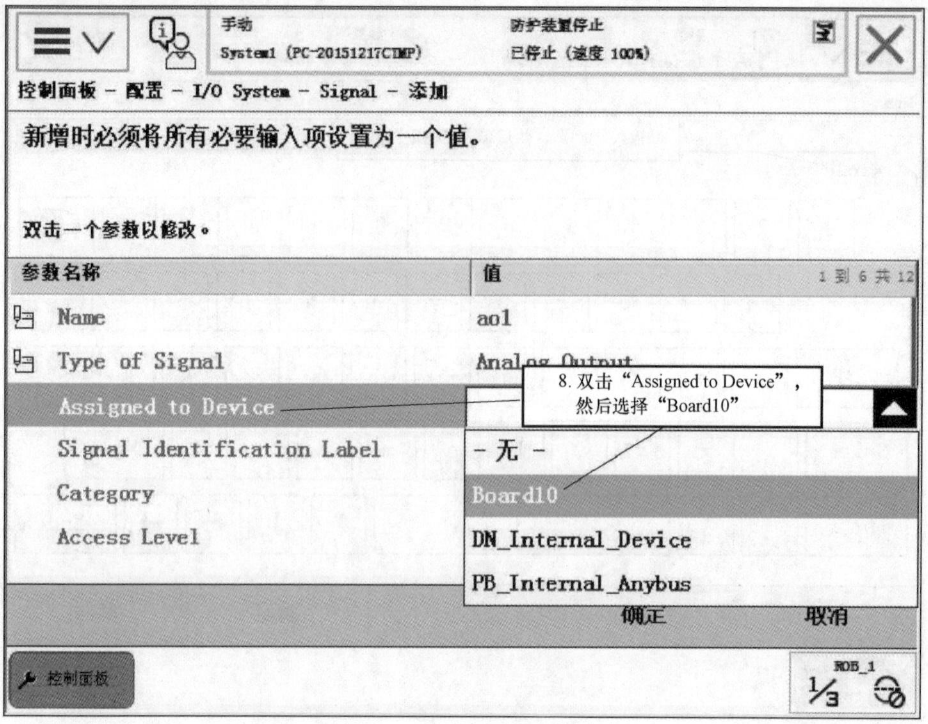

图 2-71　选择“Board10”

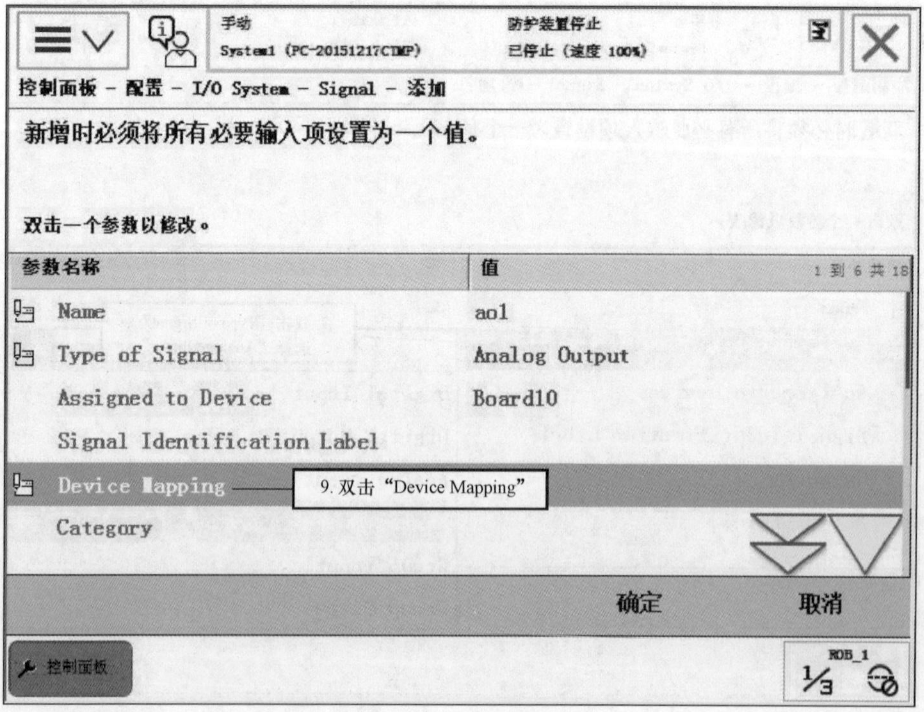

图 2-72　双击“Device Mapping”

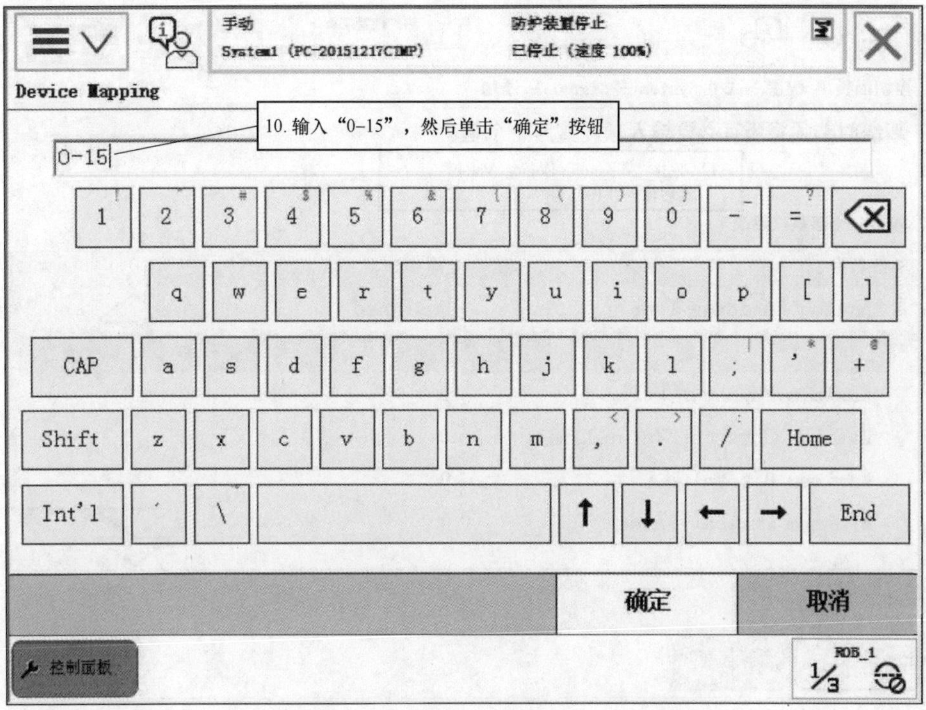

图 2-73　输入“0-15”，然后单击“确定”按钮

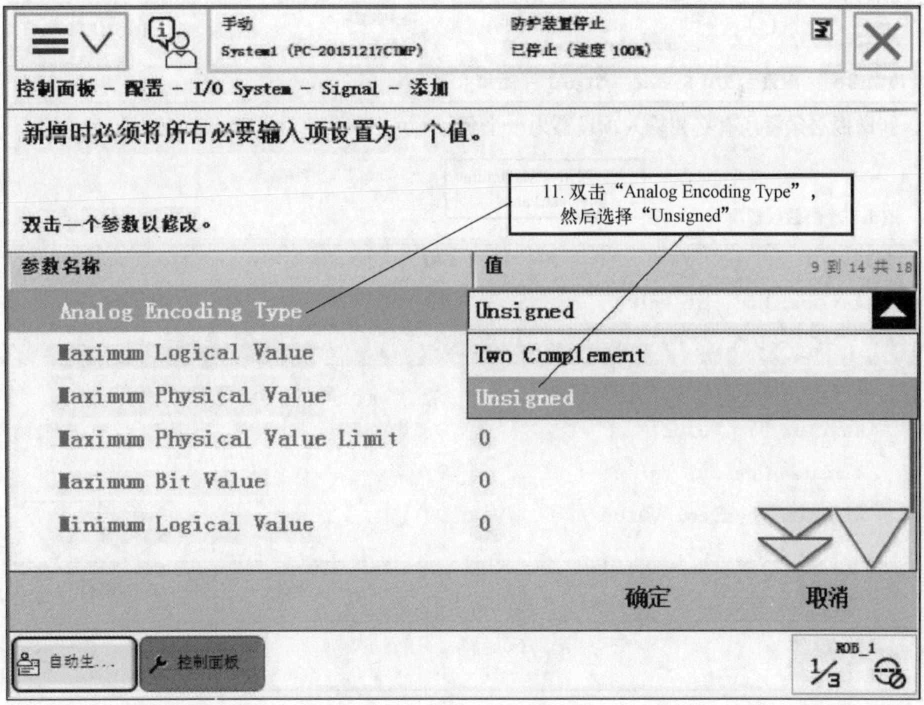

图 2-74　选择“Unsigned”

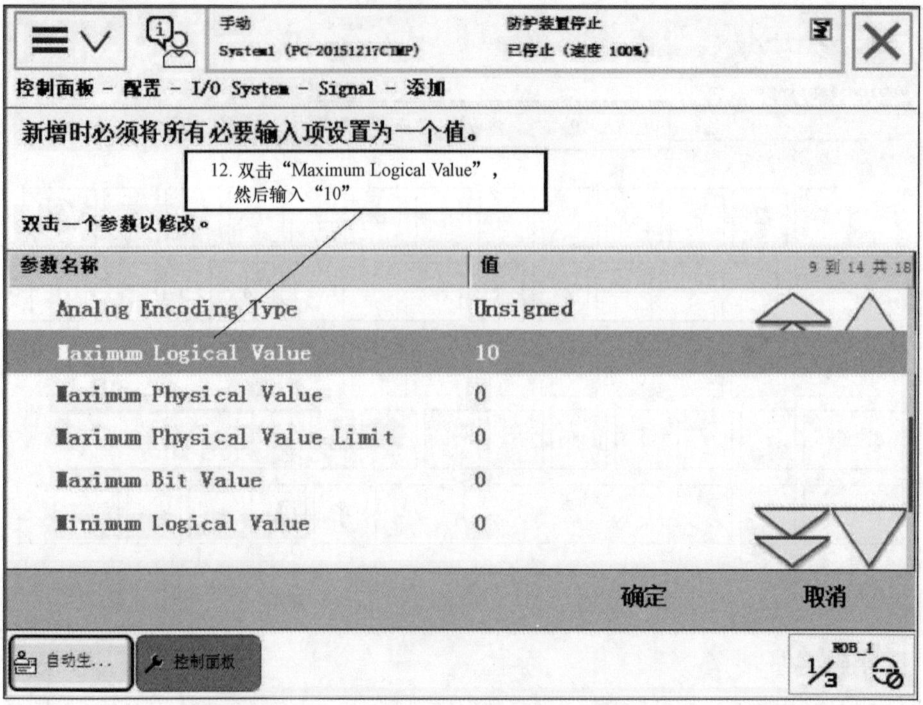

图 2-75 双击“Maximum Logical Value”，然后输入“10”

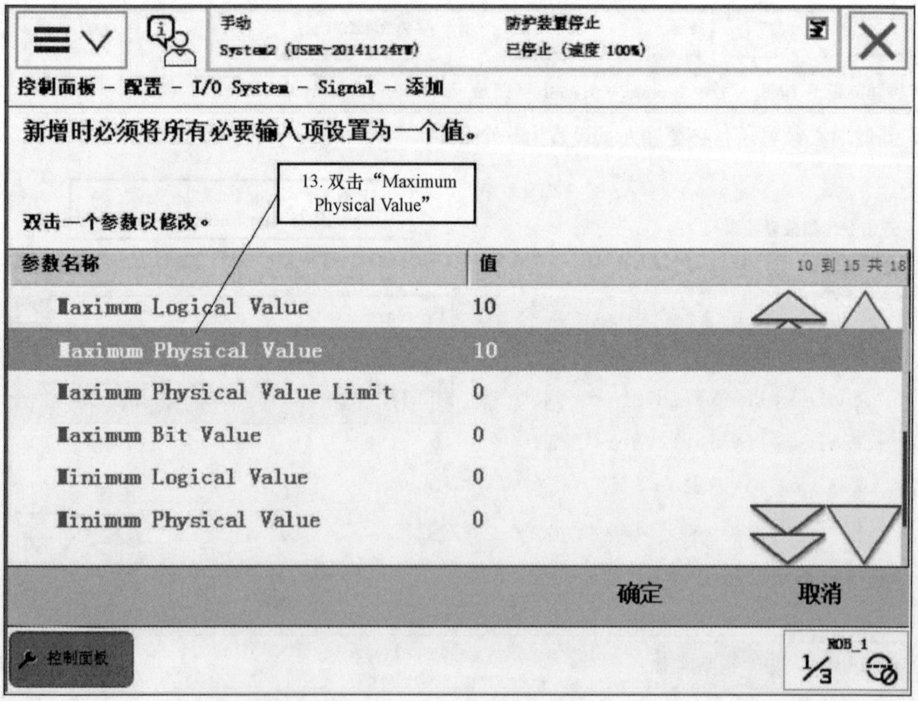

图 2-76 双击“Maximum Physical Value”

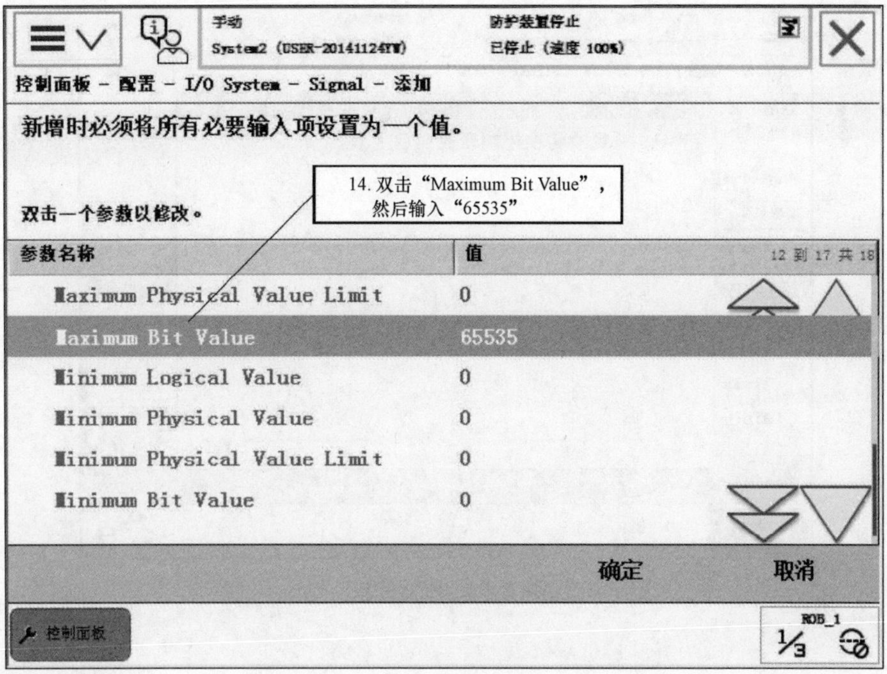

图 2-77　双击“Maximum Bit Value”

Minimum Logical Value、Minimum Physical Value、Minimum Bit Value 根据实际情况输入，此处输入默认数值“0”。

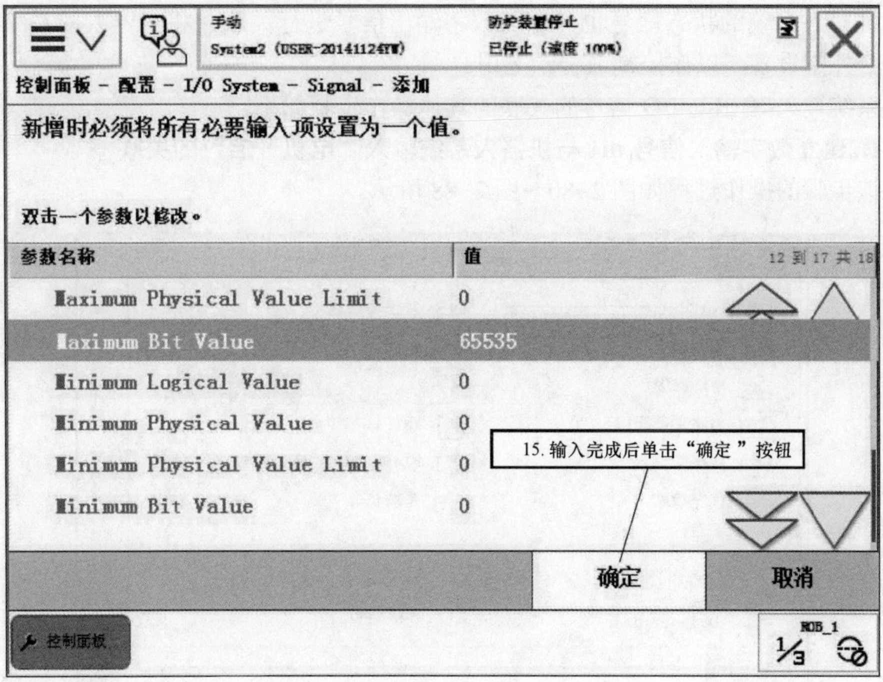

图 2-78　输入完成后单击“确定”按钮

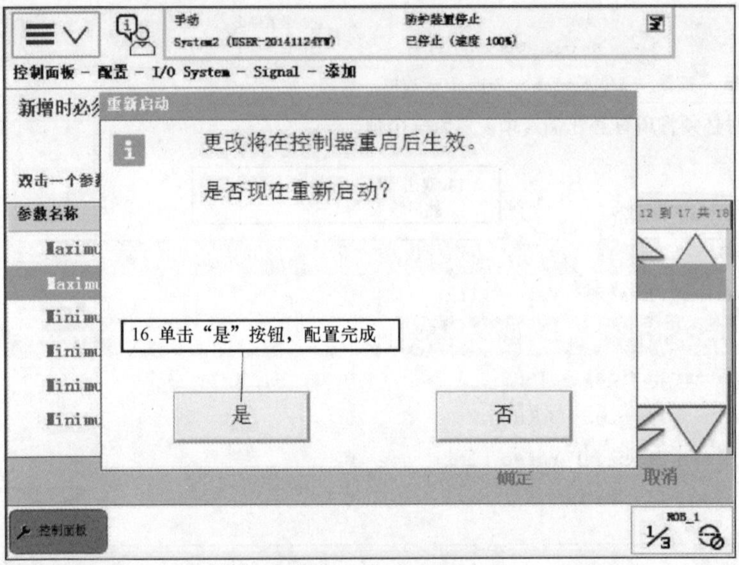

图 2–79　配置完成

2.4.7　系统输入/输出与 I/O 信号的关联

将数字输入信号与系统输入信号关联起来，就可以很方便地对机器人系统进行控制，例如，机器人电机上电，程序初始化等。

机器人系统的状态信号也可以与数字输出信号进行关联，将机器人的系统状态输出给外围设备，以作控制或警示之用。

系统输入/输出与 I/O 信号的关联的具体操作步骤如下。

1. 建立数字输入信号 di1 与机器人系统输入“电机开启”的关联

该步骤的操作过程如图 2–80～图 2–88 所示。

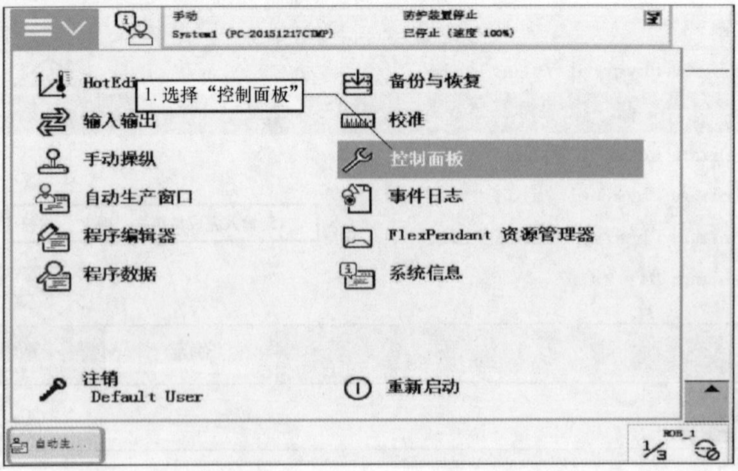

图 2–80　选择“控制面板”

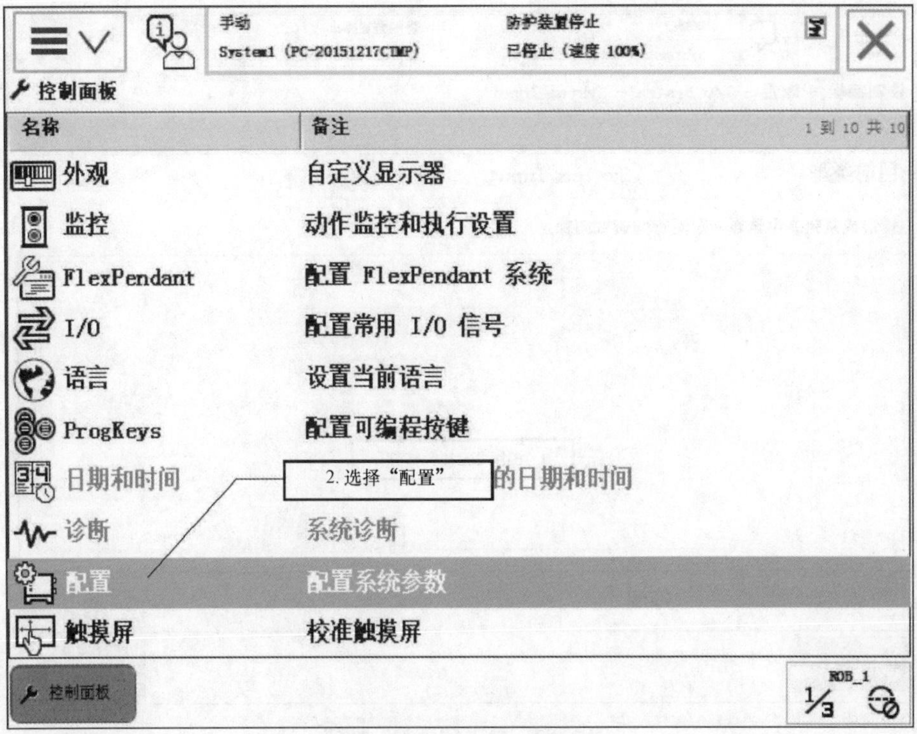

图 2-81　选择“配置”

图 2-82　双击“System Input”进行设定

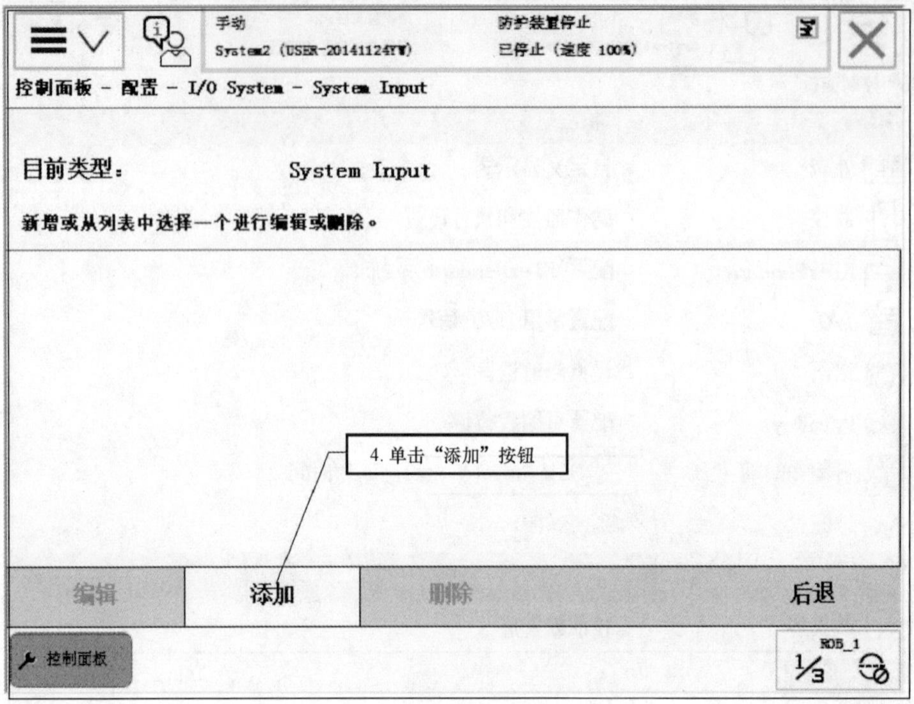

图 2-83　单击“添加”按钮

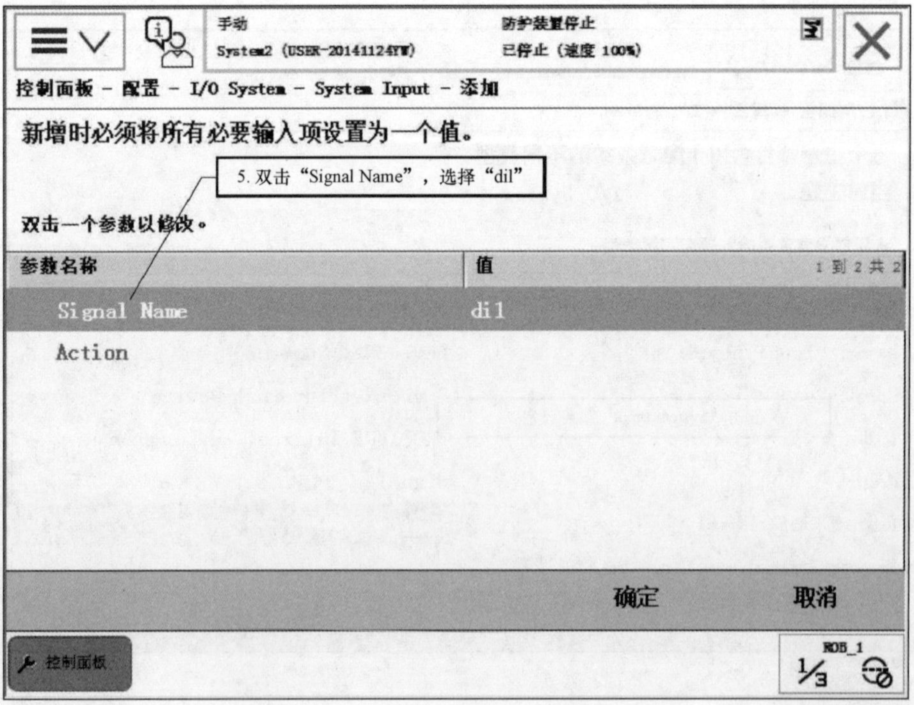

图 2-84　双击“Signal Name”，选择“di1”

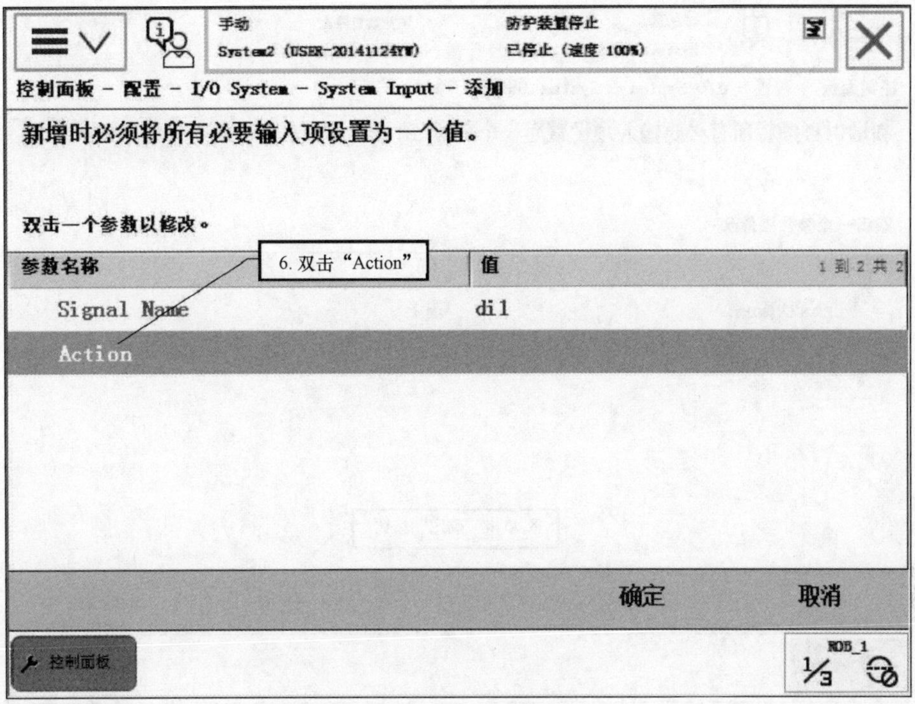

图 2-85　双击“Action”

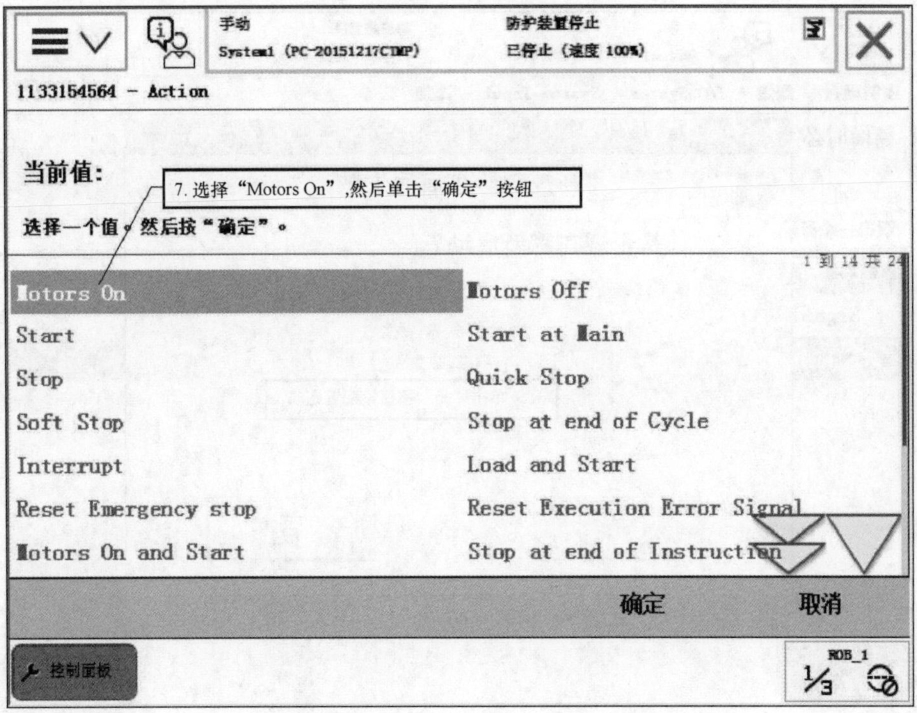

图 2-86　选择“Motors On”，然后单击“确定”按钮

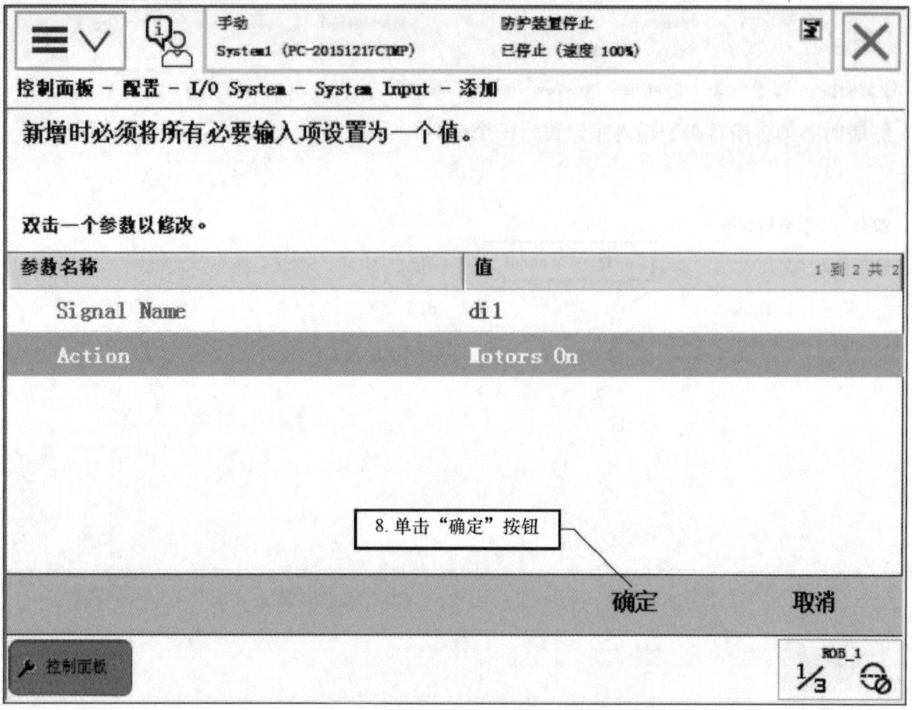

图 2-87 单击“确定”按钮

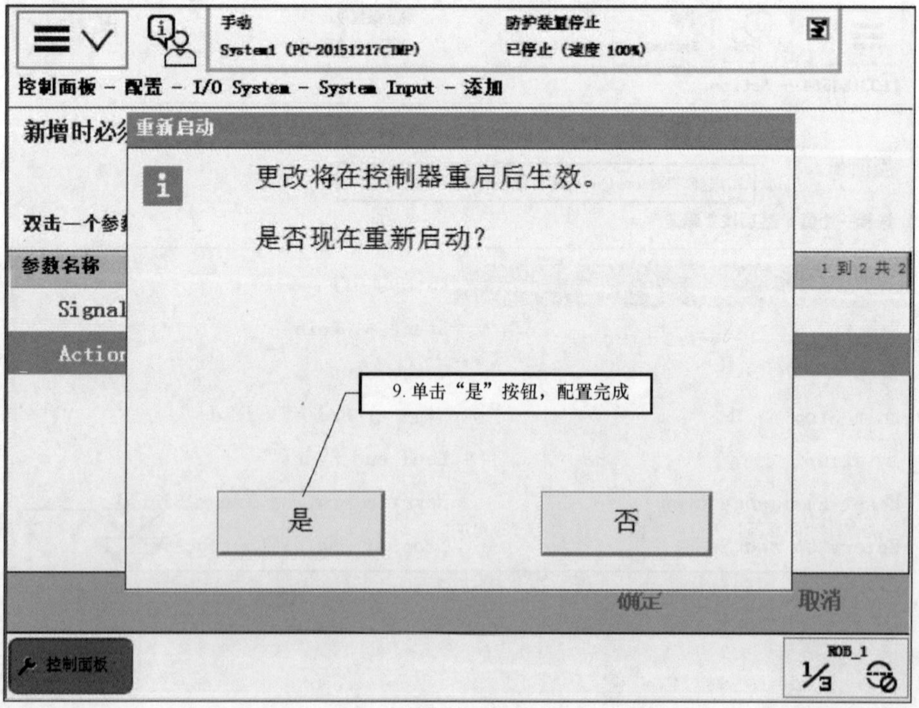

图 2-88 配置完成

2. 建立系统输出“机器人紧急停止”与数字输出信号 do1 的关联

该步骤的操作过程如图 2–89～图 2–96 所示。

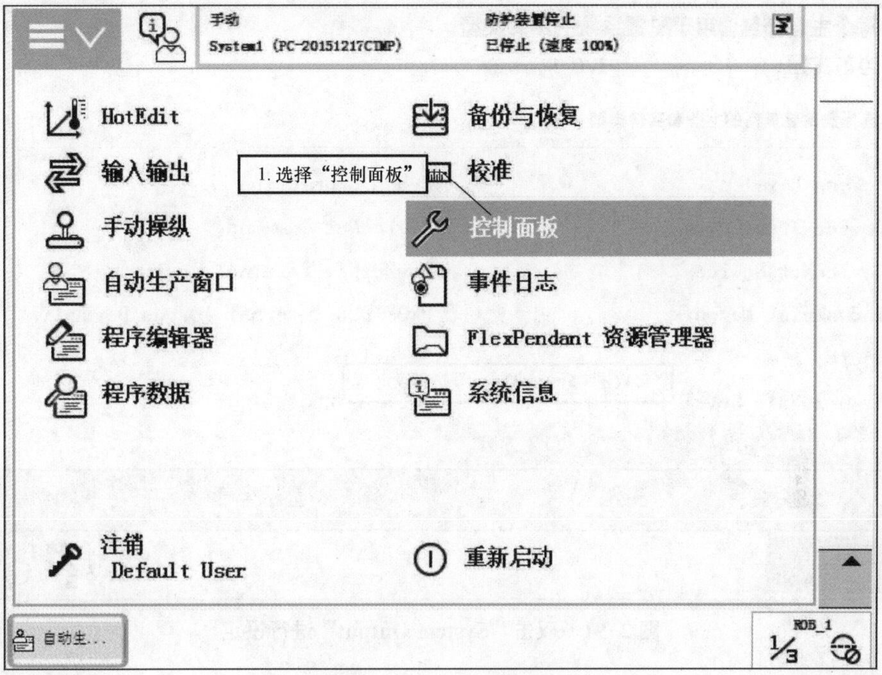

图 2–89　选择“控制面板”

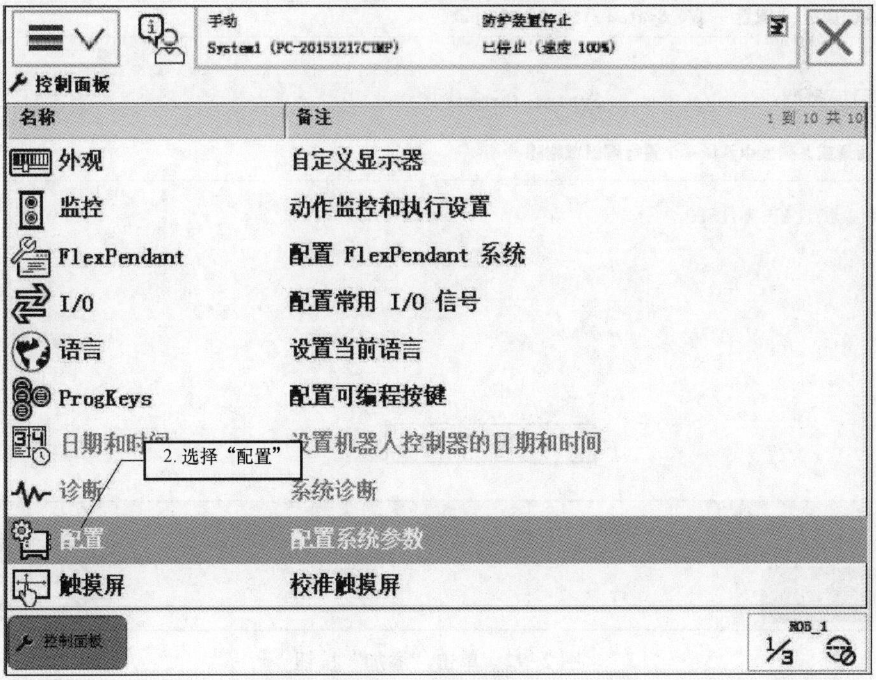

图 2–90　选择“配置”

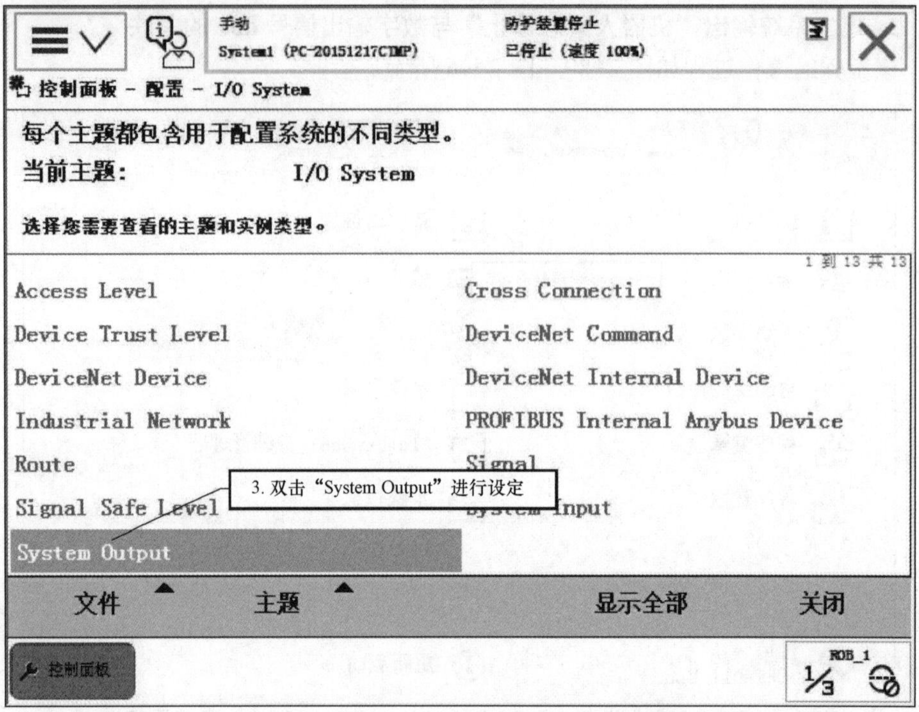

图 2-91 双击“System Output”进行设定

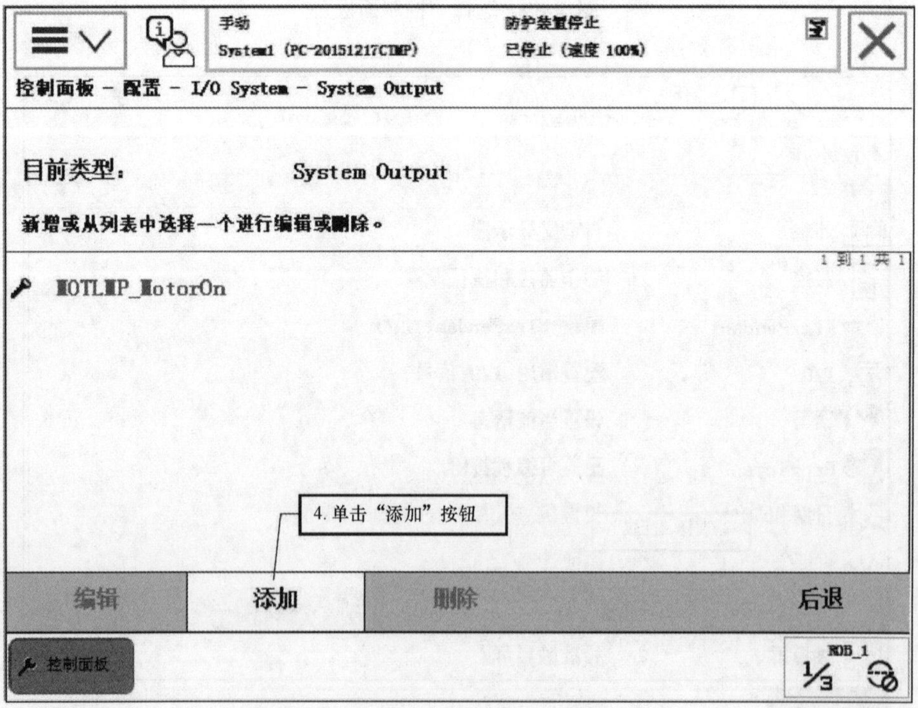

图 2-92 单击“添加”按钮

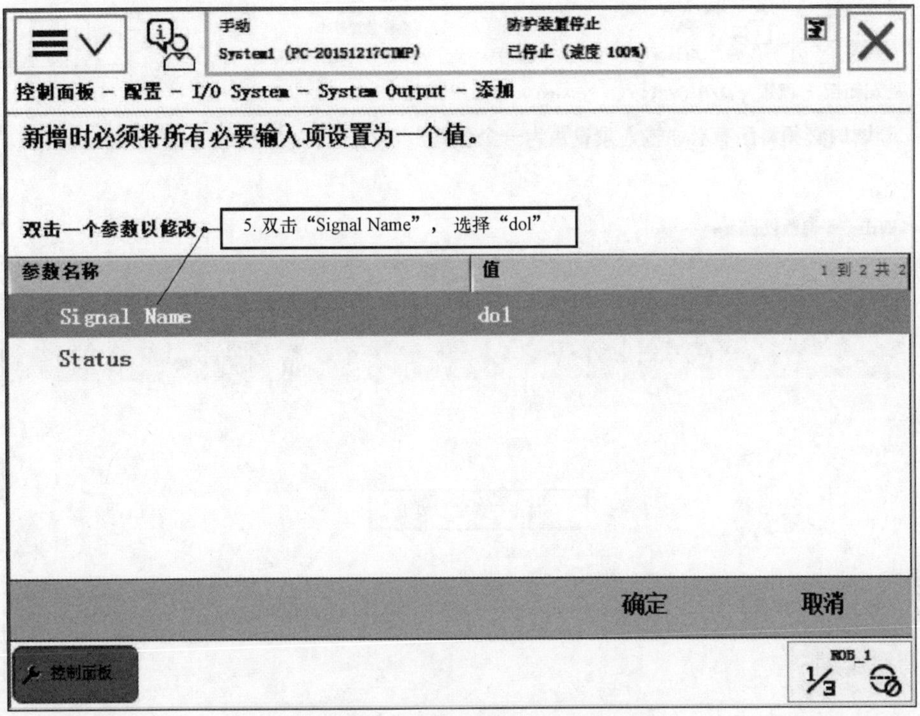

图 2-93　双击“Signal Name”，选择“do1”

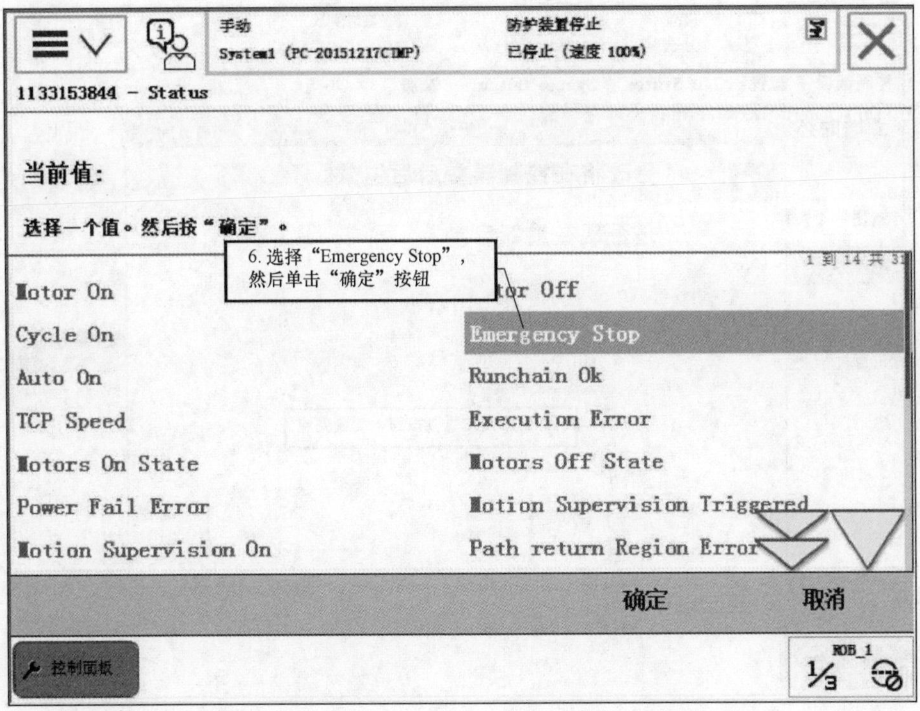

图 2-94　选择“Emergency Stop”，然后单击“确定”按钮

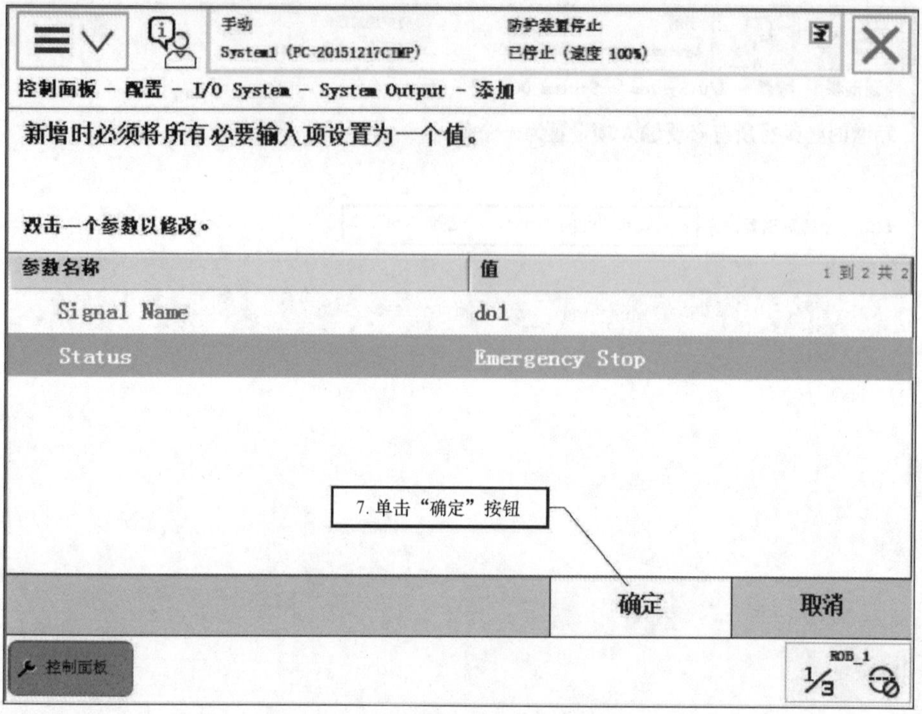

图 2–95 单击“确定”按钮

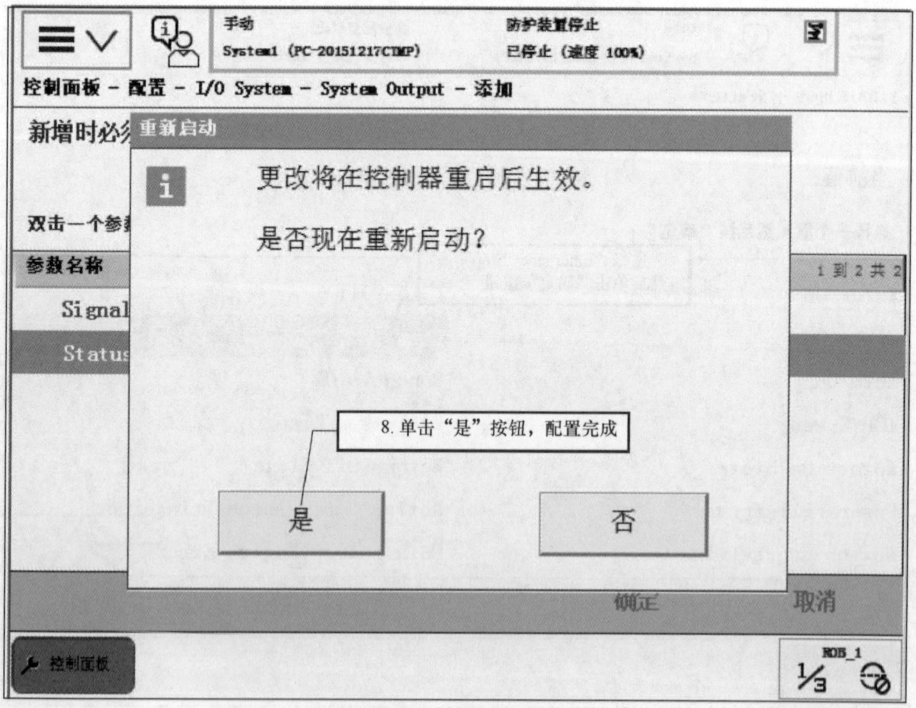

图 2–96 配置完成

2.4.8　I/O 信号的监控与操作

前面对 I/O 的定义进行了详细的讲解，现在介绍如何对 I/O 信号进行监控与操作。具体操作步骤如图 2−97～图 2−103 所示。

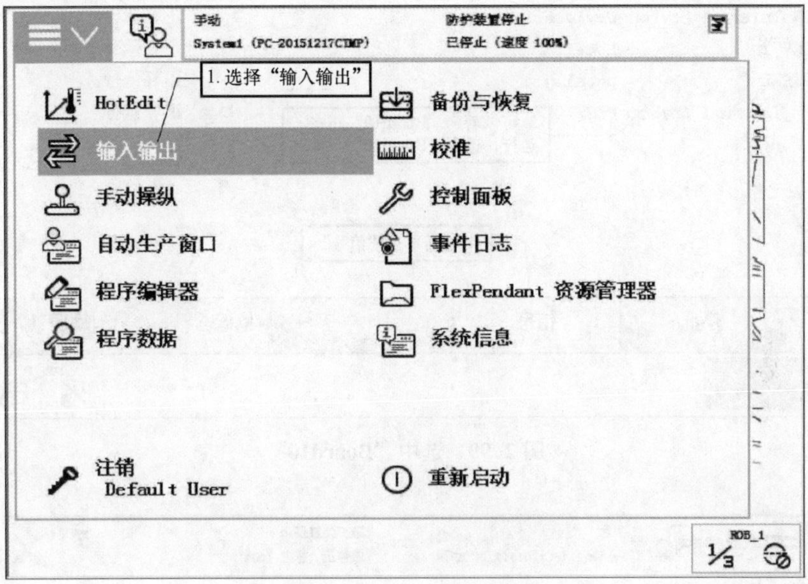

图 2−97　选择“输入输出”

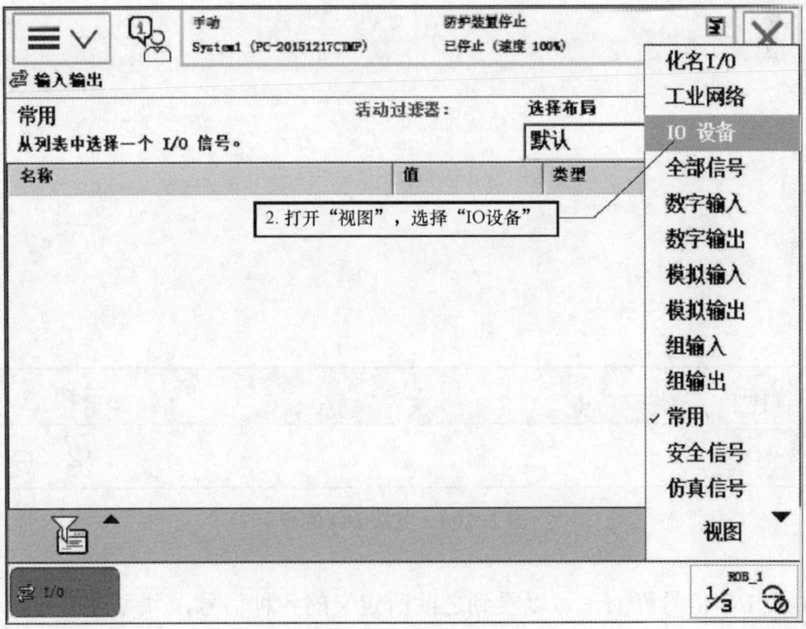

图 2−98　选择“IO 设备”

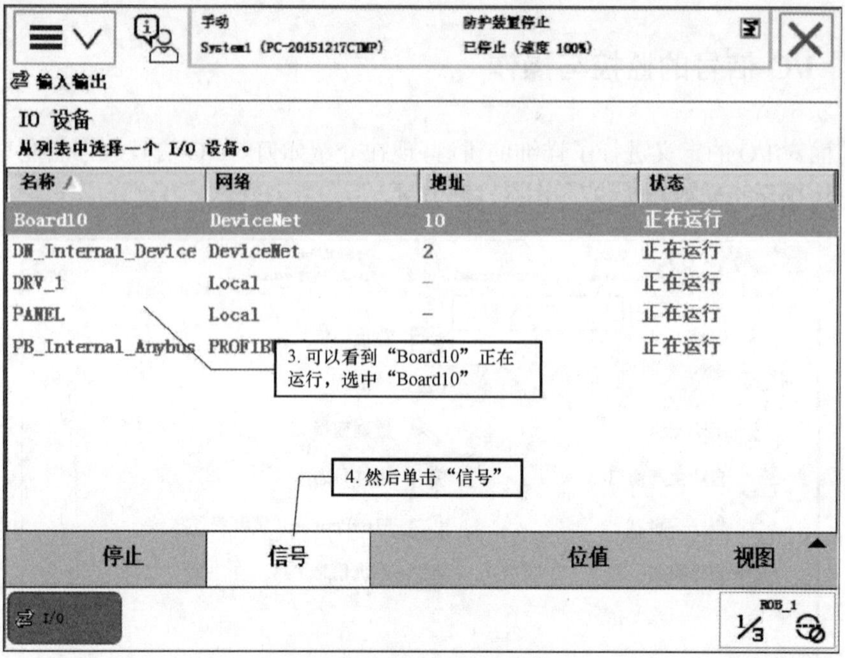

图 2-99　选中“Board10”

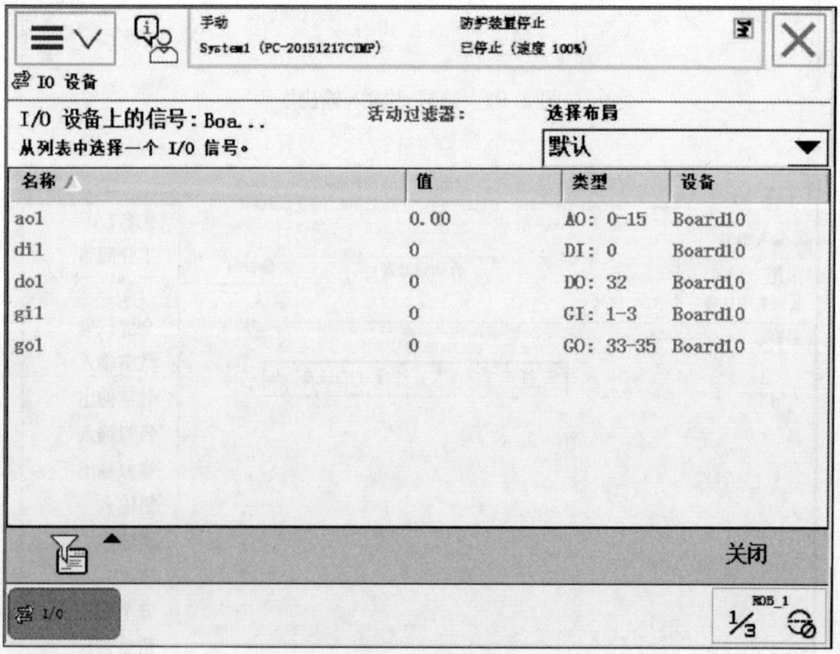

图 2-100　监控 I/O 信号

在监控 I/O 信号界面，可以看到之前所定义的各种信号，并可对信号进行监控、仿真与强制。对信号进行监控、仿真与强制可以帮助人们很方便地对机器人进行调试和检修。

1. 对 di1 进行仿真操作

仿真 I/O 信号如图 2-101 所示，消除仿真如图 2-102 所示。

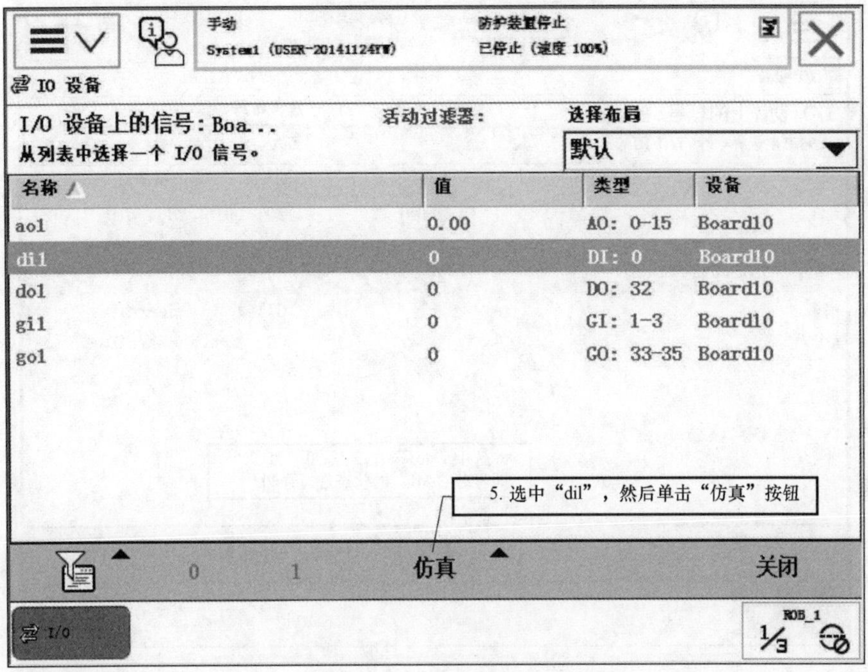

图 2-101　仿真 I/O 信号

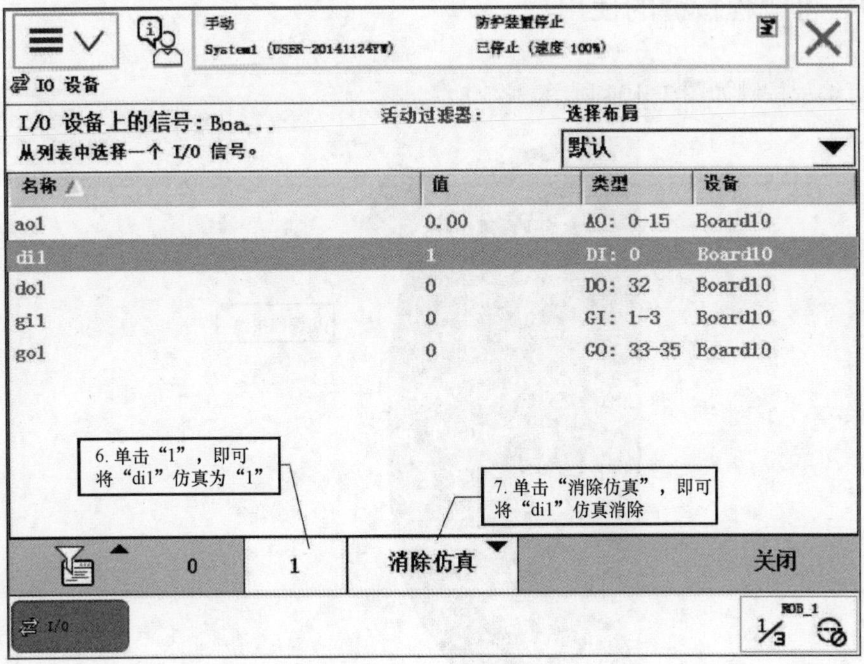

图 2-102　消除仿真

2. 对 do1 进行强制操作

强制输出信号如图 2-103 所示。

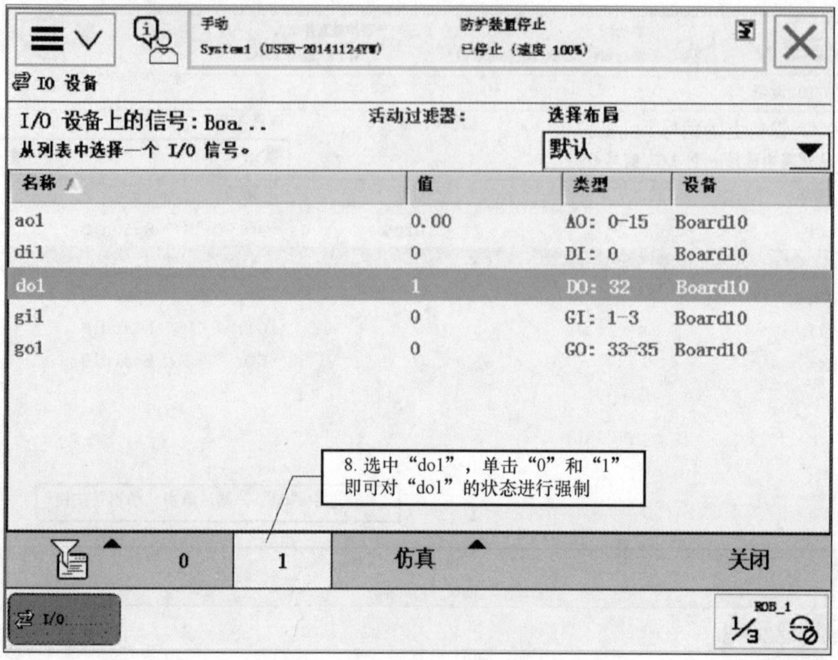

图 2-103 强制输出信号

2.4.9 可编程按键的使用

可编程按键如图 2-104 所示。

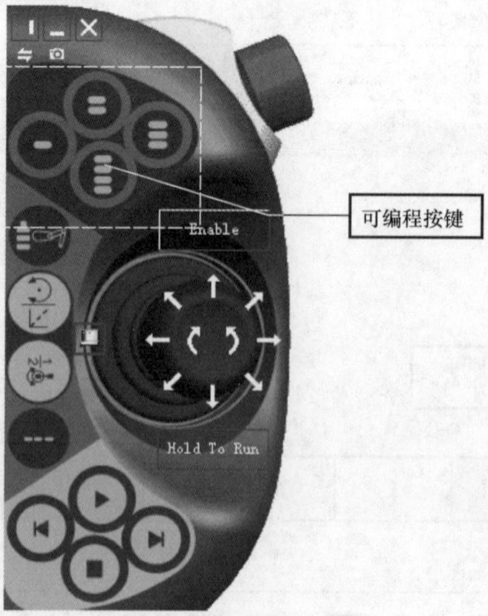

图 2-104 可编程按键

示教器上有 4 个可编程按键可以分配需要快捷控制的 I/O 信号，在调试和维修时可以快捷地对 I/O 信号进行强制和仿真操作。

下面具体介绍配置可编程按键的方法，以可编程按键 1 配置数字输出信号 do1 为例，如图 2-105～图 2-109 所示。

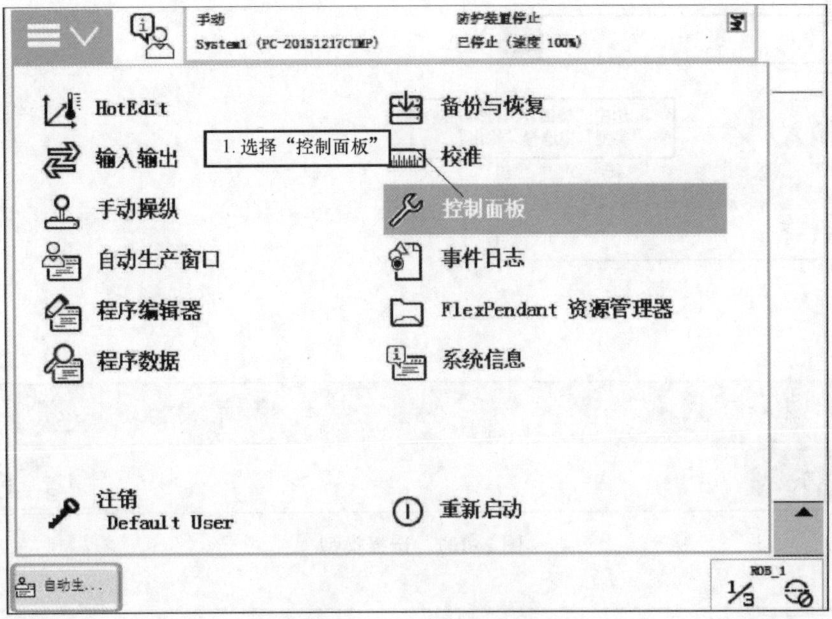

图 2-105　选择“控制面板”

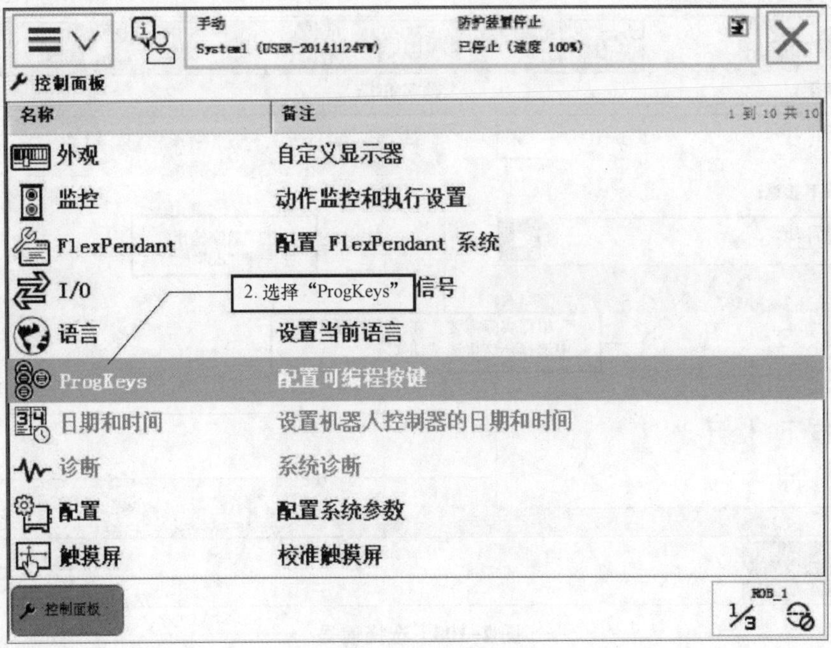

图 2-106　选择“ProgKeys”

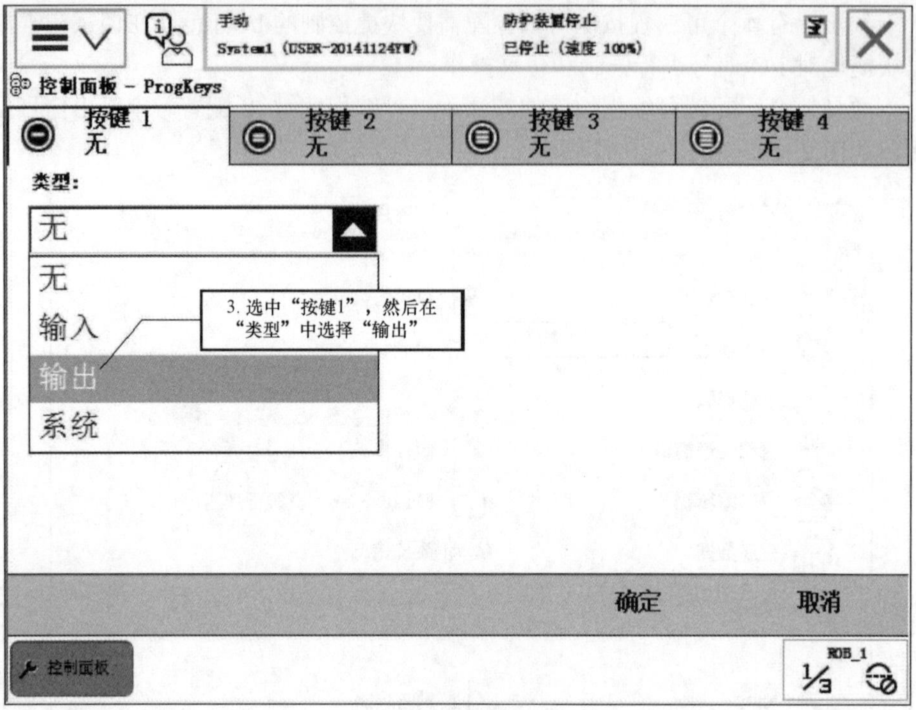

图 2-107　选择类型

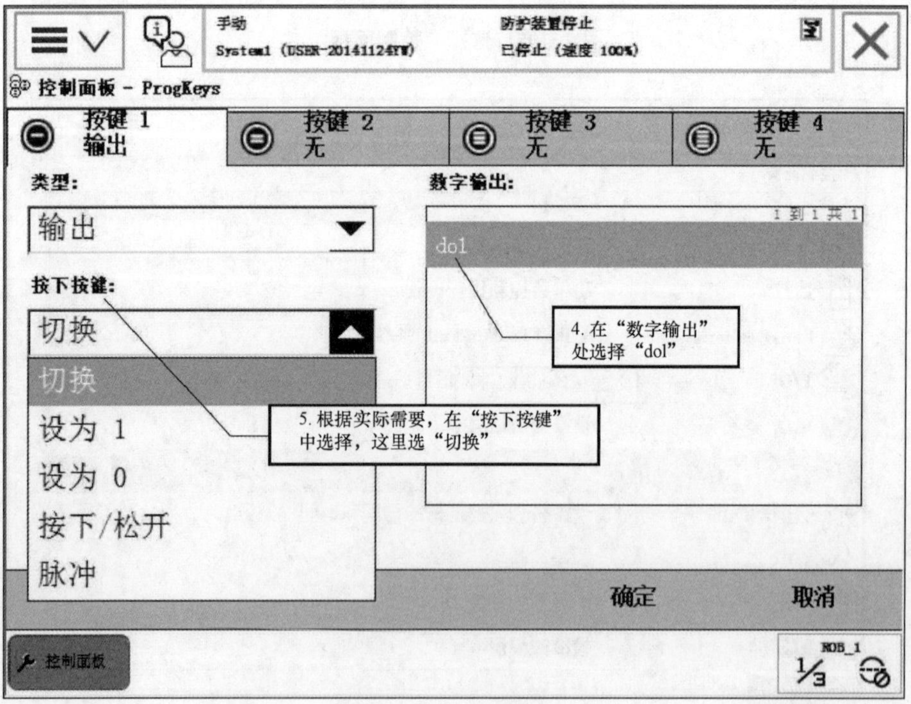

图 2-108　选择信号

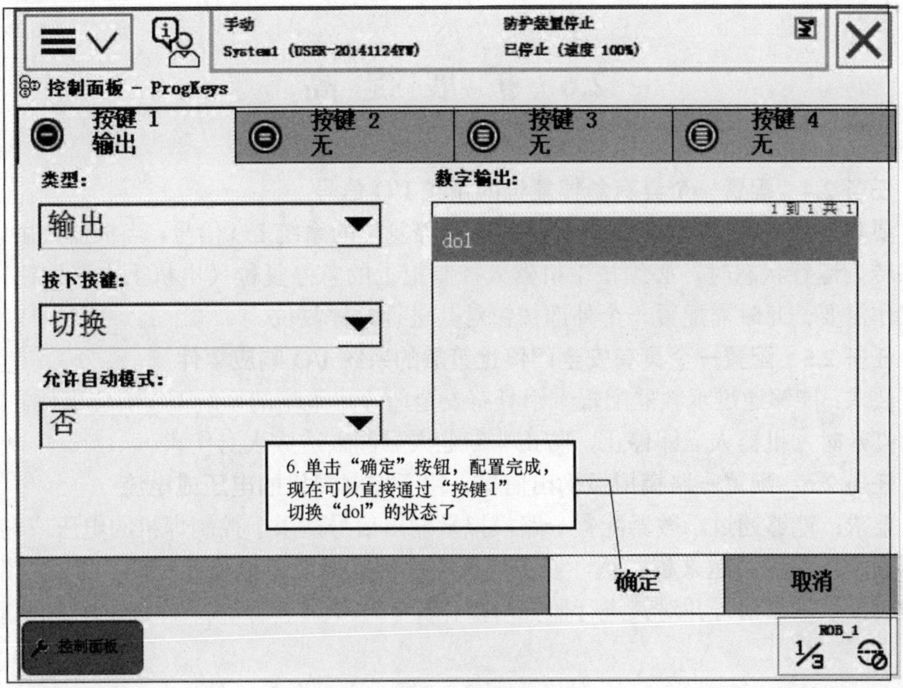

图 2-109　配置完成

2.5　考核评价

任务 2.1　在系统中配置标准 I/O 板，并定义 I/O 信号

要求：能清楚描述 ABB 机器人常用 I/O 板的种类及适用范围，能通过示教器熟练地配置 ABB 机器人标准 I/O 板，并定义 I/O 信号，能用专业语言正确流利地展示配置的基本步骤，思路清晰、有条理，能圆满地回答老师与同学提出的问题，并能提出一些新的建议。

任务 2.2　调用 I/O 单元界面，对 I/O 信号进行监控与操作

要求：能通过示教器熟练地调用 I/O 单元界面，并对 I/O 信号进行监控与操作，外接一个指示灯，要求能够使用示教器对其进行强制“点亮”和“熄灭”，能用专业语言正确流利地展示配置的基本步骤，思路清晰、有条理，能圆满地回答老师与同学提出的问题，并能提出一些新的建议。

任务 2.3　配置系统输入/输出与 I/O 信号的关联

要求：能够通过示教器将机器人系统输入/输出与 I/O 信号进行关联，通过一个外部按钮将机器人的程序复位，即程序从 main 处执行，能用专业语言正确流利地展示配置的基本步骤，思路清晰、有条理，能圆满地回答老师与同学提出的问题，并能提出一些新的建议。

2.6 扩展提高

任务 2.4　配置一个具有急停复位的系统 I/O 信号

要求：能够通过示教器配置一个具有急停复位的系统 I/O 信号，当机器人由急停状态转为运行状态时，必须按下机器人控制柜上的急停复位（电机上电）按钮，由于工作需要，此时需配置一个外部按钮对其进行急停复位。

任务 2.5　配置一个具有安全门停止策略的系统 I/O 响应事件

要求：能够通过示教器配置一个具有安全门停止策略的系统 I/O 响应事件，当安全门打开时，机器人立即停止，防止非专业人员闯入造成人身伤害。

任务 2.6　配置一路模拟量输出信号，用于控制焊机的电压或电流

要求：能够通过示教器配置一路模拟量输出信号，用于控制焊机的电压或电流。机器人焊接的应用越来越广泛，许多焊机的控制是通过模拟量控制的，因此，配置一路模拟量输出信号并对其进行监控与操作。

项目 3
ABB 机器人程序数据设定

3.1 项 目 描 述

本项目的主要学习内容包括：了解什么是程序数据，了解程序数据的类型与存储方式，了解程序数据的建立方法，常用的程序数据及说明，以及 3 个重要程序数据——工具坐标数据 tooldata 的建立、工件坐标数据 wobjdata 的建立、负载数据 loaddata 的建立。

3.2 教 学 目 的

通过本项目的学习，让学生了解什么是程序数据，了解程序数据的类型与存储方式，了解如何通过示教器建立程序数据，了解如何通过示教器创建一个位置数据并示教保存，了解如何通过示教器设定一个完整的工具坐标数据 tooldata、工件坐标数据 wobjdata 和负载数据 loaddata 等。本项目的内容主要是关于机器人的程序数据，有许多操作与设定环节，学生可以按照本项目所讲的设定步骤同步操作，为后续的程序编写打下坚实的基础。

3.3 知 识 准 备

3.3.1 什么是程序数据

程序数据是在程序模块或系统模块中设定的值和定义的一些环境数据。创建的程序数据由同一个模块或其他模块中的指令引用。下面看一条机器人的线性运动指令（MoveL），如图 3-1 所示，此指令中调用了 4 个程序数据。

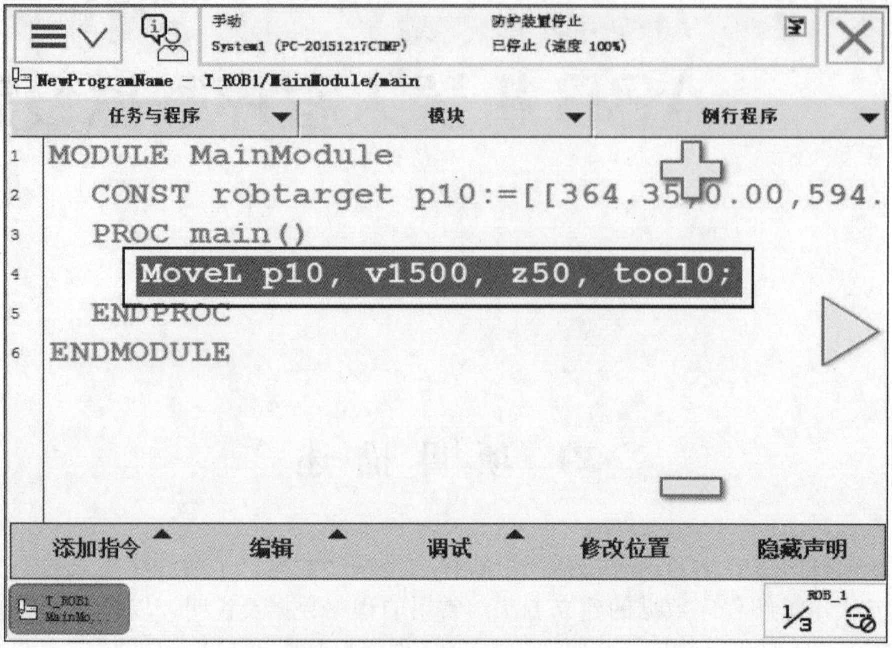

图 3-1 在指令中查看程序数据

图 3-1 中所使用的程序数据详见表 3-1。

表 3-1 程序数据说明

程序数据	数据类型	说明
p10	robtarget	机器人运动目标位置数据
v1500	speeddata	机器人运动速度数据
z50	zonedata	机器人运动转弯数据
tool0	tooldata	机器人工具坐标数据

3.3.2 了解程序数据的类型与存储方式

1. 程序数据的类型

ABB 机器人的程序数据共有 102 个，并且可以根据实际情况进行程序数据的建立。

在示教器的“程序数据”窗口可以查看和创建所需要的程序数据，如图 3-2 所示。

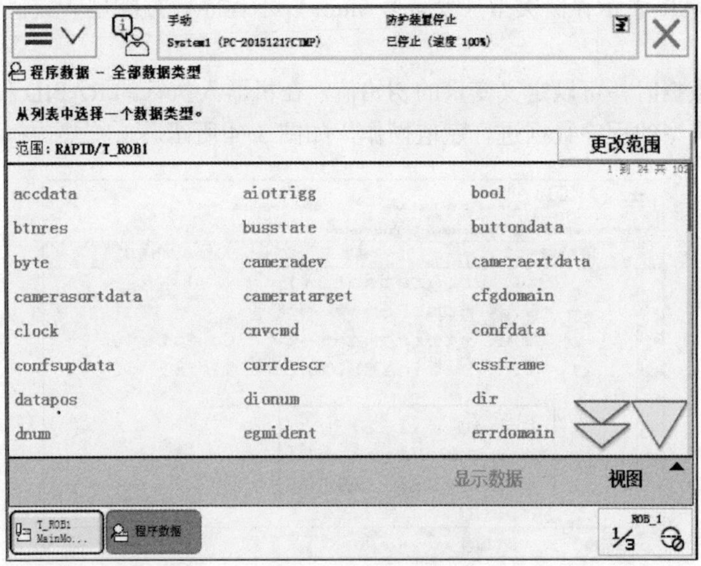

图 3-2 程序数据类型

2. 程序数据的存储方式

1）变量 VAR

变量型数据在程序执行的过程中和停止时，会保持当前的值，但如果程序指针被移到主程序，数值将会丢失。

举例说明：

VAR num Robot: = 0; 名称为 Robot 的数值型数据

VAR string name: = "Create"; 名称为 name 的字符型数据

VAR bool YESorNO: = TRUE; 名称为 YESorNO 的布尔型数据

其在程序编辑窗口如图 3-3 所示。

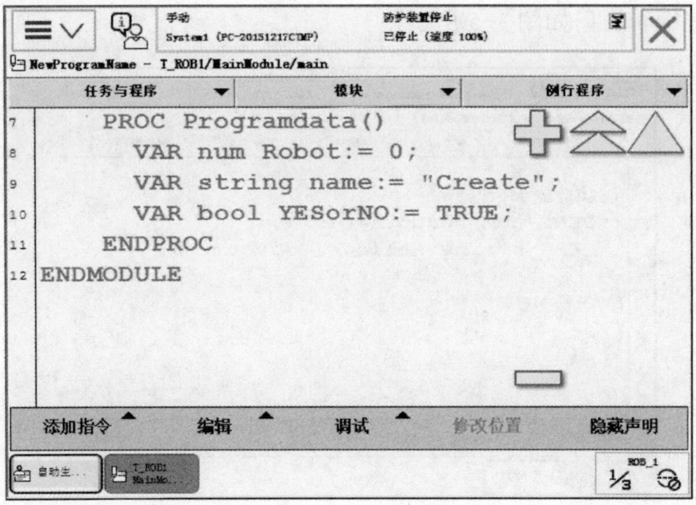

图 3-3 定义变量

说明：VAR 表示存储类型（变量），num 表示程序数据类型（数值型），两者容易混淆。

在定义数据时，可以定义变量的初始值，在机器人执行的 RAPID 程序中也可以对变量存储类型的程序数据进行赋值操作，如图 3-4 所示。

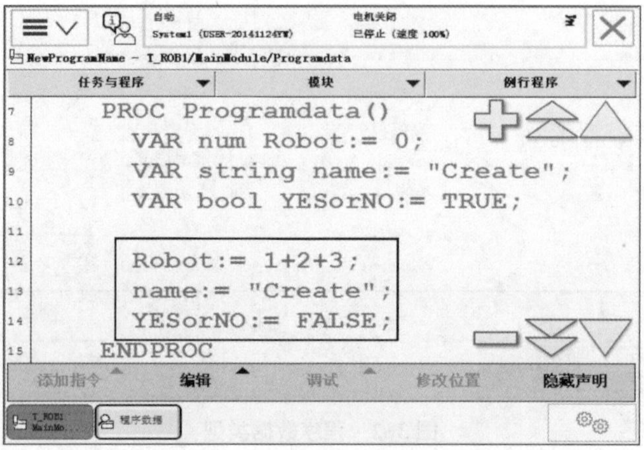

图 3-4　对程序数据进行赋值操作

在 RAPID 程序中执行变量型程序数据的赋值，在指针复位后将其恢复为初始值。

2）可变量 PERS

可变量的最大特点就是无论程序怎样执行，都将保持最后被赋予的值，这也是它与变量的最大区别。

举例说明：

```
PERS num nCount: = 1; 名称为 nCount 的数值型数据
PERS string Hello: = "success"; 名称为 Hello 的字符型数据
```

其在程序编辑窗口如图 3-5 所示。

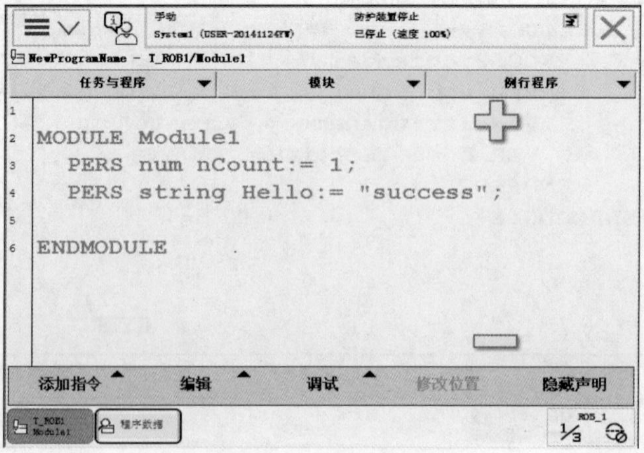

图 3-5　定义可变量

在定义数据时，可以定义可变量的初始值，在机器人执行的 RAPID 程序中也可以对可变量存储类型的程序数据进行赋值操作，如图 3-6 所示。

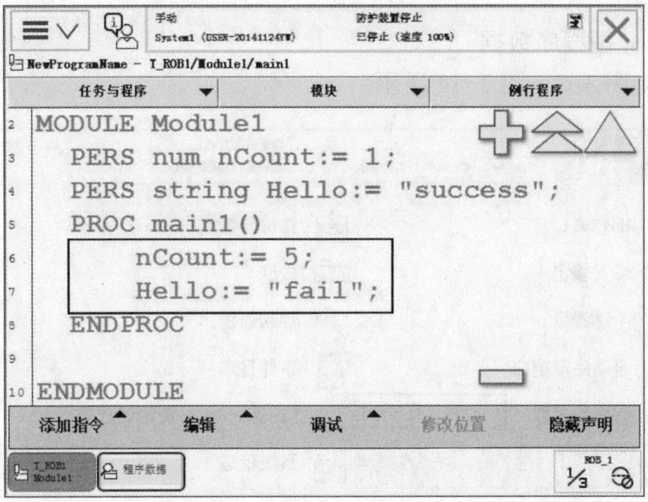

图 3-6 对可变量存储类型的程序数据进行赋值操作

3）常量 CONST

常量的特点是在定义时已对其赋予了数值，并不能在程序中修改，除非重新定义。

举例说明：

```
CONST num height: = 10; 名称为 height 的数值型数据
CONST string Hello: = "success"; 名称为 Hello 的字符型数据
```

其在程序编辑窗口如图 3-7 所示。

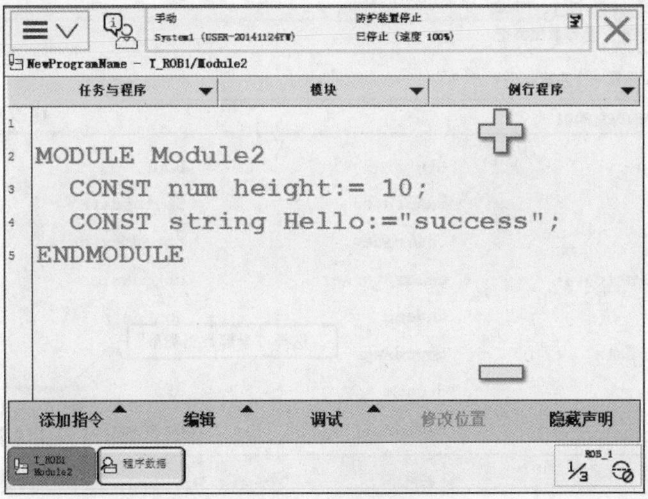

图 3-7 定义常量

存储类型为常量的程序数据，不能够在程序中进行赋值操作。

3.3.3 程序数据的建立

1. 建立 bool 型程序数据

具体步骤如图 3-8～图 3-12 所示。

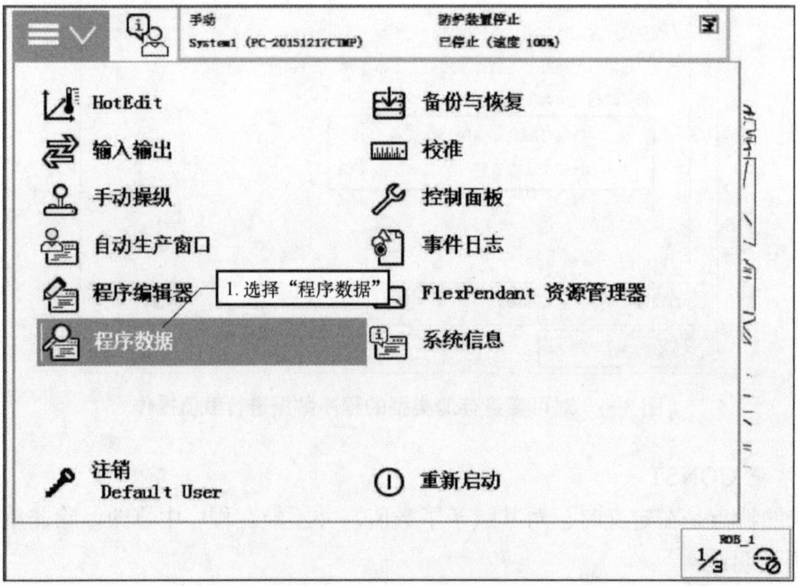

图 3-8　选择“程序数据”

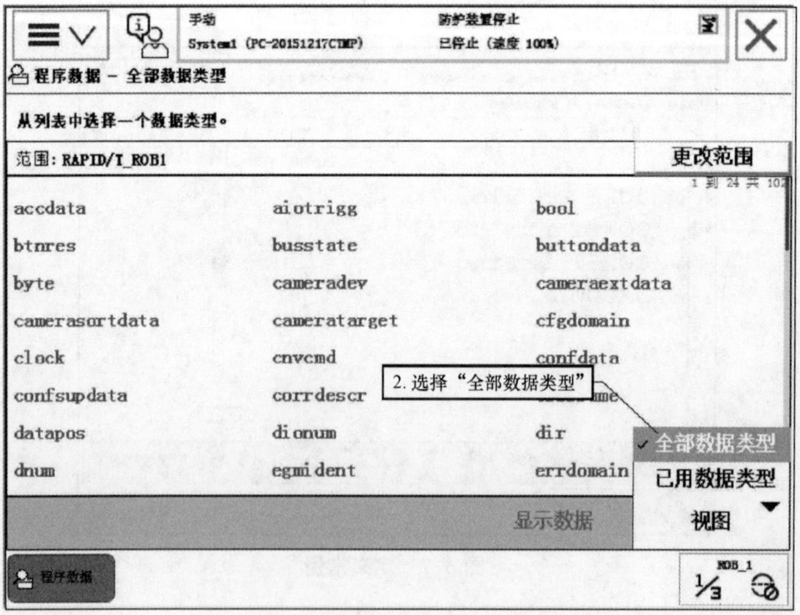

图 3-9　选择“全部数据类型”

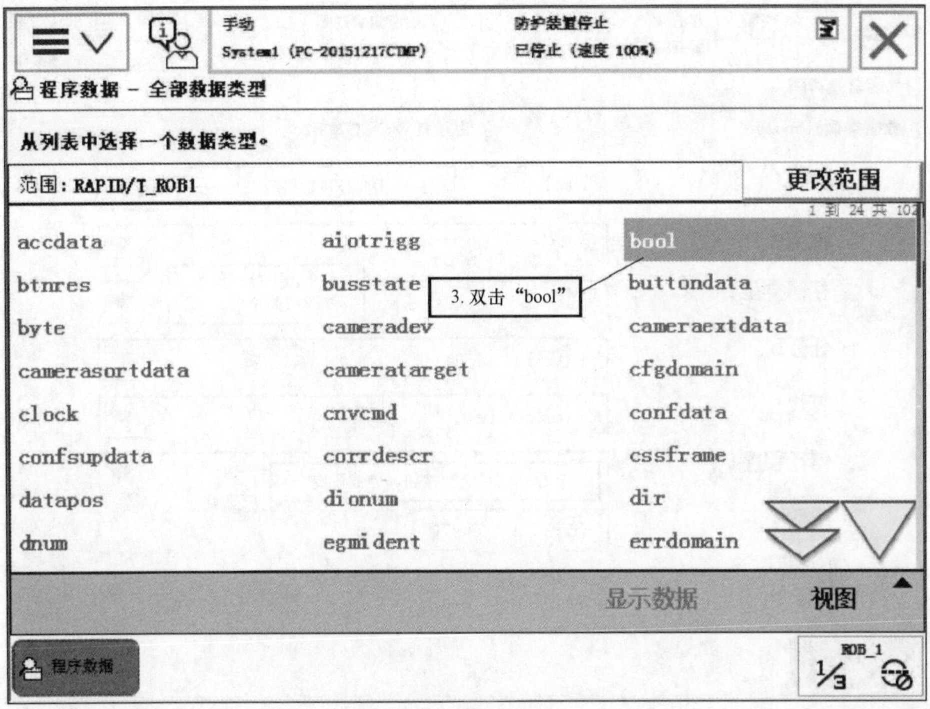

图 3-10 双击"bool"

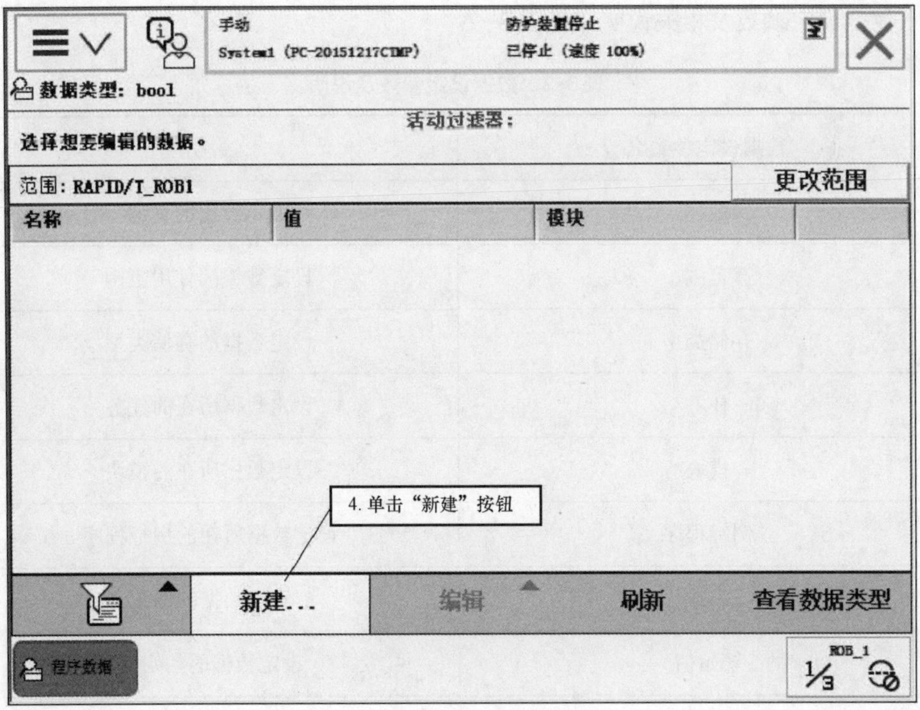

图 3-11 单击"新建"按钮

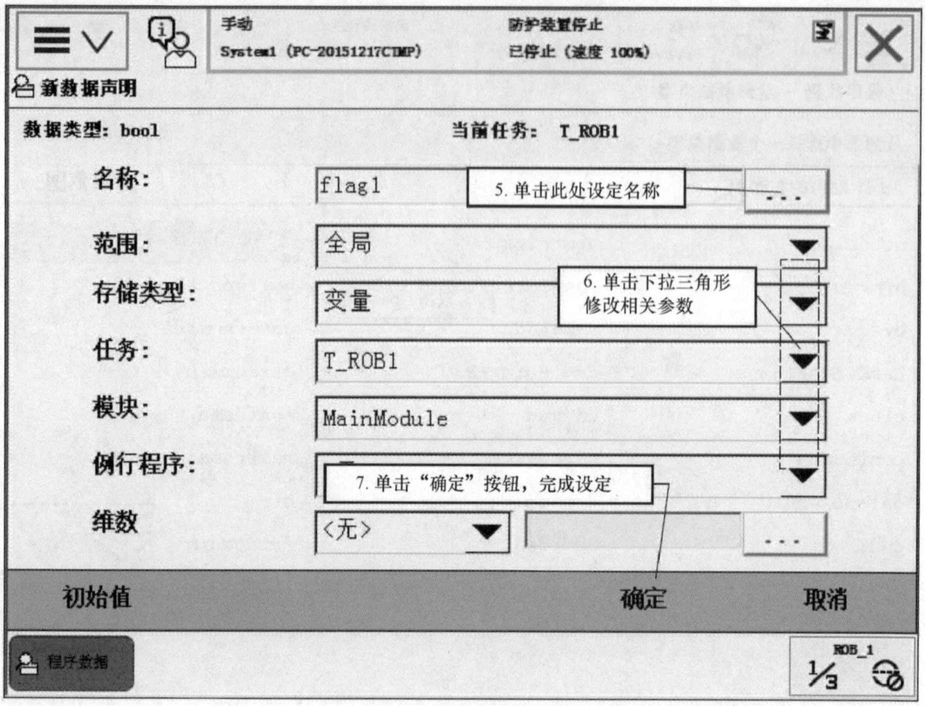

图 3-12　完成设定

数据设定参数及相关说明详见表 3-2。

表 3-2　数据设定参数及说明

数据设定参数名	说明
名称	设定数据的名称
范围	设定数据的使用范围
存储类型	设定数据的存储类型
任务	设定数据所在的任务
模块	设定数据所在的模块
例行程序	设定数据所在的例行程序
维数	设定数据的维数
初始值	设定数据的初始值

2. 建立 num 型程序数据

具体步骤如图 3-13～图 3-17 所示。

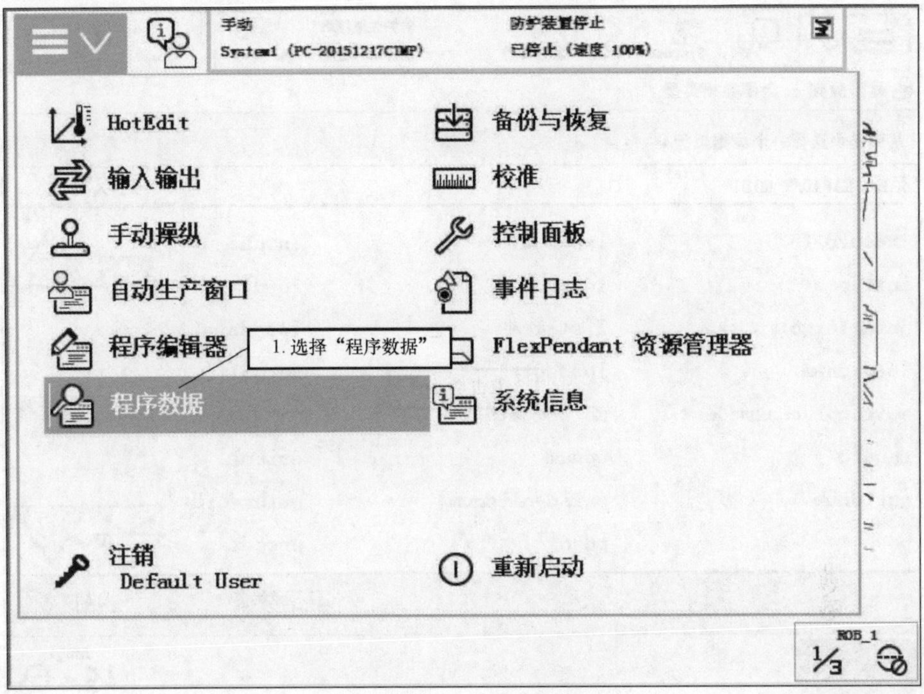

图 3-13　选择“程序数据”

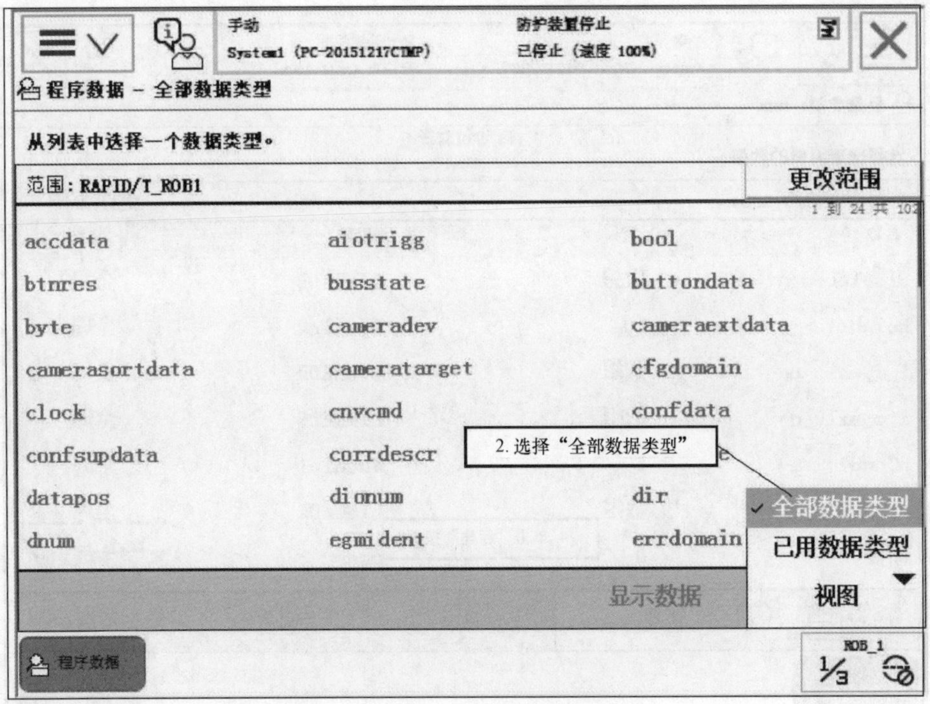

图 3-14　选择“全部数据类型”

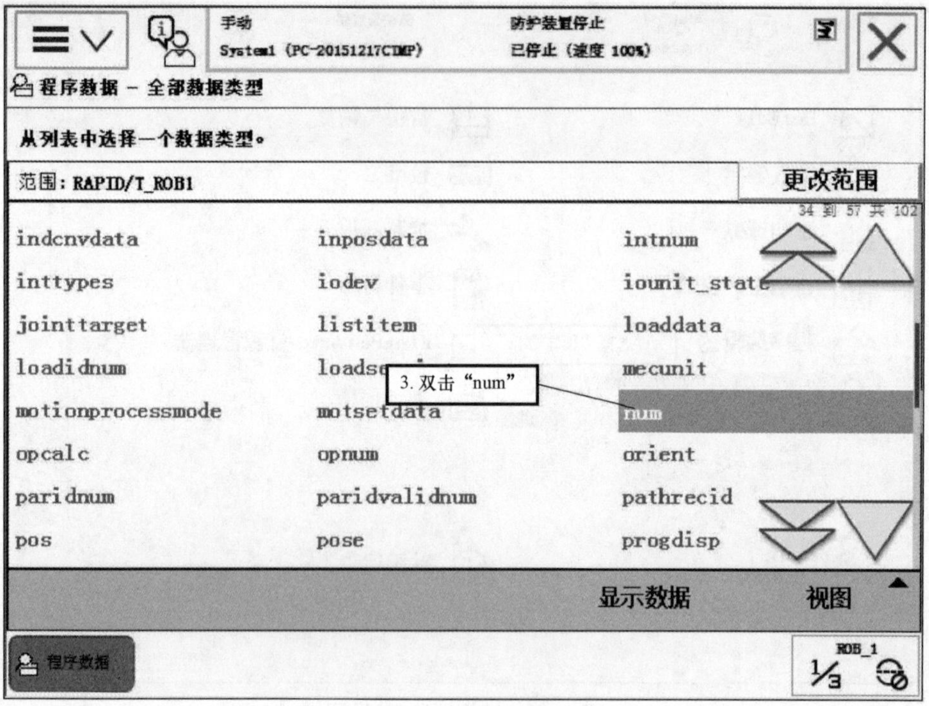

图 3-15　双击“num”

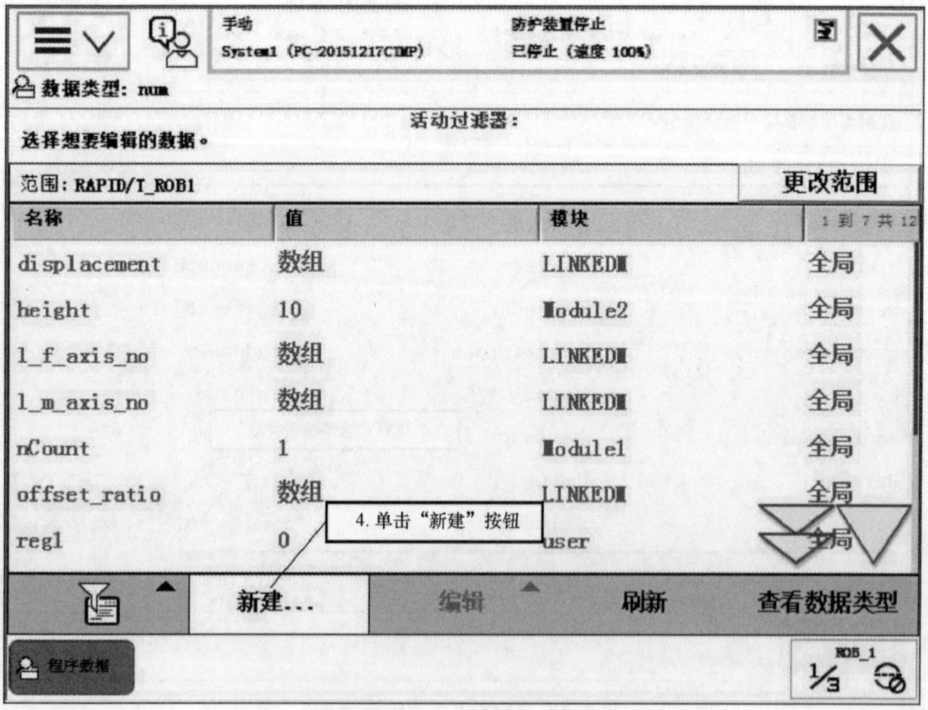

图 3-16　单击“新建”按钮

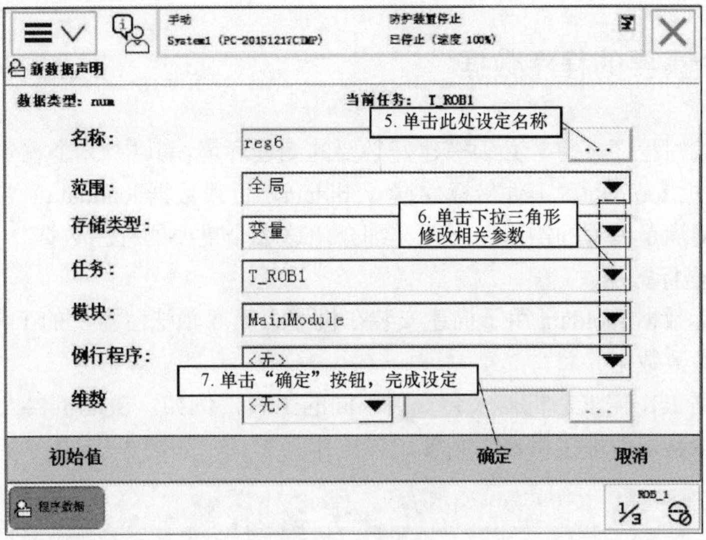

图 3–17　完成设定

3.3.4　常用的程序数据及说明

根据不同的要求，需定义不同的程序数据。表 3–3 是 ABB 机器人系统常用的程序数据。

表 3–3　程序数据及说明

程序数据	说明	程序数据	说明
bool	布尔型数据	pos	位置数据
byte	整数数据 0～255	pose	坐标转换
clock	计时数据	robjoint	机器人轴角度数据
dionum	数字输入/输出信号	robtarget	机器人与外轴的位置数据
extjoint	外轴位置数据	speeddata	机器人与外轴的速度数据
intnum	中断标志符	string	字符数据
iodev	串口数据	tooldata	工具坐标数据
jointtarget	关节位置数据	trapdata	中断数据
loaddata	负载数据	wobjdata	工件坐标数据
num	数值数据	zonedata	转弯半径数据
orient	姿态数据		

3.3.5 3 个重要的程序数据

在正式编写程序之前，必须搭建好必要的编程环境，其中 3 个重要的程序数据（工具坐标数据 tooldata、工件坐标数据 wobjdata、负载数据 loaddata）要在编程前定义完成，以便满足编程的需要。下面详细介绍这 3 个重要的程序数据。

1. 工具坐标数据

工具坐标数据 tooldata 用于描述安装在机器人第 6 轴法兰盘上的工具的 TCP、质量、重心等参数数据。

一般根据工作需求，机器人会安装不同的工具，例如，搬运机器人使用吸盘或者夹具作为工具，而焊接机器人则使用焊枪作为工具，如图 3-18 所示。

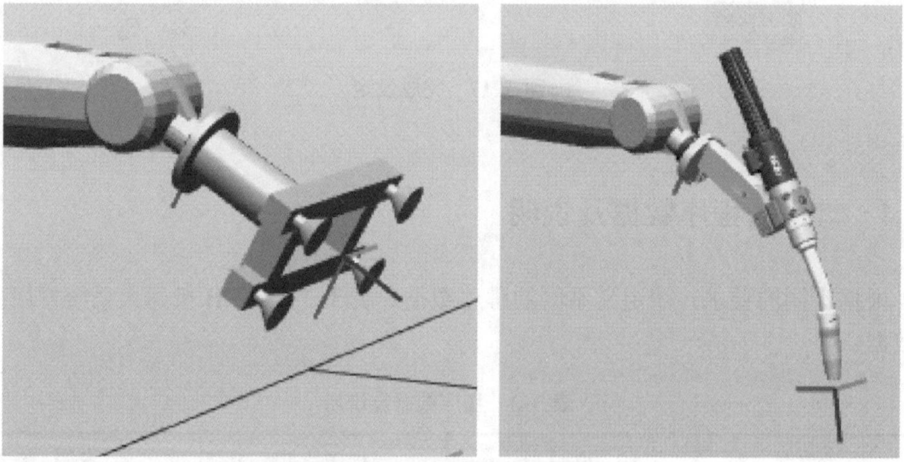

图 3-18 法兰盘上安装的工具

默认工具（tool0）的工具中心点（TCP）位于机器人第 6 轴法兰盘的中心，如图 3-19 所示。图中箭头所指的地方就是原始的 TCP。

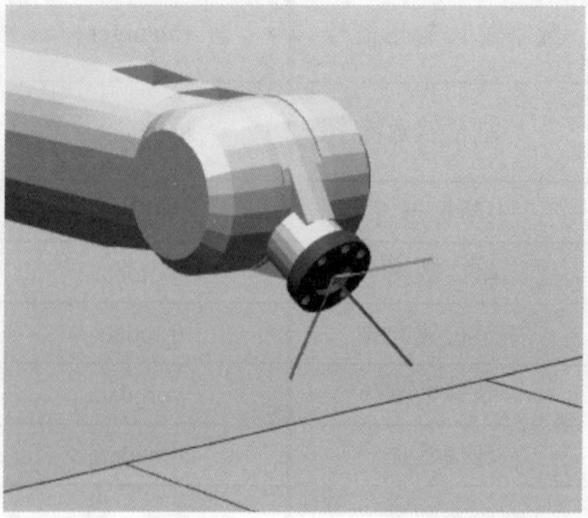

图 3-19 tool 的 TCP

所有机器人在手腕处都有一个预定义工具坐标系，该坐标系被称为 tool0。这样就能将一个或多个新工具坐标系定义为 tool0 的偏移值。

2. 工件坐标数据

工件坐标对应工件，它定义工件相对于大地坐标或其他坐标的位置，机器人可拥有若干个工件坐标系，表示不同的工件或者同一工件在空间中的不同位置。

对机器人进行编程就是在工件坐标中创建目标和路径，这给编程带来很多方便：① 当重新定位工作站中的工件时，只需更改工件坐标的位置，之前所有的路径即刻随之更新；② 允许操作以外轴或输送链移动的工件，因为整个工件可以连同其路径一起移动。

如图 3-20 所示，A 是机器人的大地坐标，为了方便编程，给第一个工件建立了一个工件坐标 B，并在这个工件坐标 B 中进行轨迹编程。如果台子上还有一个一样的工件需要走同样的轨迹，则只需要建立一个工件坐标 C，将工件坐标 B 中的轨迹复制一份，并将工件坐标更新成工件坐标 C，无须对同样的工件进行重复性的编程，这样大大地减少了编程所花费的时间。

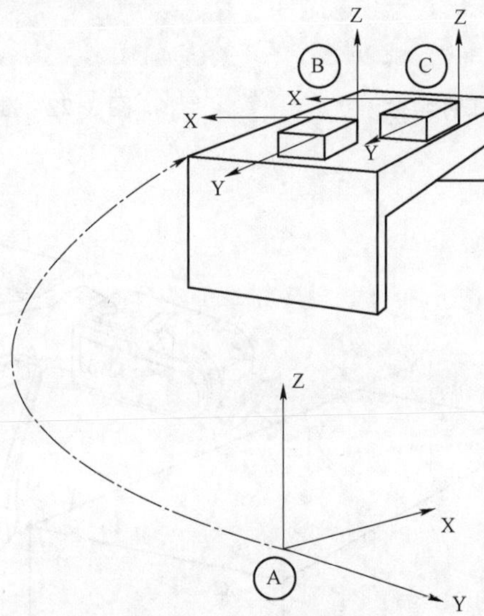

图 3-20　工件坐标系

不准确的工件坐标，使机器人在工件对象上的 X、Y 方向上移动变得很困难，如图 3-21 所示。

准确的工件坐标，使机器人在工件对象上的 X、Y 方向上移动变得很轻松，如图 3-22 所示。

在对象的平面上只需要定义 3 个点，就可以建立一个工件坐标。如图 3-23 所示，X1 确定工件坐标的原点，X1、X2 确定工件坐标 X 的正方向，Y1 确定工件坐标 Y 的正方向。说明：X1 轴与 Y1 轴的交点才是工件坐标的原点。

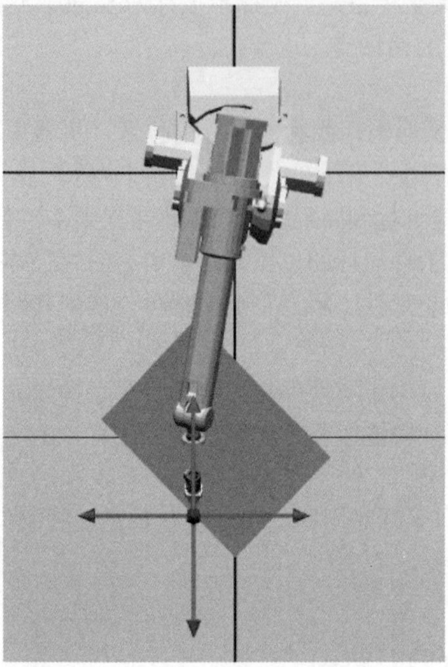

图 3–21　不准确的工件坐标

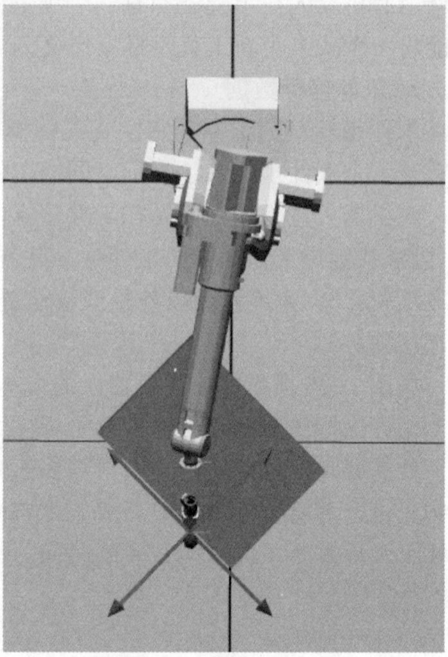

图 3–22　准确的工件坐标

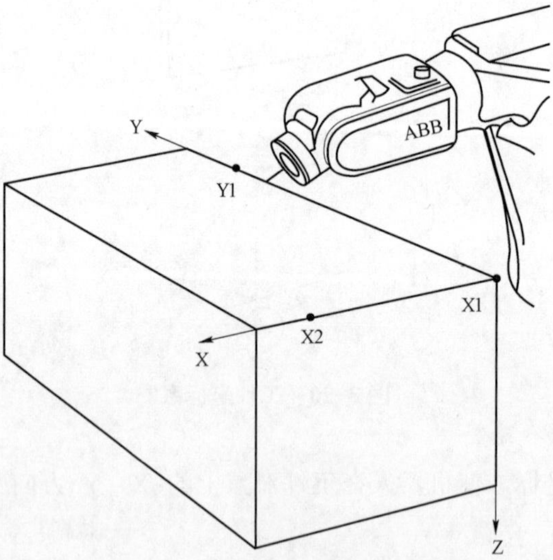

图 3–23　工件坐标的设定方法

3. 负载数据

对于搬运应用的机器人，应该正确设置工具的质量、重心及搬运对象的质量和负载数据 loaddata，否则将会缩短机器人的寿命，如图 3–24 所示。

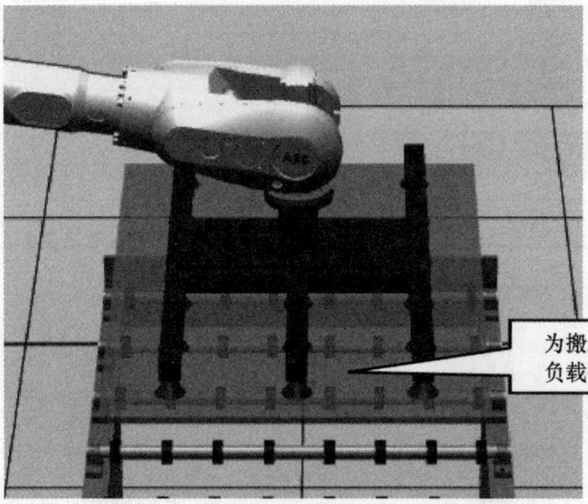

图 3-24 设定负载数据

3.4 任务实现

3.4.1 建立一个数值型数据

具体步骤如图 3-25～图 3-29 所示。

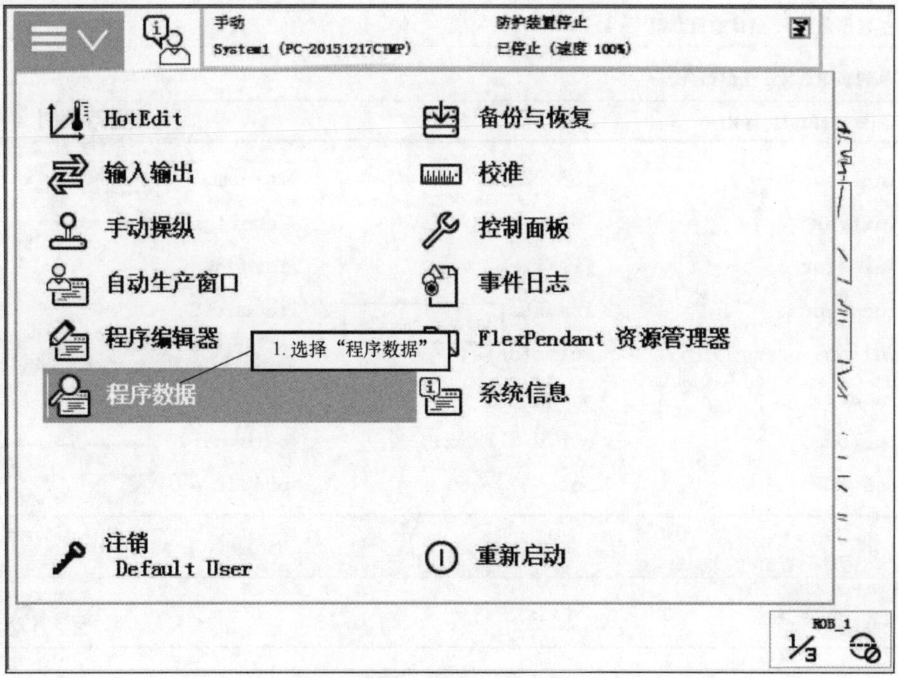

图 3-25 选择“程序数据”

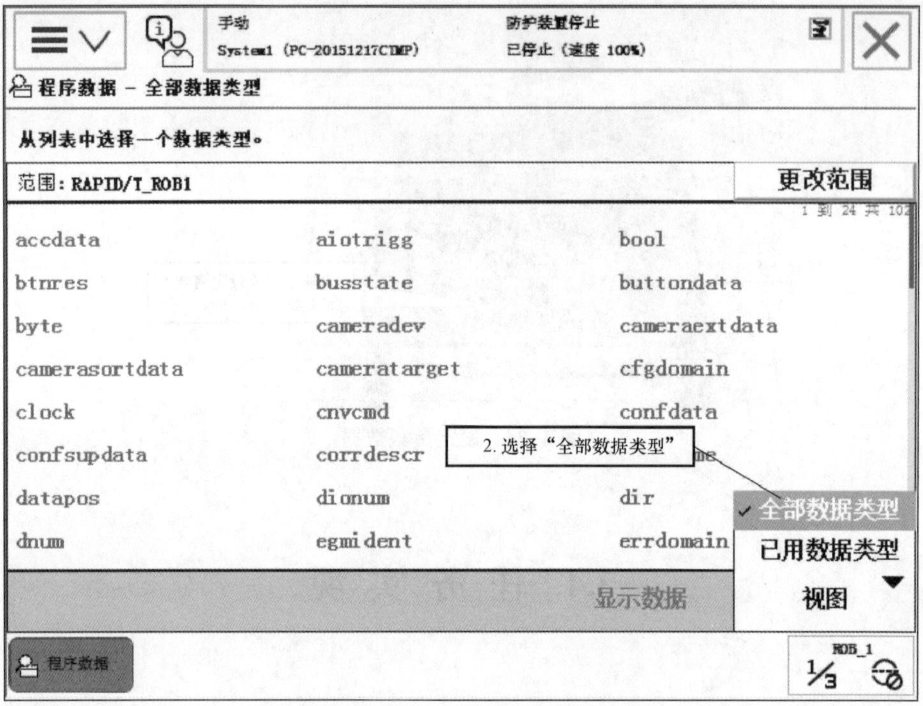

图 3-26　选择"全部数据类型"

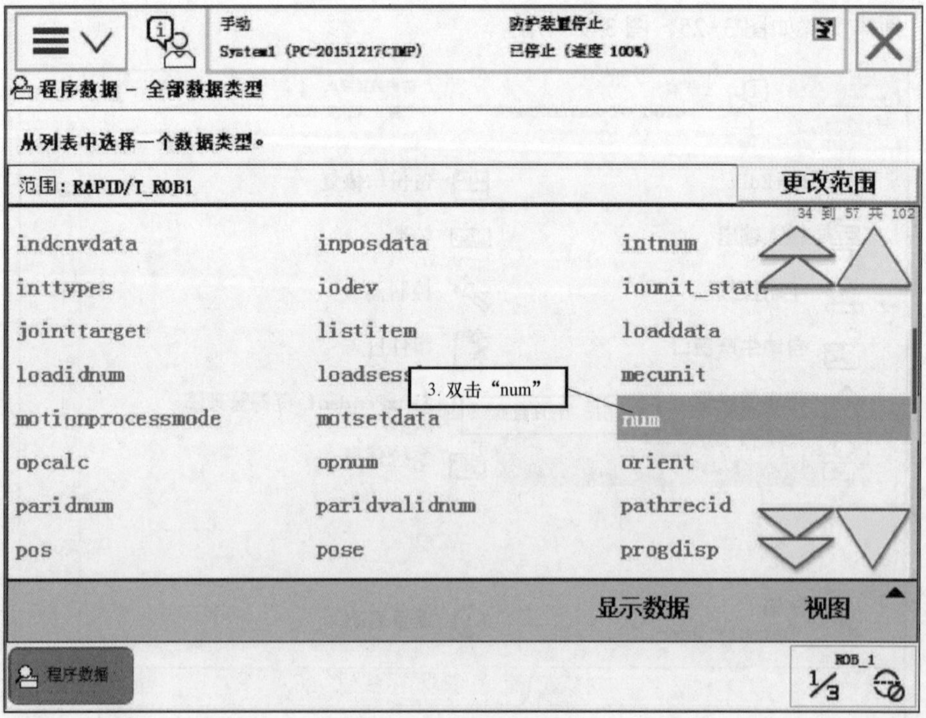

图 3-27　双击"num"

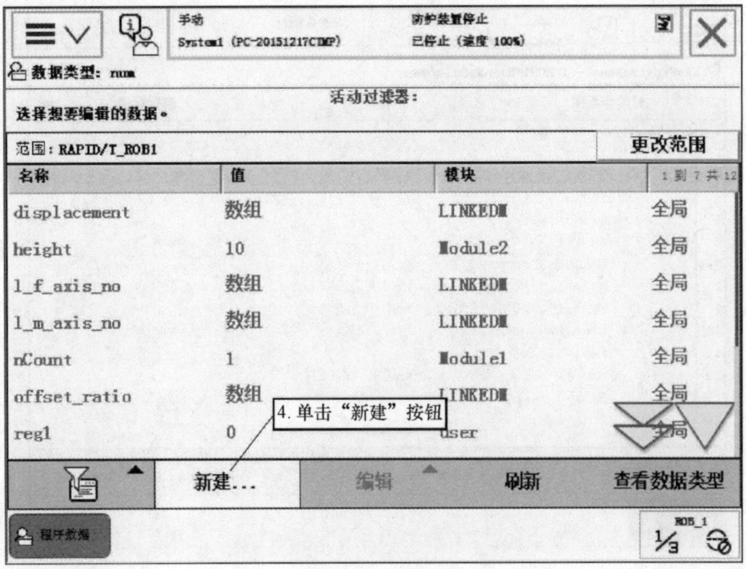

图 3-28　单击“新建”按钮

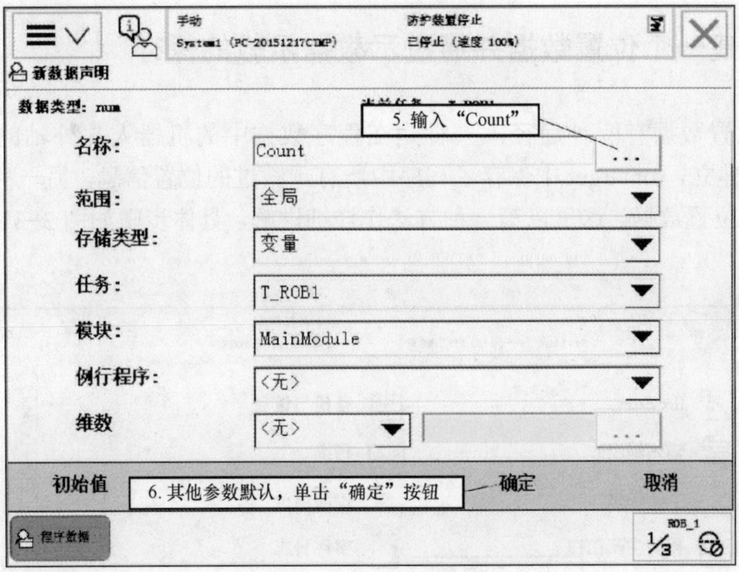

图 3-29　设定参数

3.4.2　程序数据在程序中的运用

如图 3-30 所示，以一段简单的程序为例，首先定义数值数据 Count，该变量决定了 p10 运动到 p20 的执行次数，每执行完一次 p10 到 p20，Count 就自动加 1，执行完 3 次后，机器人执行其他动作，此时就需要一个变量对其进行计数。

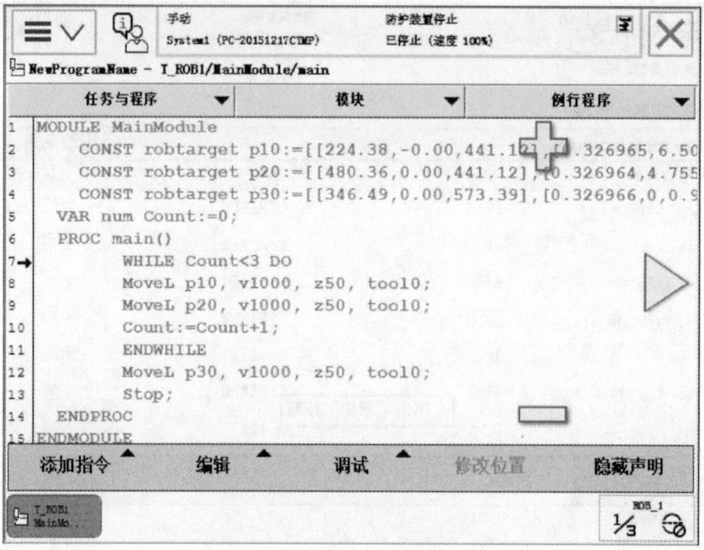

图 3-30 程序数据的运用

3.4.3 创建一个位置数据并通过示教器示教的保存

创建位置数据有两种途径，一种是在程序数据中的机器人与外轴的位置数据 robtarget 中建立，robtarget 中保存了程序中所有示教过的位置信息，另一种是在编写程序时创建位置数据。这里以第一种方法作详细讲解，具体步骤如图 3-31～图 3-36 所示。

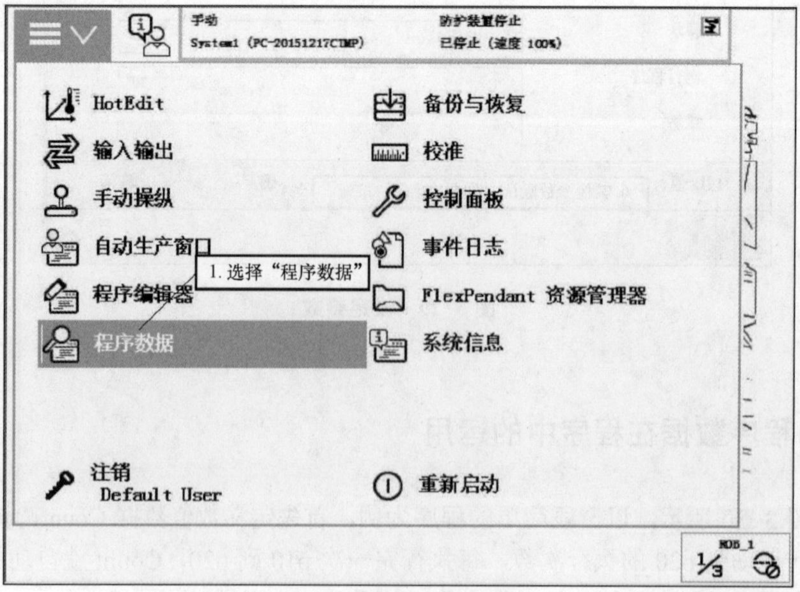

图 3-31 选择“程序数据”

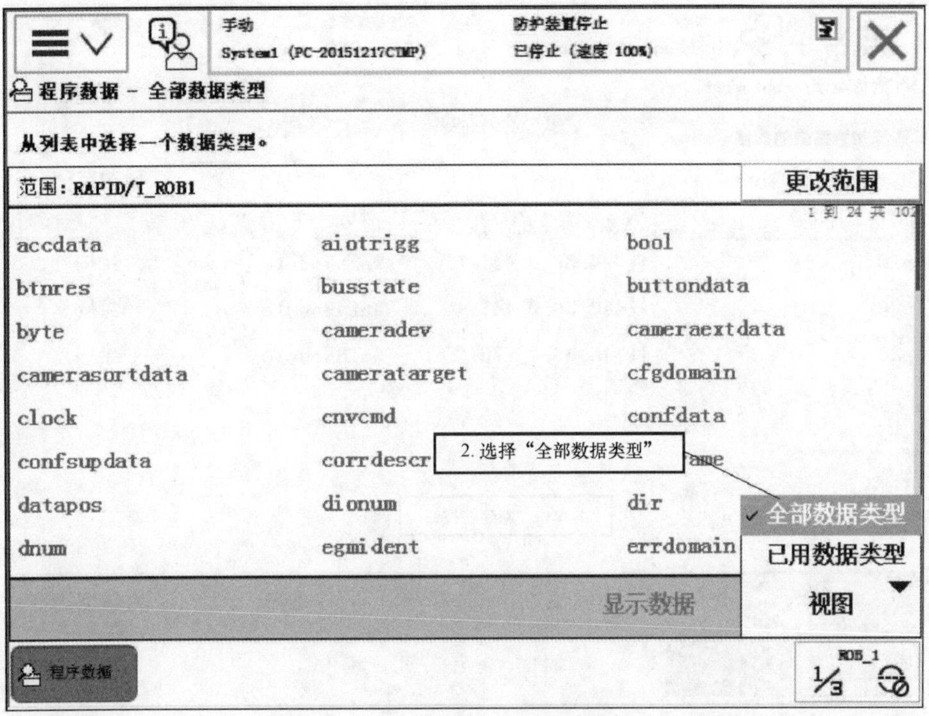

图 3-32 选择“全部数据类型”

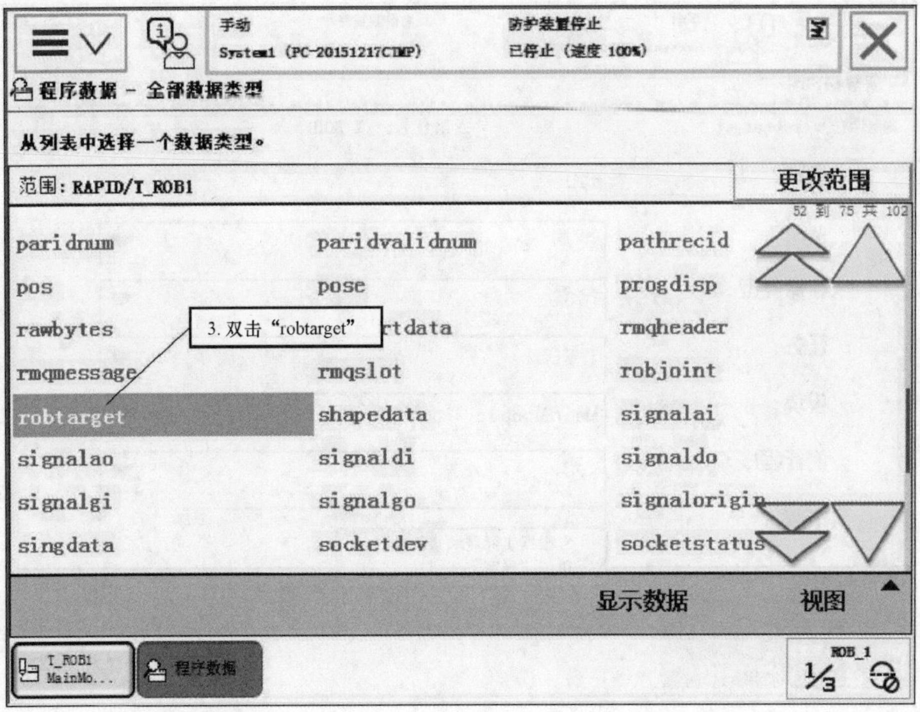

图 3-33 双击“robtarget”

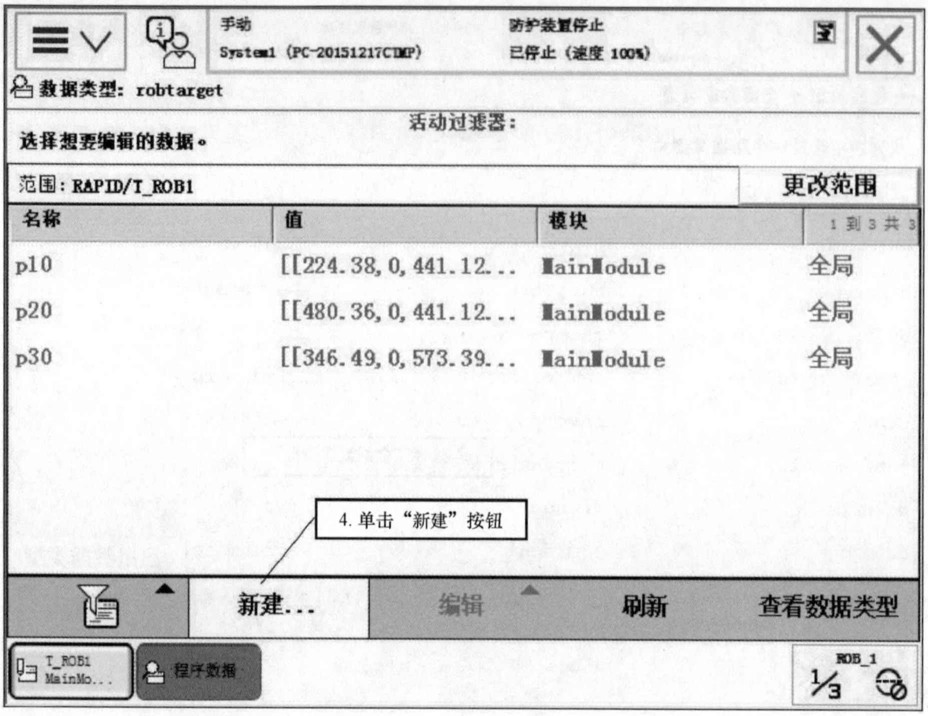

图 3-34　单击“新建”按钮

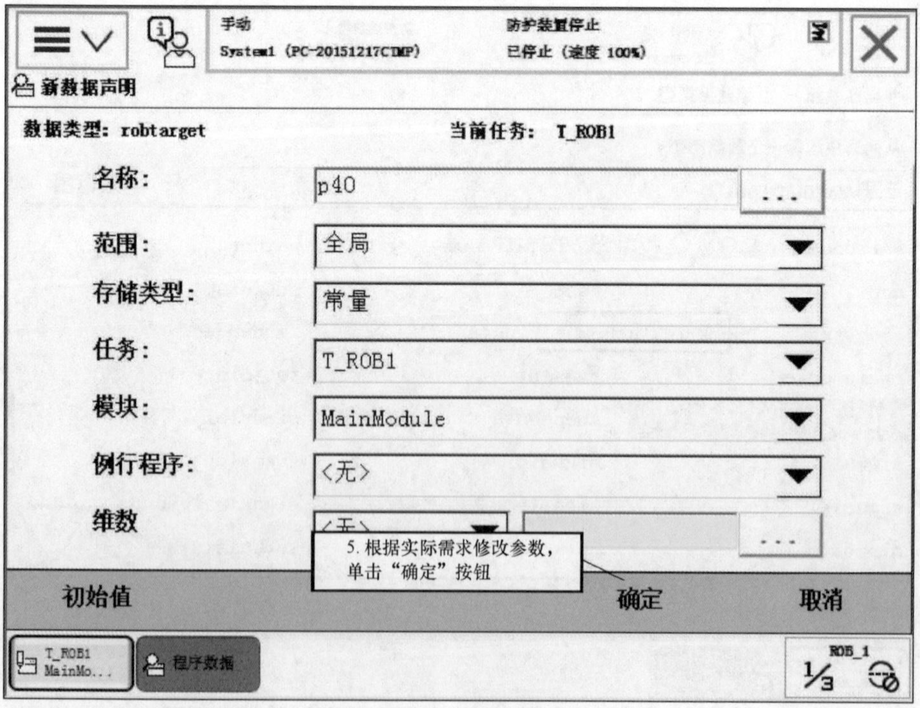

图 3-35　修改参数

通过操作示教器，将机器人移动到指定位置，选中需要示教的点（以 p40 为例），然后单击编辑选项中的“修改位置”即可。

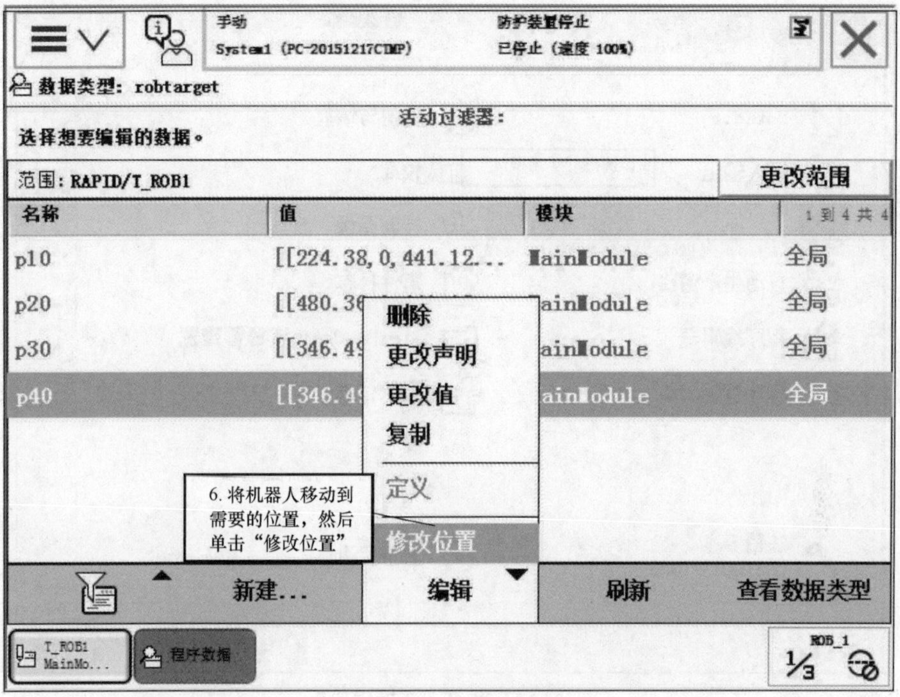

图 3-36　修改位置

3.4.4　工具坐标数据 tooldata 的建立

TCP 的设定有两种途径：一种是找一个固定的参考点进行示教，另一种则是知道工具的各参数，就可以得到相对于法兰盘上的默认工具坐标 tool0 的 X、Y、Z 的偏移量，同样也能得出精确的 TCP。第二种方法常用在搬运应用的工具上。

建立工具坐标数据前，先了解建立工具坐标数据的方法。

（1）在机器人的工作范围内找一个非常精确的固定点作为参考点，最好是一个尖端。

（2）在工具上确定一个参考点，最好是工具的中心点。

（3）手动操作机器人，移动工具上的参考点，以 4 种以上不同的机器人姿态尽量与固定的参考点碰上。为了获得更精准的 TCP，下面用 6 点法进行操作，第 4 点是用工具的参考点垂直于固定点，第 5 点是工具参考点从固定点向将要设定为 TCP 的 X 方向移动，第 6 点是工具参考点从固定点向将要设定为 TCP 的 Z 方向移动。TCP 取点数量的区别：4 点法，不改变工具坐标的方向；5 点法，改变工具坐标的 Z 方向；6 点法，改变工具坐标的 X 和 Z 方向。前面 3 个点的姿态幅度越大，TCP 的精度越高。机器人通过这些位置数据自动计算求得 TCP 数据，并保存在 tooldata 程序数据中，需要时调用即可。

下面以 6 点法为例，建立工具坐标数据 tooldata，如图 3-37～图 3-61 所示。

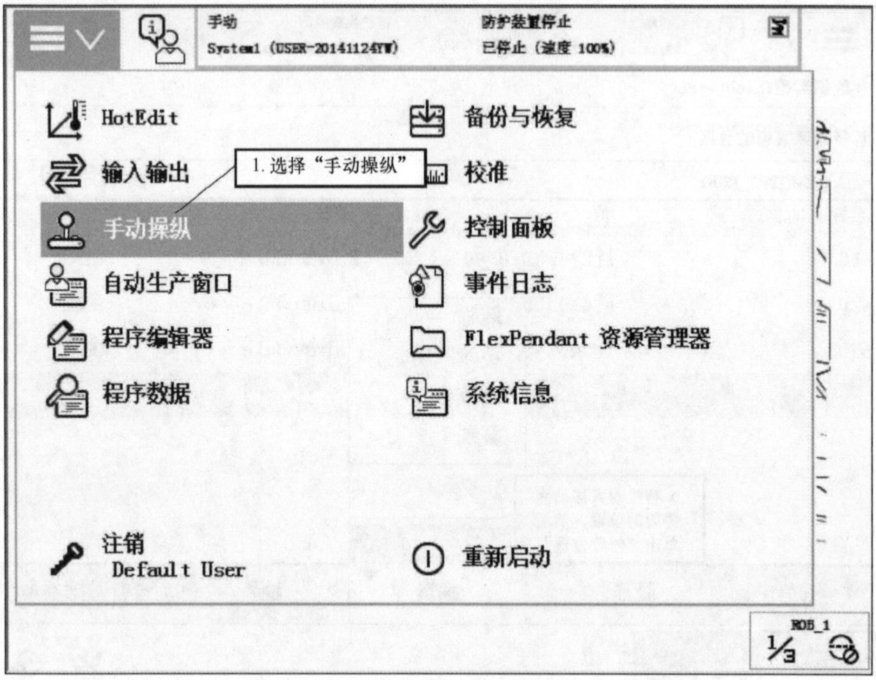

图 3-37　选择“手动操纵”

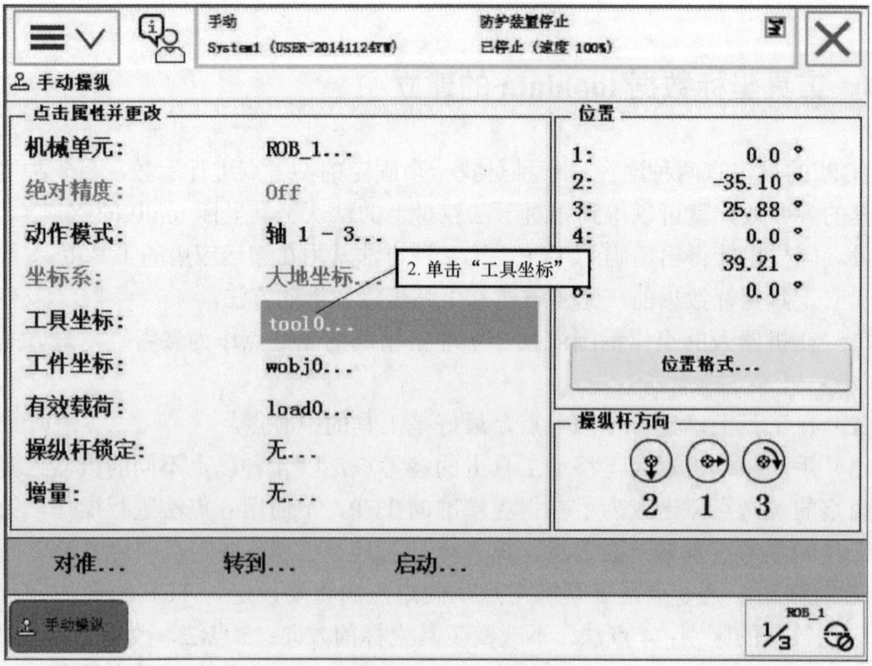

图 3-38　单击“工具坐标”

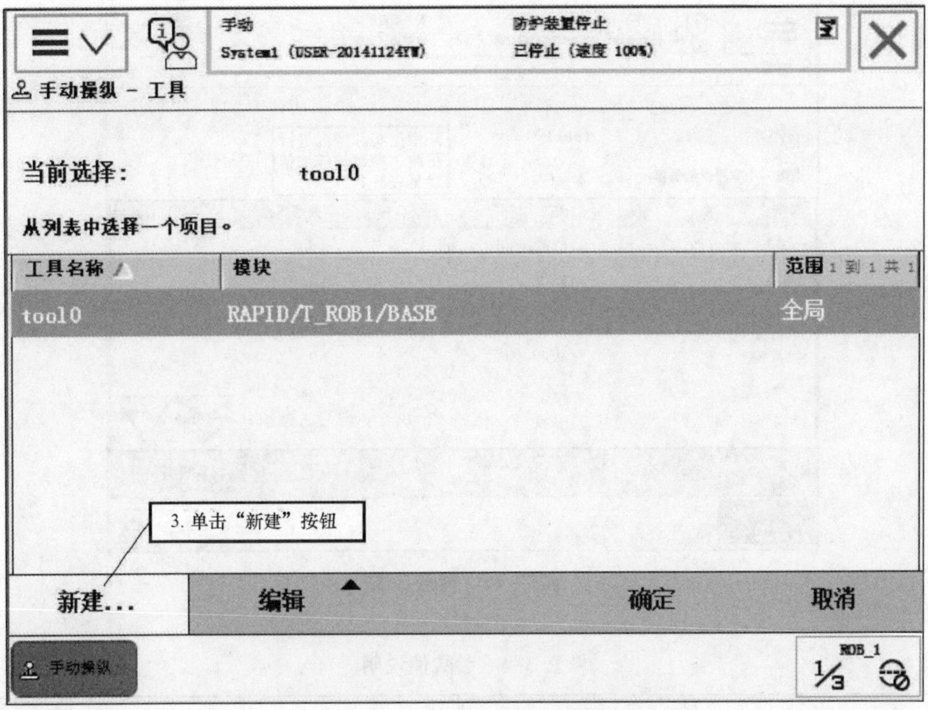

图 3-39 单击“新建”按钮

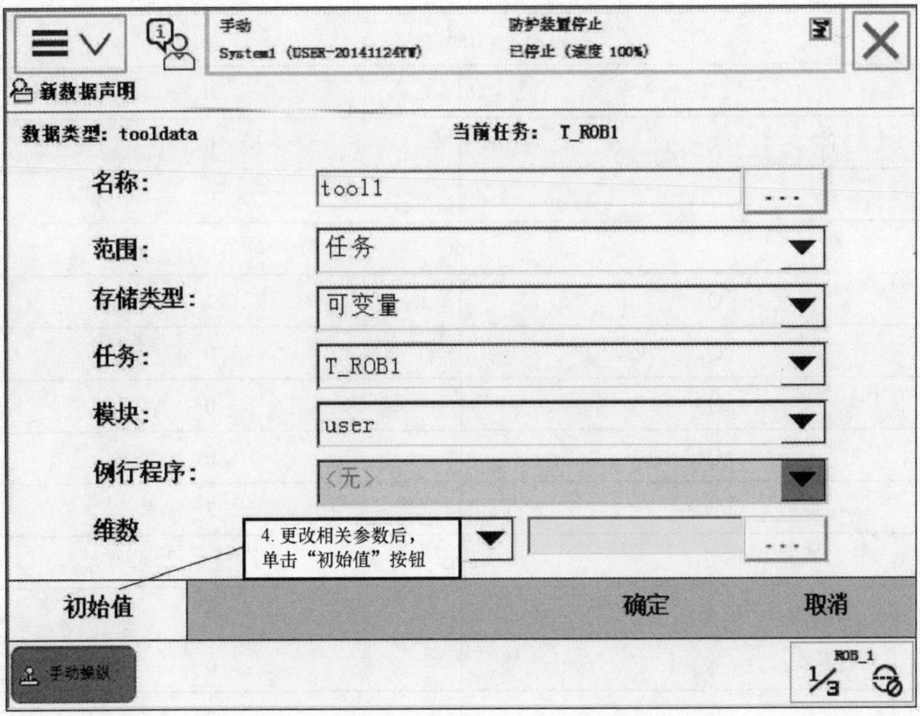

图 3-40 更改相关参数后，单击“初始值”按钮

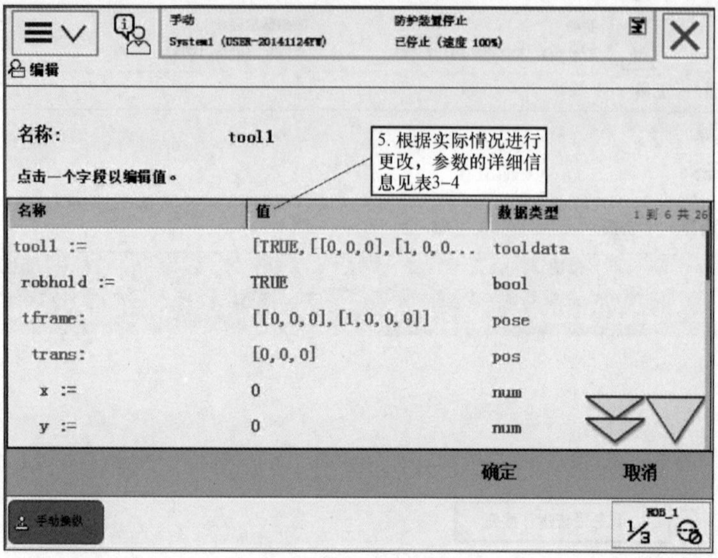

图 3-41　修改参数

表 3-4　参数值说明

参数名称	参数数值
tool1	TRUE
trans	
X	0
Y	0
Z	0
rot	
Q1	1
Q2	0
Q3	0
Q4	0
mass	2
cog	
x	0
y	0
z	100
其余参数均为默认值	

工具坐标数据tooldata的建立包含TCP的建立和数据（质量、重心等）的建立。trans为tool1工具的中心点相对于法兰盘上的默认工具坐标tool0的X、Y、Z的偏移量，如果知道工具的参数的话，就可以直接填入，如果不知道的话，需TCP示教得出。mass为工具的质量。cog为工具的中心位置，这里假设为100 mm。其余参数均为默认值。

首先确认机器人为手动状态，然后通过示教器调整机器人姿态，使工具上的参考点尽量与固定的参考点刚好碰上，然后单击“修改位置”。

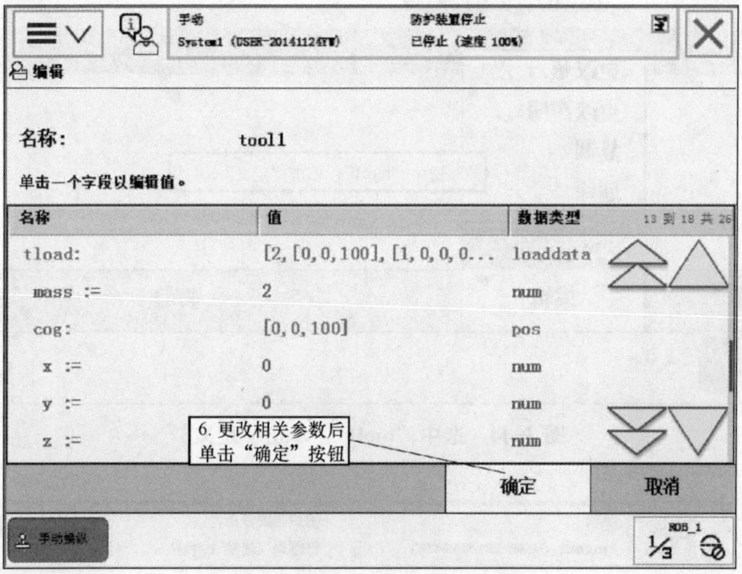

图3-42 确定修改相关参数

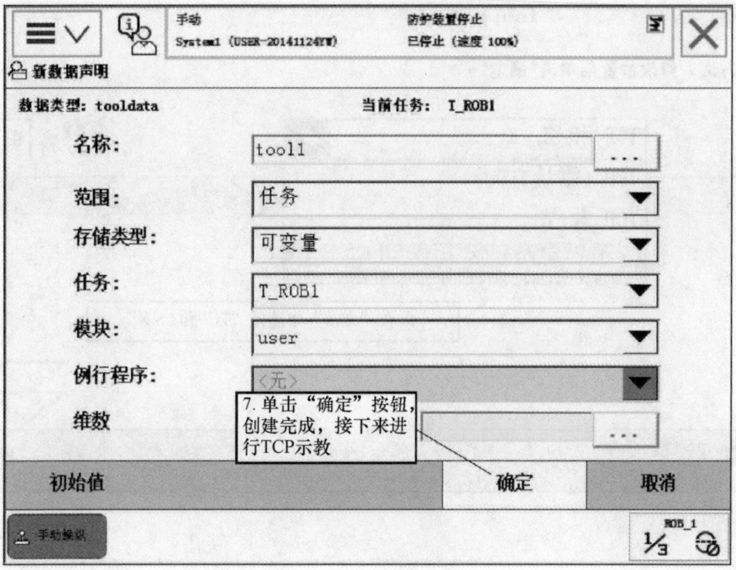

图3-43 创建完成

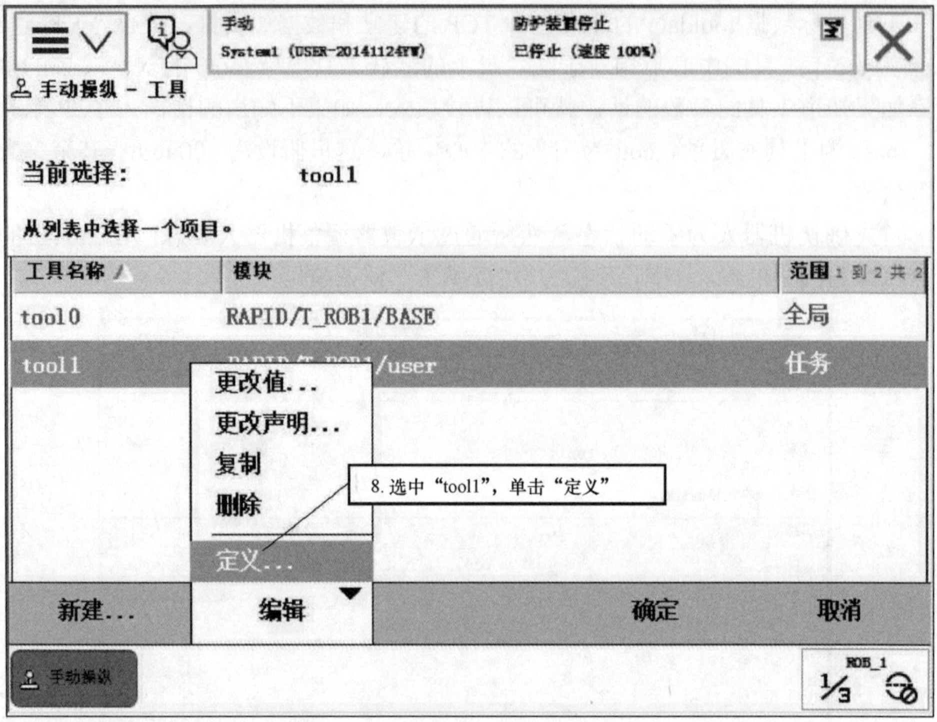

图 3-44　选中“tool1”，单击“定义”

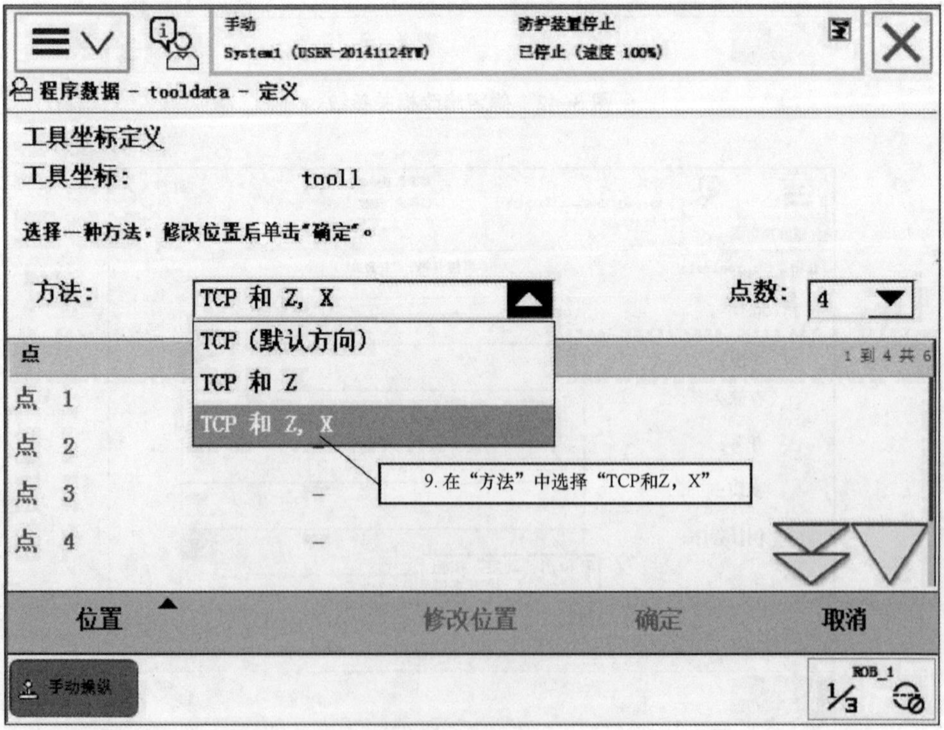

图 3-45　在“方法”中选择“TCP 和 Z，X”

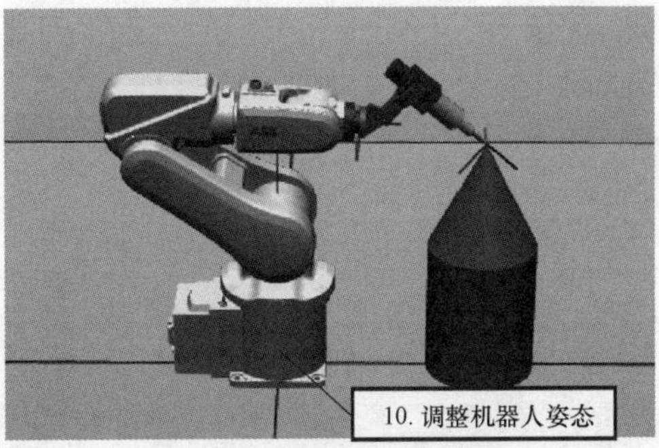

图 3–46 调整机器人姿态

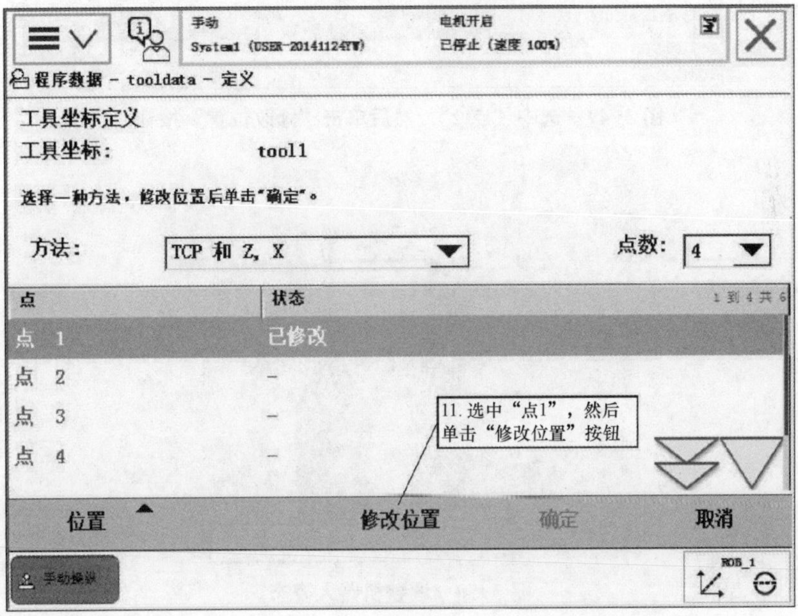

图 3–47 选中“点 1”，然后单击“修改位置”按钮

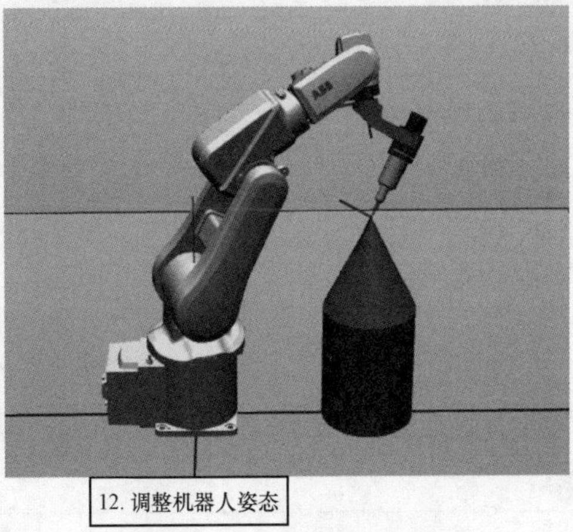

图 3–48 调整机器人姿态

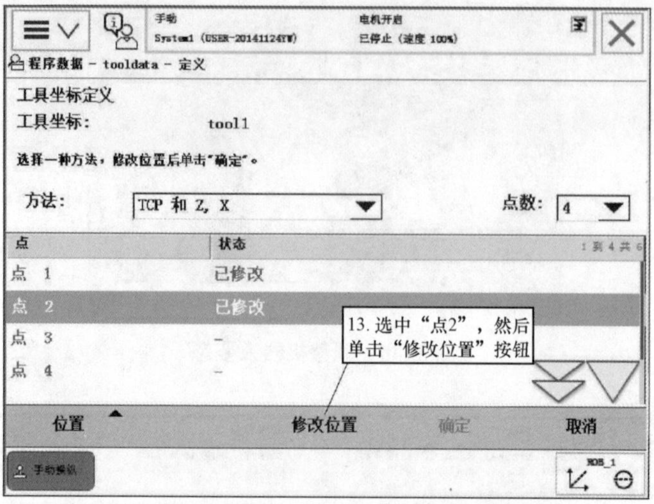

图 3-49　选中"点 2"，然后单击"修改位置"按钮

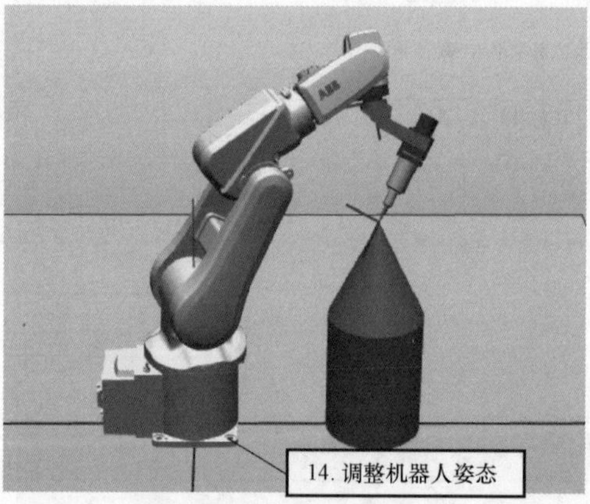

图 3-50　调整机器人姿态

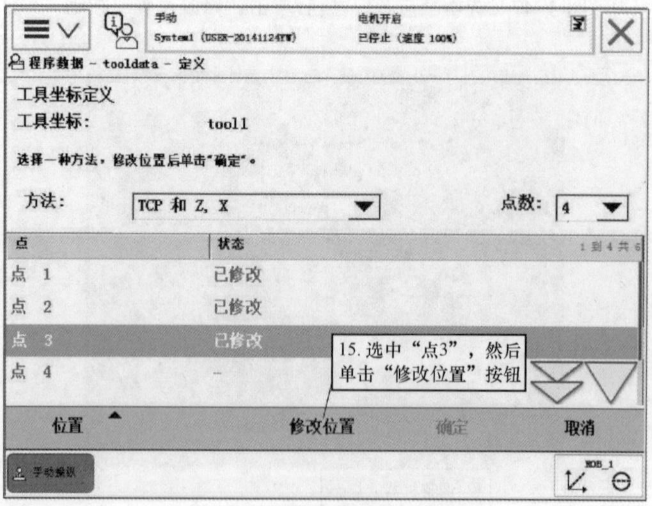

图 3-51　选中"点 3"，然后单击"修改位置"按钮

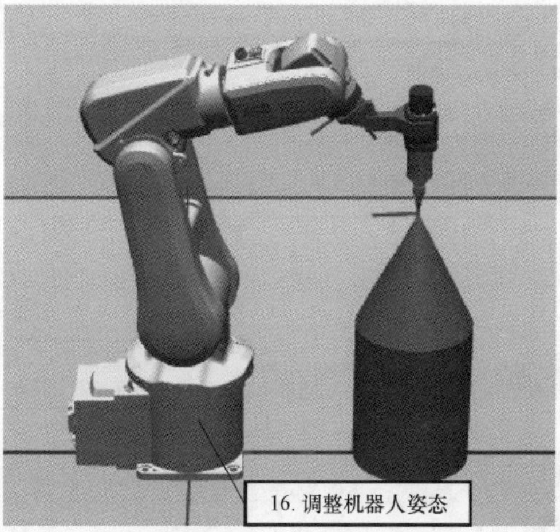

图 3-52 调整机器人姿态

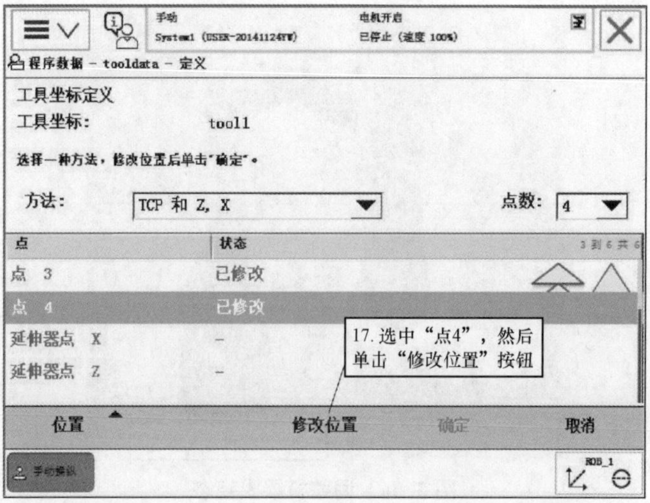

图 3-53 选中“点 4”，然后单击“修改位置”按钮

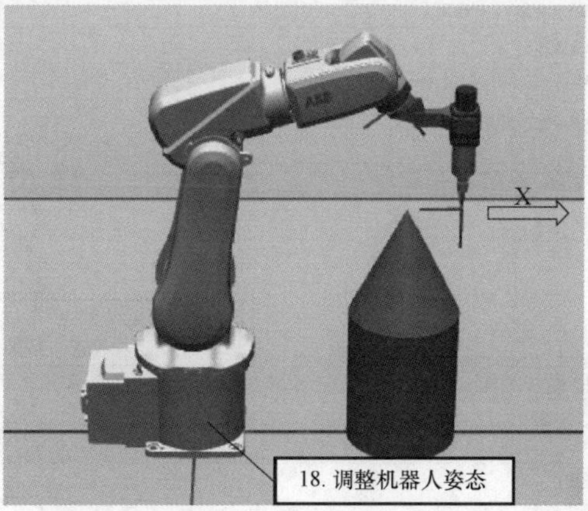

图 3-54 调整机器人姿态

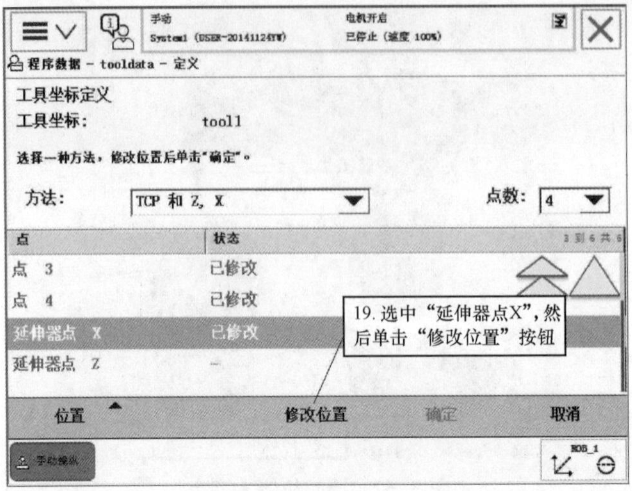

图 3-55 选中"延伸器点 X"，然后单击"修改位置"按钮

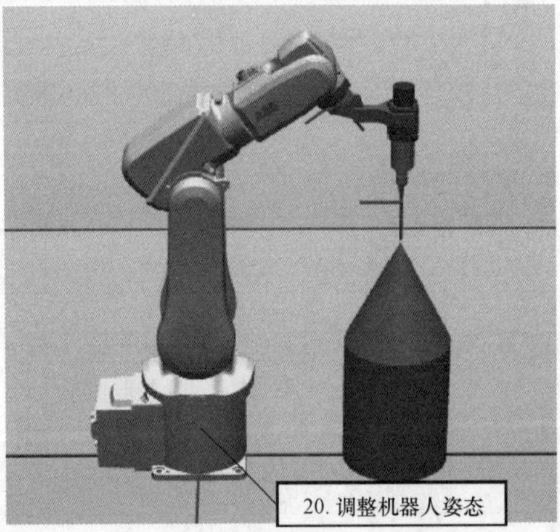

图 3-56 调整机器人姿态

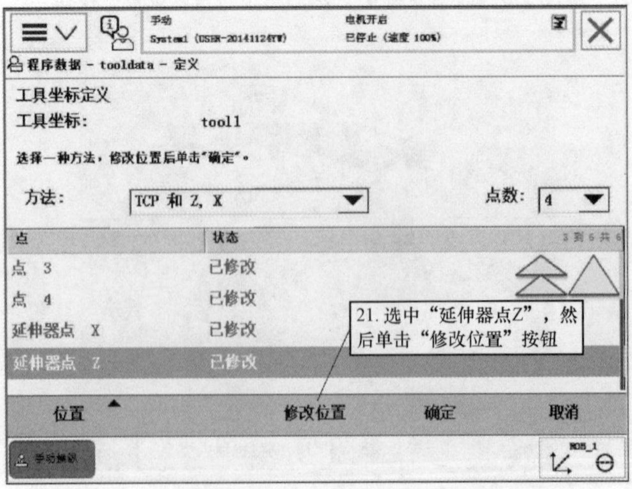

图 3-57 选中"延伸器点 Z"，然后单击"修改位置"按钮

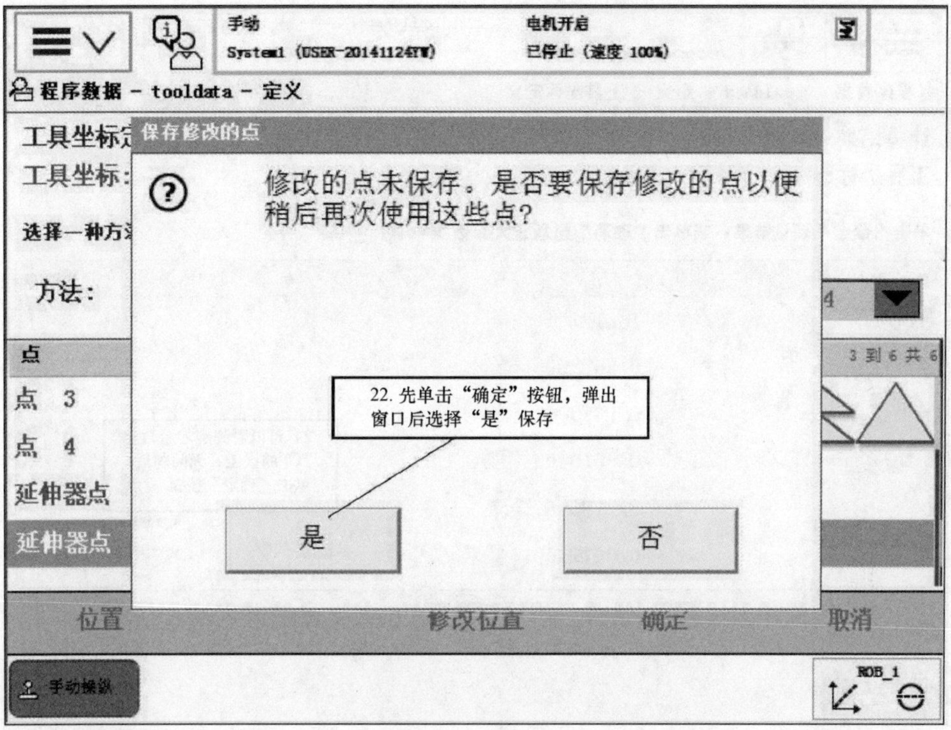

图 3-58 确定保存

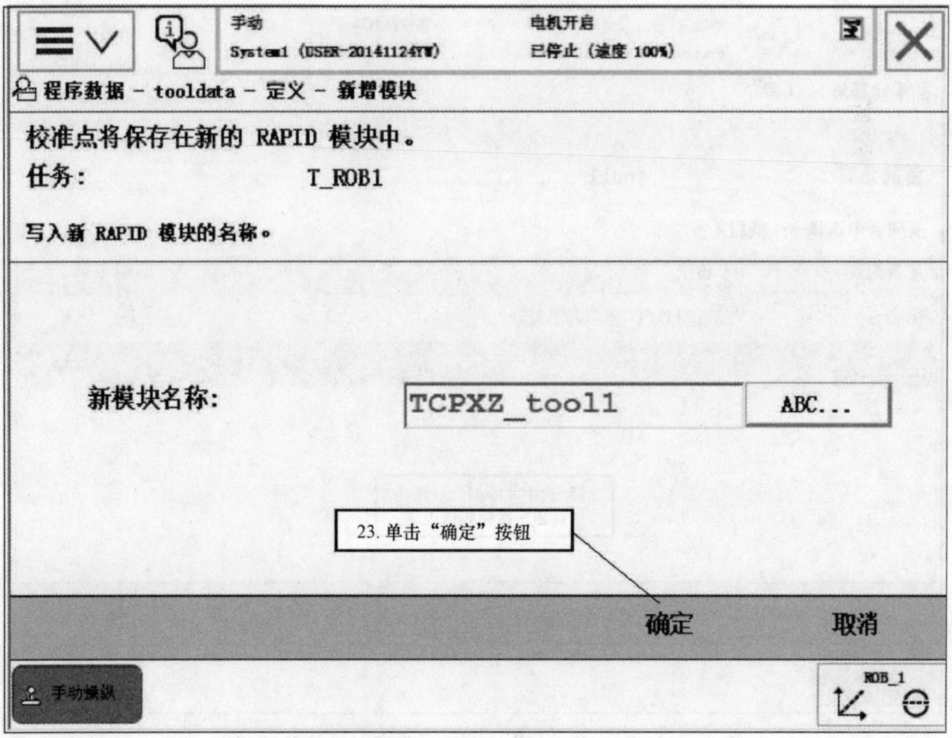

图 3-59 单击“确定”按钮

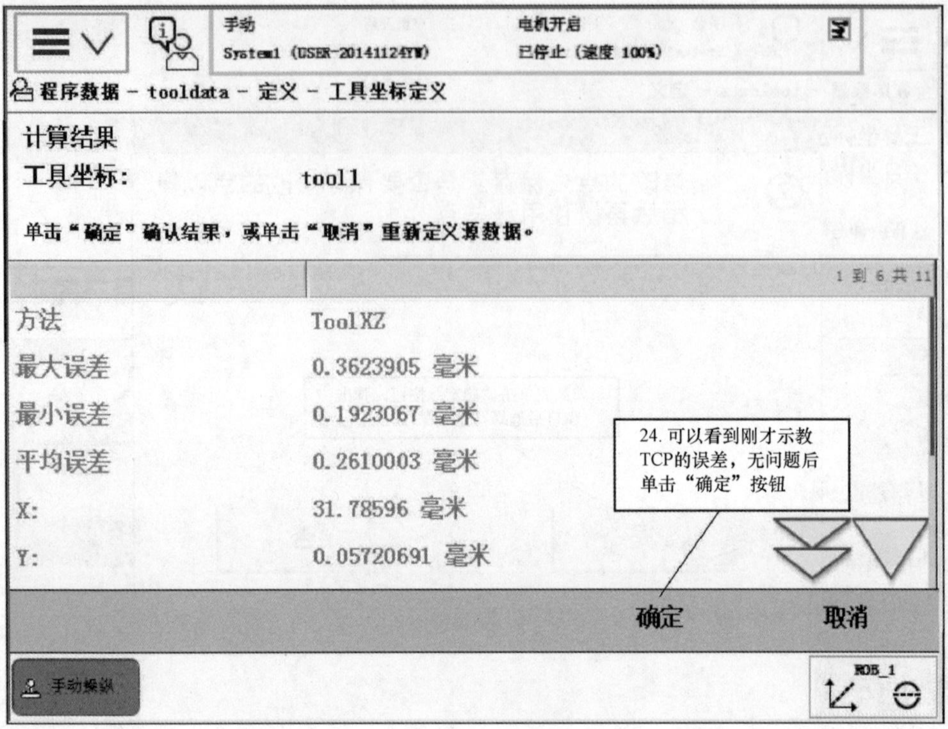

图 3-60　确认误差

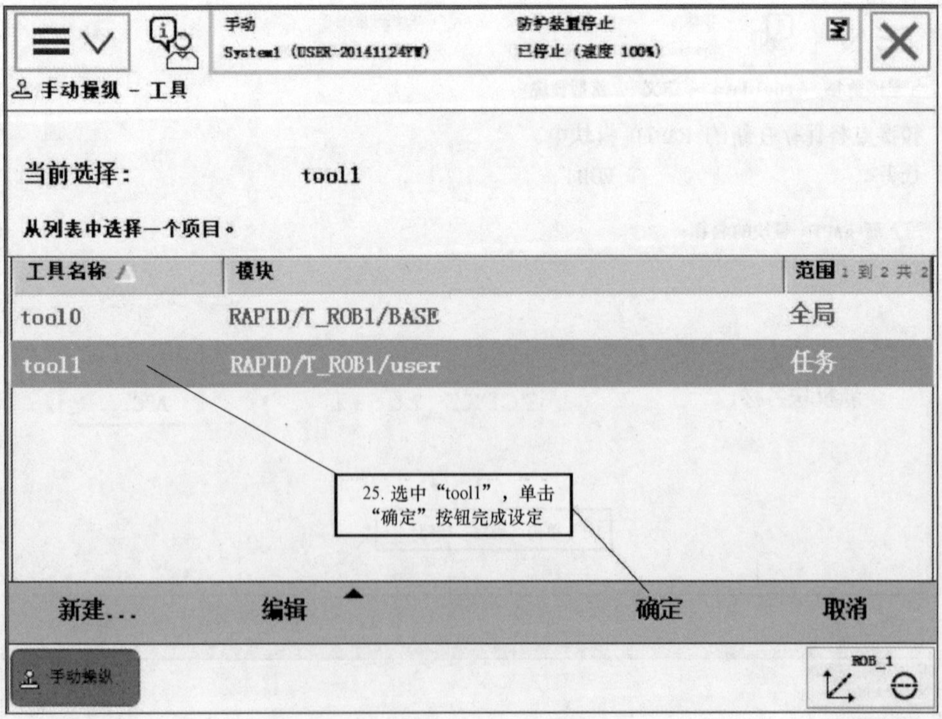

图 3-61　选中"tool1"，单击"确定"按钮完成设定

可以通过重定位运动模式检测建立的工具数据是否符合要求。打开机器人的“手动操纵”界面，动作模式选择“重定位”，坐标系选择“工具”，工具坐标选择“tool1”，如图 3-62 所示。

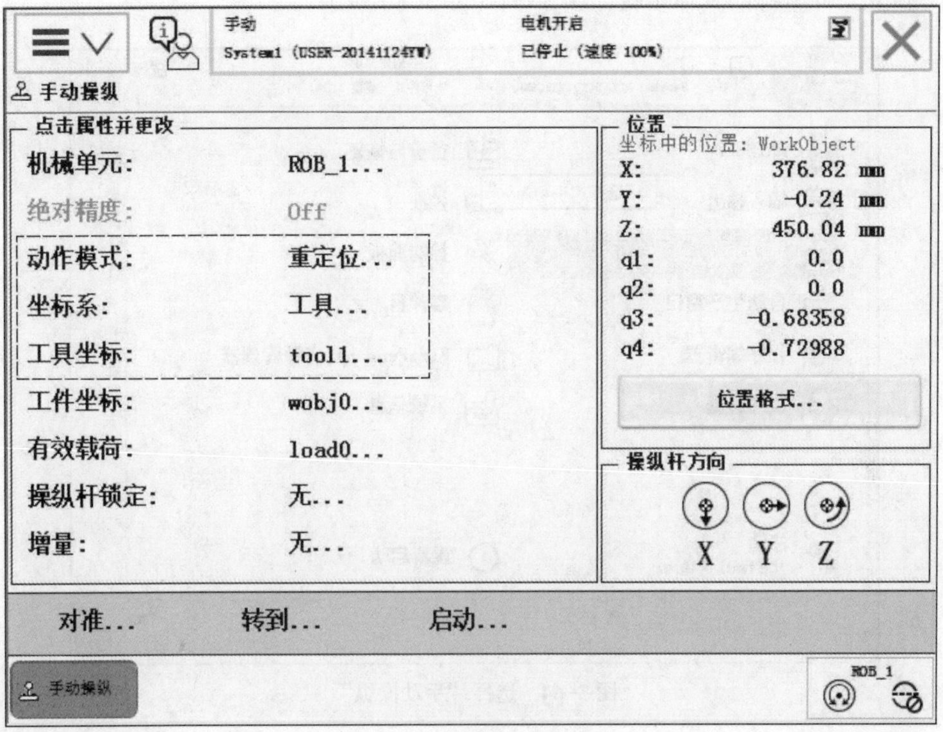

图 3-62　选中重定位运动模式

使用摇杆将工具参考点刚好靠上固定参考点，然后在重定位模式下手动操作机器人，如果 TCP 设定精确的话，机器人根据重定位操作改变姿态，但是工具的参考点与固定参考点始终保持刚好碰上，如图 3-63 所示。

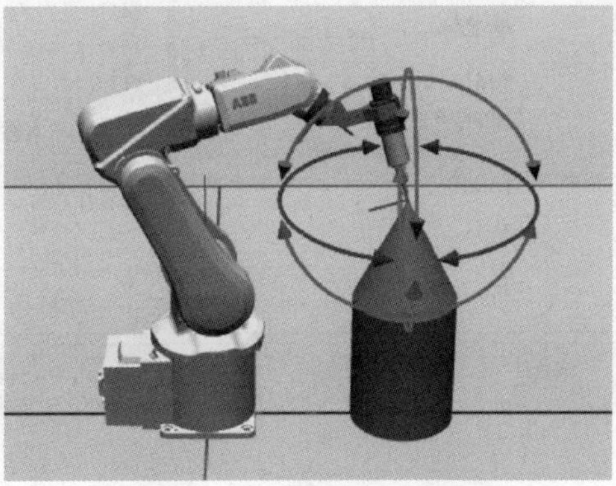

图 3-63　检查 TCP 的精度

3.4.5 工件坐标数据 wobjdata 的建立

建立工件坐标的具体步骤如图 3-64～图 3-80 所示。

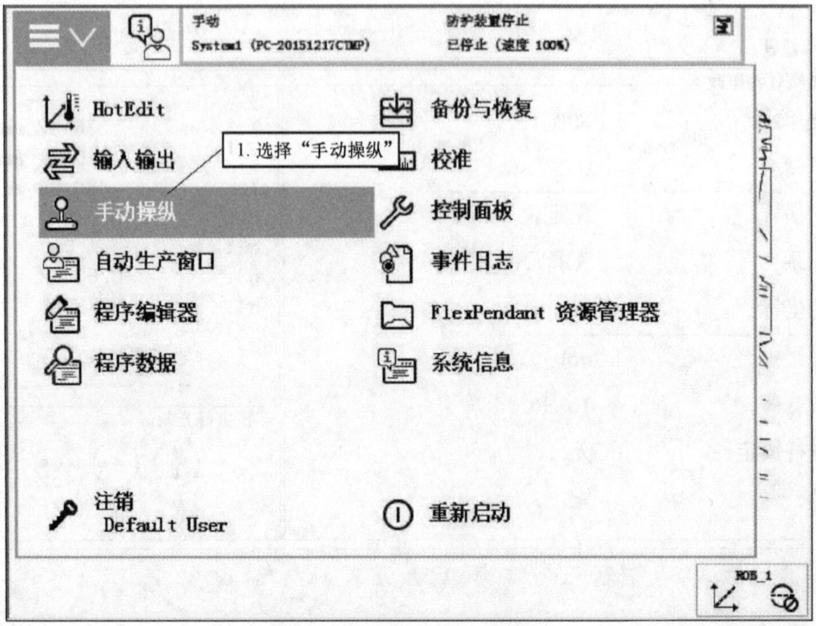

图 3-64 选择“手动操纵”

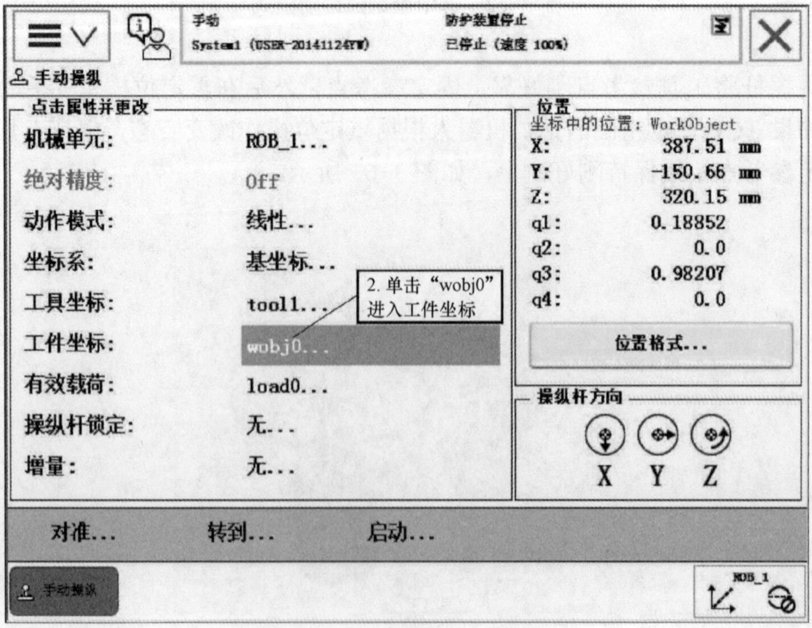

图 3-65 单击“wobj0”进入工件坐标

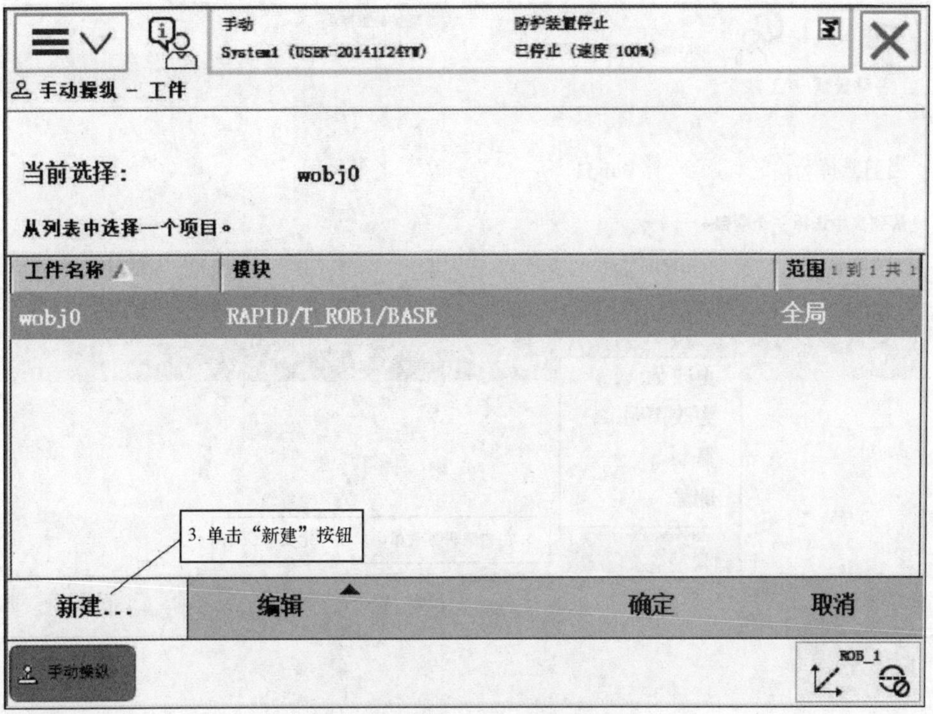

图 3-66 单击“新建”按钮

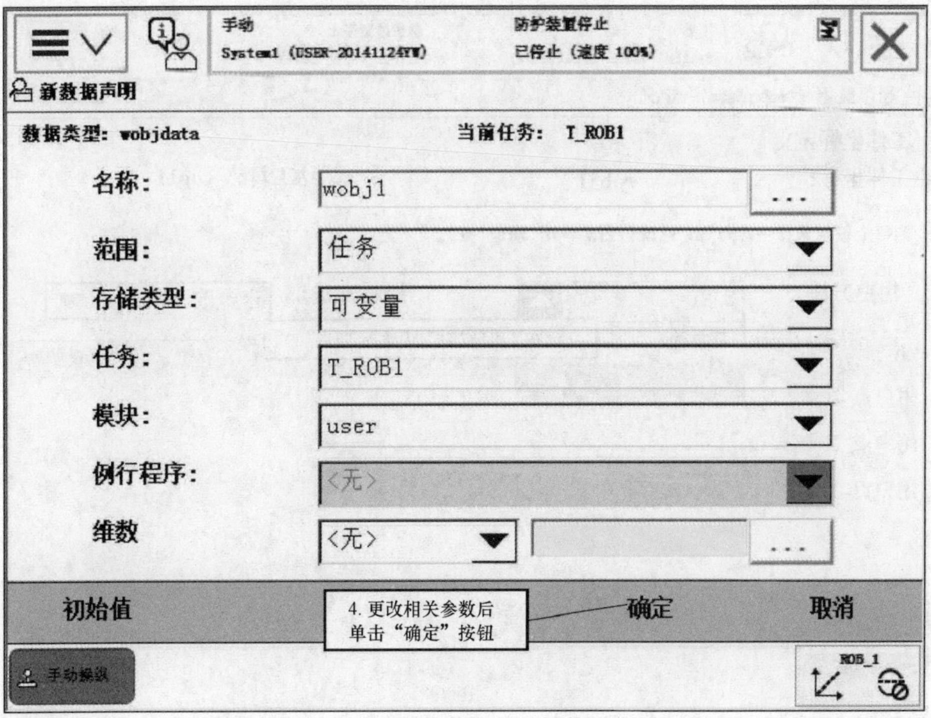

图 3-67 更改相关参数后单击“确定”按钮

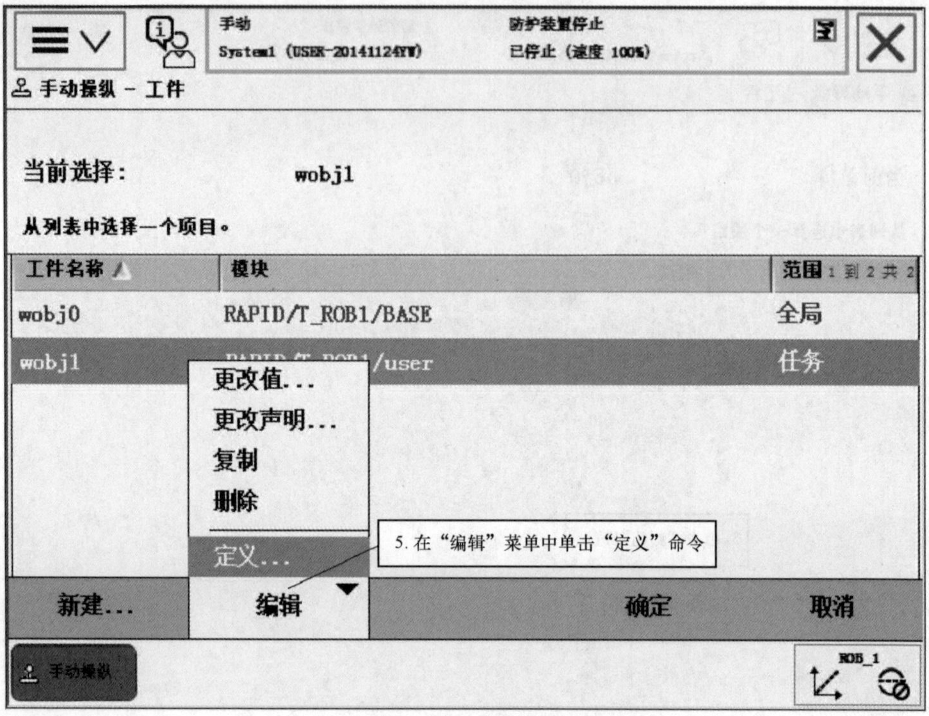

图 3-68　在“编辑”菜单中单击“定义”命令

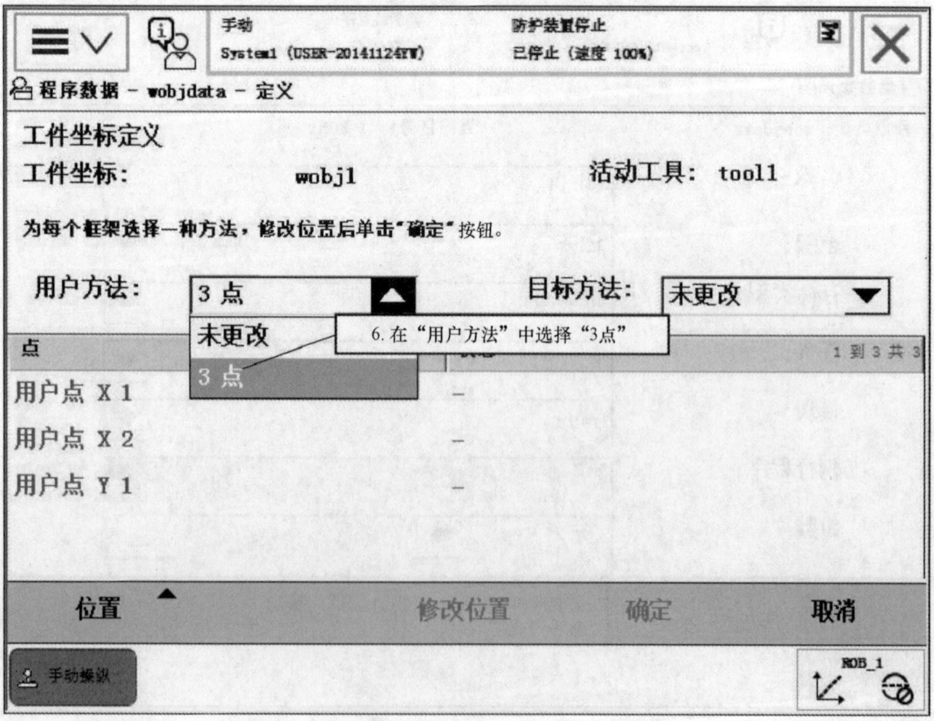

图 3-69　在“用户方法”中选择“3 点”

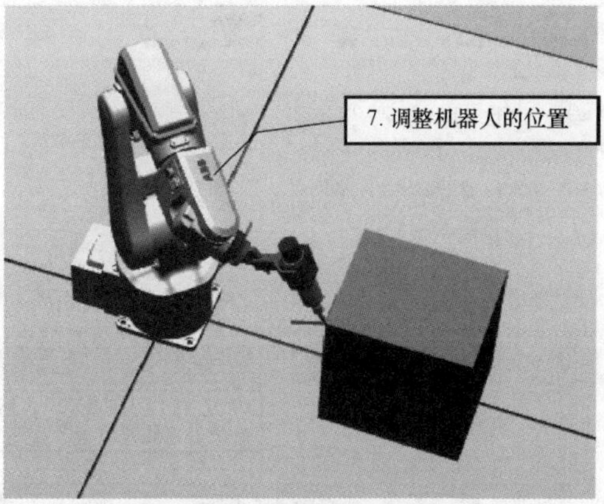

图 3–70　调整机器人的位置

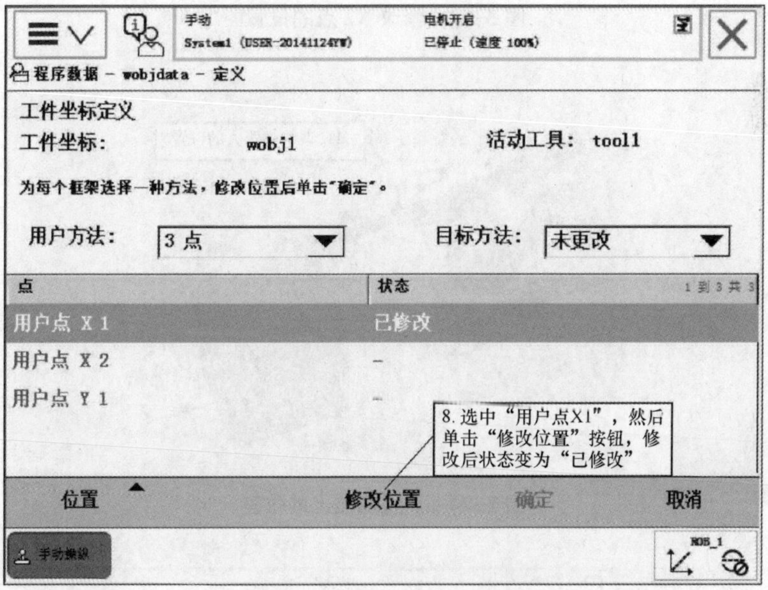

图 3–71　修改 X1 点的位置

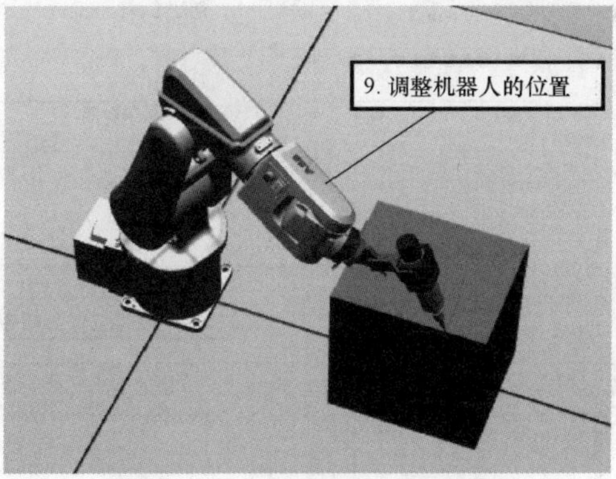

图 3–72　调整机器人的位置

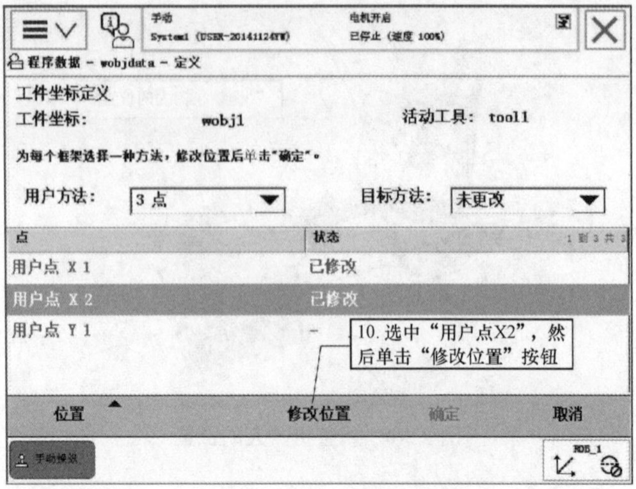

图 3–73　修改 X2 点的位置

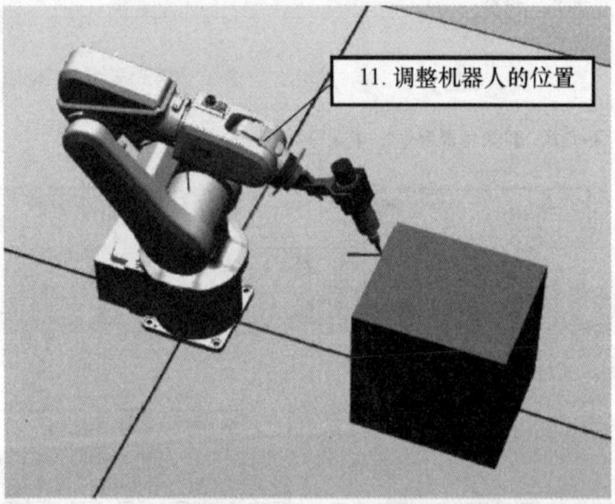

图 3–74　调整机器人的位置

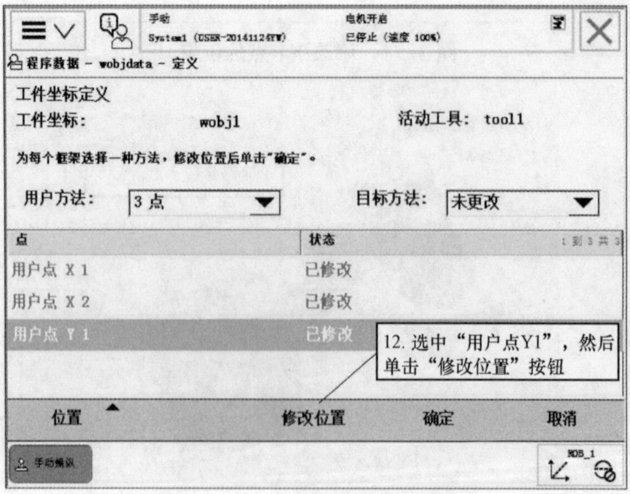

图 3–75　修改 Y1 点的位置

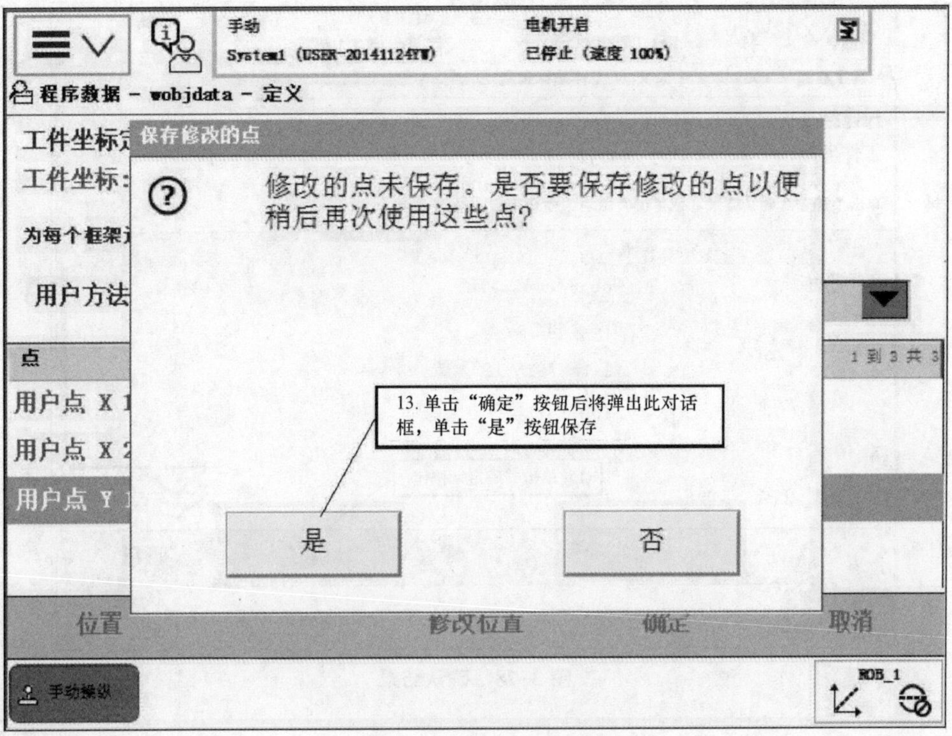

图 3–76　确定保存修改的点

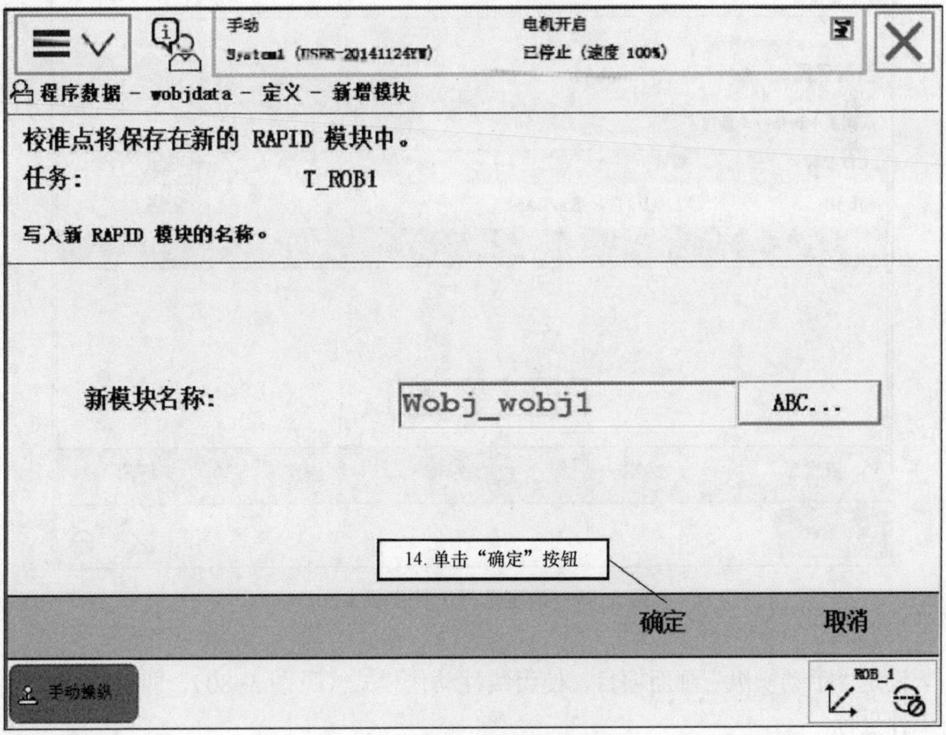

图 3–77　确定保存修改的模块

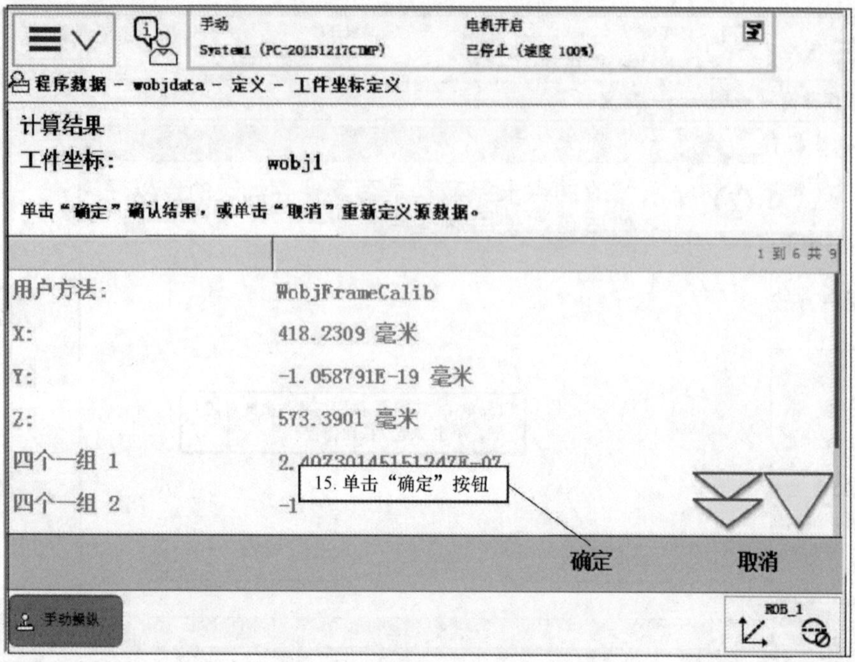

图 3-78 确认结果

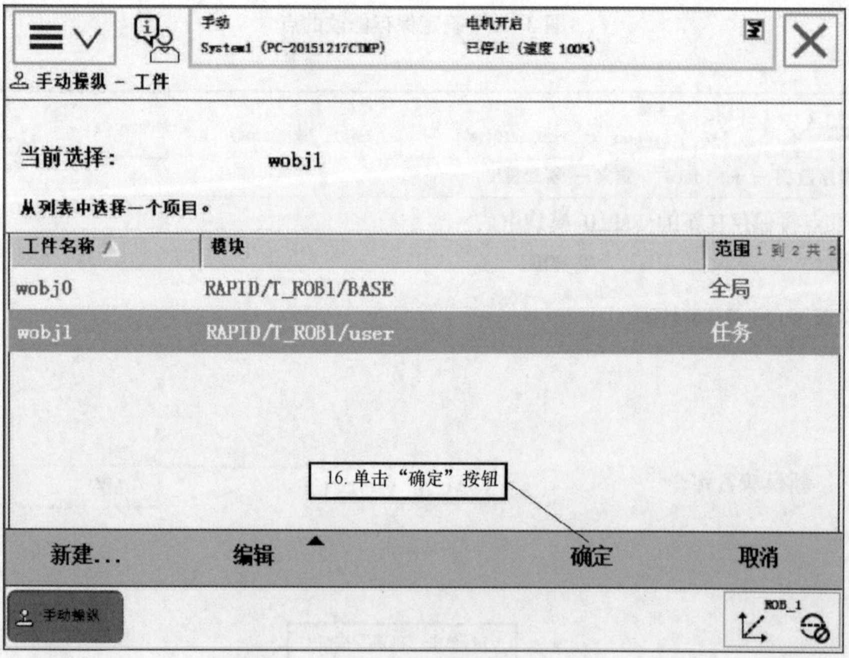

图 3-79 确定选择工件坐标 wobj1

设定“手动操纵”画面项目，使用线性动作模式（见图 3-80），即可体验新建立的工件坐标。

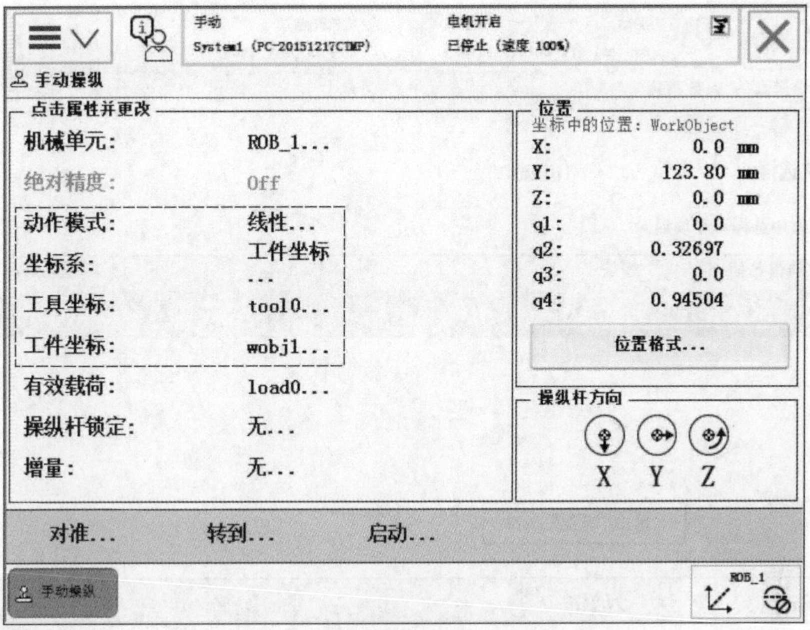

图 3-80 选择线性动作模式

3.4.6 负载数据 loaddata 的建立

建立负载数据的具体步骤如图 3-81～图 3-85 所示。

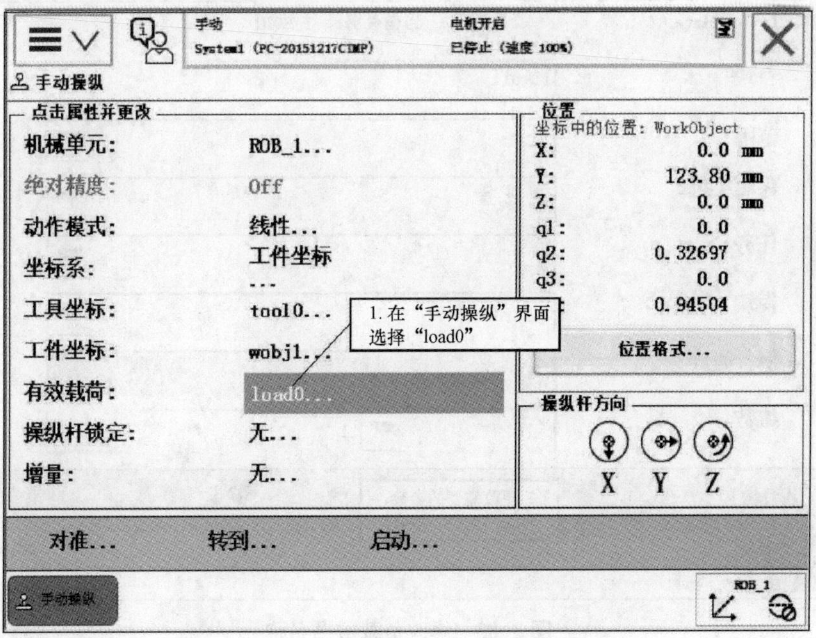

图 3-81 在“手动操纵”界面选择“load0”

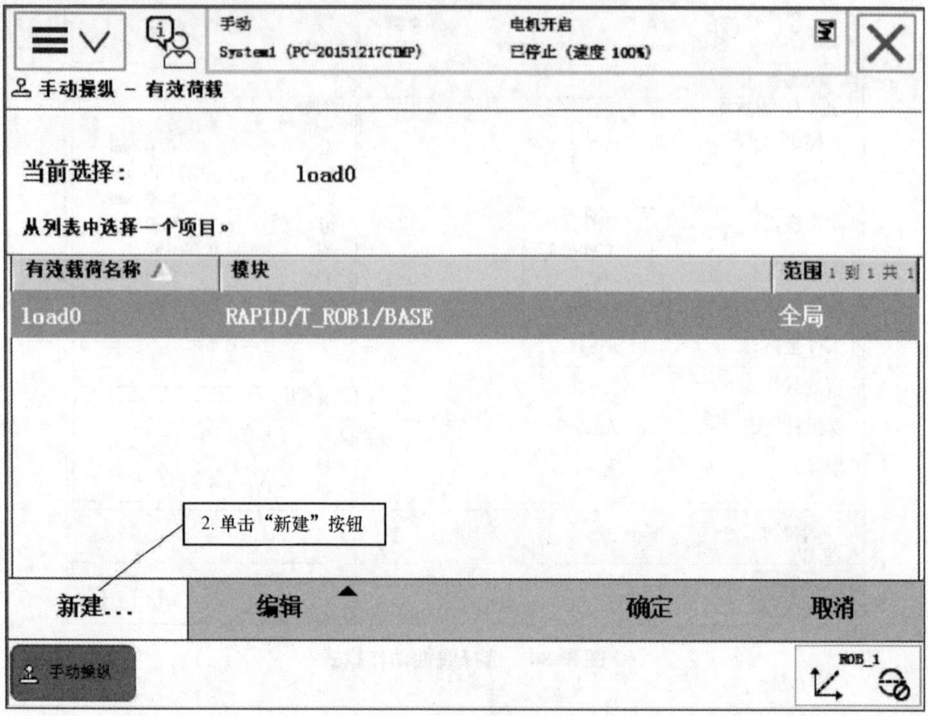

图 3-82 新建负载数据

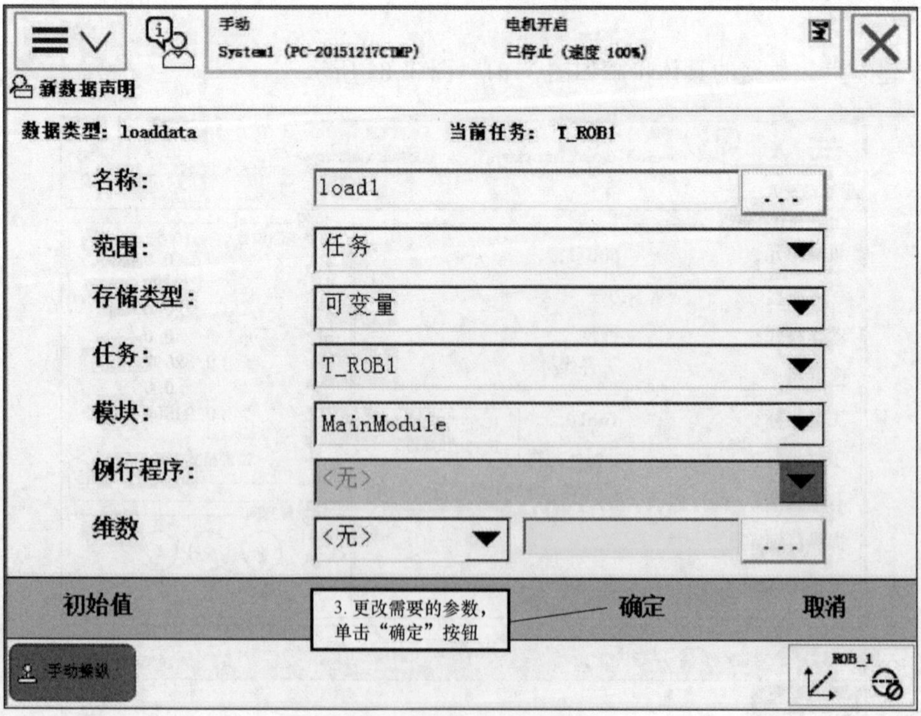

图 3-83 修改负载数据名称

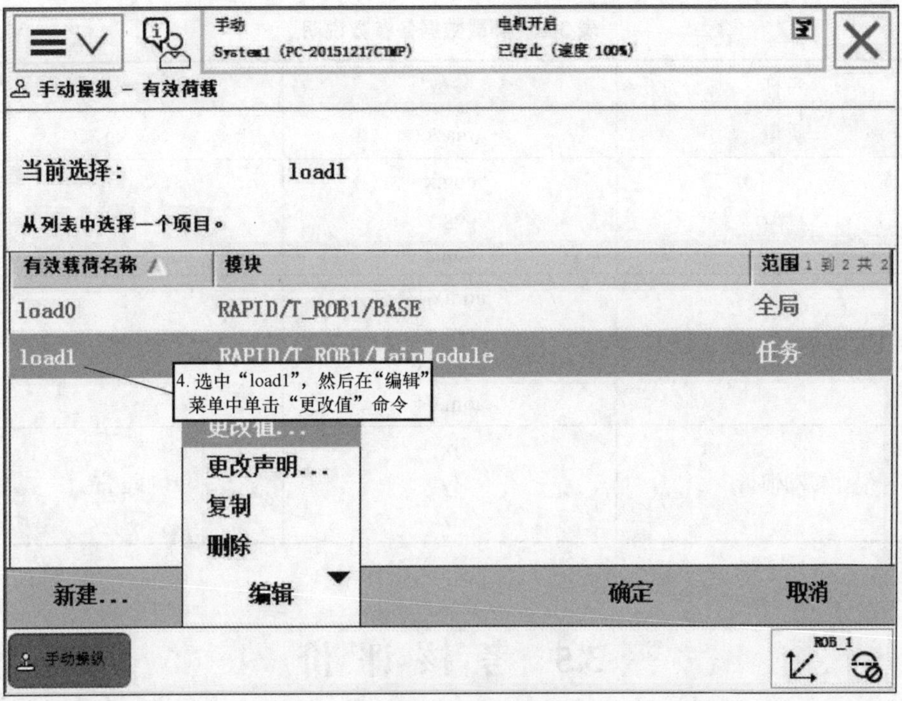

图 3-84 选中“load1”，然后在“编辑”菜单中单击“更改值”命令

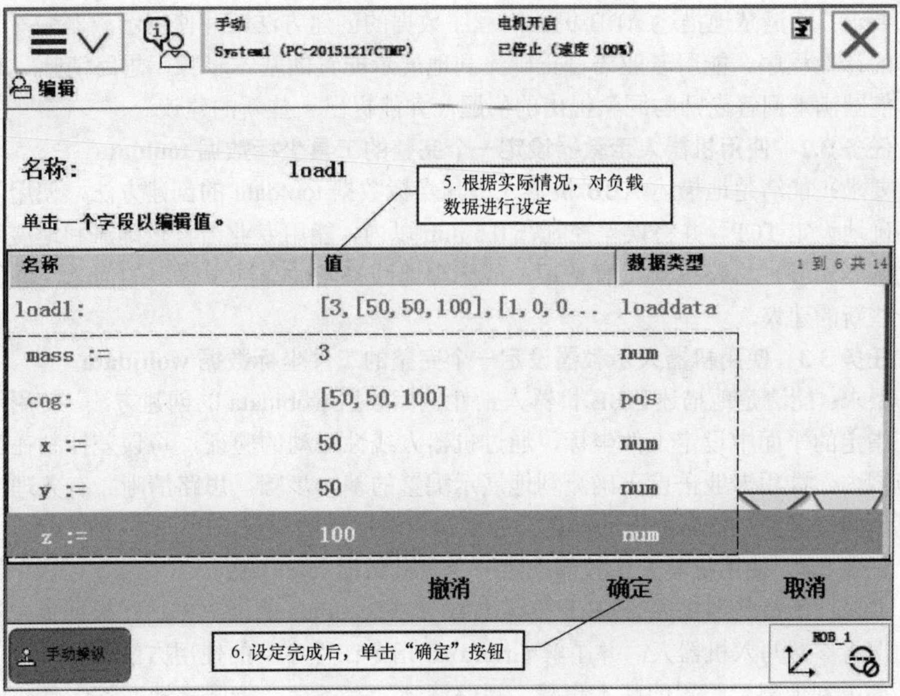

图 3-85 设置负载数据参数

负载数据各参数的详细信息请见表 3-5。

表 3-5 负载数据各参数说明

名称	参数	单位
质量	mass	kg
重心	cog.x cog.y cog.z	mm
力矩轴方向	aom.q1 aom.q2 aom.q3 aom.q4	
转动惯量	ix iy iz	$kg\cdot m^2$

3.5 考核评价

任务 3.1 使用机器人示教器编写一段简单的计数程序

要求：能清楚地描述 ABB 机器人程序数据的创建方法，并使用示教器编写一段简单的计数程序，能用专业语言正确流利地展示配置的基本步骤，思路清晰、有条理，能圆满地回答老师与同学提出的问题，并能提出一些新的建议。

任务 3.2 使用机器人示教器设定一个完整的工具坐标数据 tooldata

要求：能清楚地描述 ABB 机器人工具坐标数据 tooldata 的创建方法，使用示教器精确地设定 TCP，并将误差控制在 0.5 mm 以内，能用专业语言正确流利地展示配置的基本步骤，思路清晰、有条理，能圆满地回答老师与同学提出的问题，并能提出一些新的建议。

任务 3.3 使用机器人示教器设定一个完整的工件坐标数据 wobjdata

要求：能清楚地描述 ABB 机器人工件坐标数据 wobjdata 的创建方法，使用示教器在指定的平面中设定工件坐标，通过机器人线性运动的验证，将误差控制在可接受范围内，能用专业语言正确流利地展示配置的基本步骤，思路清晰、有条理，能圆满地回答老师与同学提出的问题，并能提出一些新的建议。

任务 3.4 使用机器人示教器设定一个负载数据 loaddata

要求：能清楚地描述 ABB 机器人负载数据 loaddata 的创建方法，根据负载的实际情况将参数写入机器人，并了解 GripLoad 指令在程序中的使用方法。能用专业语言正确流利地展示配置的基本步骤，思路清晰、有条理，能圆满地回答老师与同学提出的问题，并能提出一些新的建议。

3.6 扩展提高

任务 3.5 LoadIdentify 载荷测定

说明：如果机器人所用的工具及搬运工件结构复杂，并且不对称，不便于手工测量，可使用在机器人系统中预定义的自动测定载荷的服务例行程序 LoadIdentify，它可以测定工具载荷和有效载荷，可确认质量、重心和转动惯量等数据。

项目 4 ABB 机器人程序的编写

4.1 项目描述

本项目的主要学习内容包括：了解 ABB 机器人的编程语言，学会正确地使用示教器新建程序模块与例行程序，了解ABB机器人的常用指令，通过示教器编辑RAPID程序，并学会对机器人移动的目标点示教。

4.2 教学目的

通过本项目的学习，让学生了解 ABB 机器人的编程语言 RAPID，熟悉机器人运动指令，正确地使用示教器，了解如何在示教器上编辑一个机器人运动的 RAPID 程序，熟练地掌握 ABB 机器人的 I/O 控制指令，结合项目 3 学习的 I/O 配置，实现对机器人 I/O 信号的控制，了解 ABB 机器人的功能和中断程序的使用。本项目内容为 ABB 机器人编程基础知识，是学习机器人的核心，所以掌握本项目的内容尤为重要。学生可以将本项目知识与前面项目所讲的操作方法结合起来以巩固提升。

4.3 知识准备

4.3.1 了解 RAPID 程序

ABB 机器人的程序是 RAPID 程序，程序中包含了一连串控制机器人的指令，执行这些指令可实现对机器人的控制操作。

RAPID 程序的框架说明如下。

RAPID 程序是由程序模块和系统模块组成的，一般来说，只通过新建程序模块来构建机器人的程序，而系统模块则用于系统方面的控制。

可以根据不同的用途创建多个程序模块，如专门用于主控制的程序模块、用于初始化的程序模块、用于抓取位置计算的程序模块、用于存放数据的程序模块，以便于归类和管理不同用途的例行程序与数据。

每一个程序模块包含程序数据、例行程序、中断程序和功能 4 种对象，但在一个模块中这 4 种对象不一定都有，程序模块之间的数据、例行程序、中断程序和功能都是可以相互调用的。

在 RAPID 程序中，只有一个主程序 main，它存在于任意一个程序模块中，并且是整个 RAPID 程序的执行起点。

4.3.2　了解 ABB 机器人运动指令

机器人在空间中进行运动主要有 4 种方式：关节运动（MoveJ）、线性运动（MoveL）、圆弧运动（MoveC）和绝对位置运动（MoveAbsJ）。这 4 种方式的运动指令分别介绍如下。

1. 关节运动指令

关节运动指令是在对路径精度要求不高的情况下，机器人的工具中心点（TCP）从一个位置移动到另一个位置，两个位置之间的路径不一定是直线（见图 4-1）。关节运动指令适合在机器人大范围运动时使用，但容易在运动过程中出现关节轴进入机械死点位置的问题。

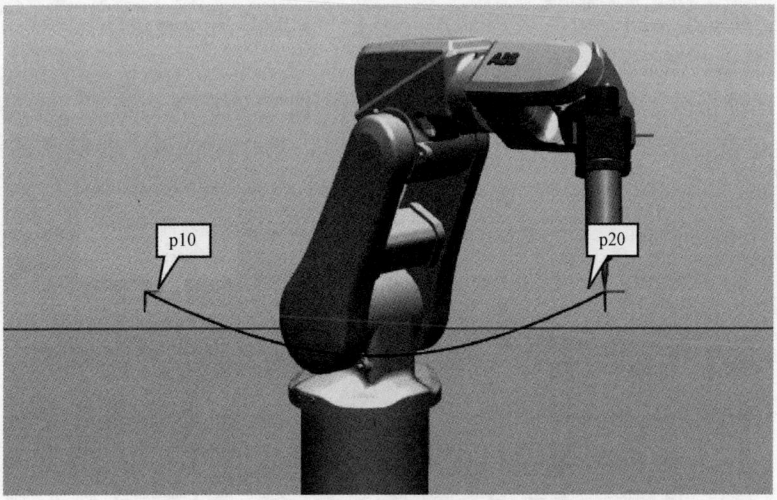

图 4-1　关节运动

例如：`MoveJ p20, v100, fine, tool1 \ WObj: = wobj1;`（指令解析见表 4-1）

表 4-1　指令解析

参数	说明
MoveJ	关节运动指令
p20	目标点位置数据
v100	运动数据
fine	转弯区数据
tool1	工具坐标数据
WObj: =wobj1	工件坐标数据

2. 线性运动指令

线性运动指令使机器人的工具中心点（TCP）从起点到终点之间的路径始终保持直线（见图 4-2），该指令适用于对路径精度要求高的场合，如切割、涂胶等。

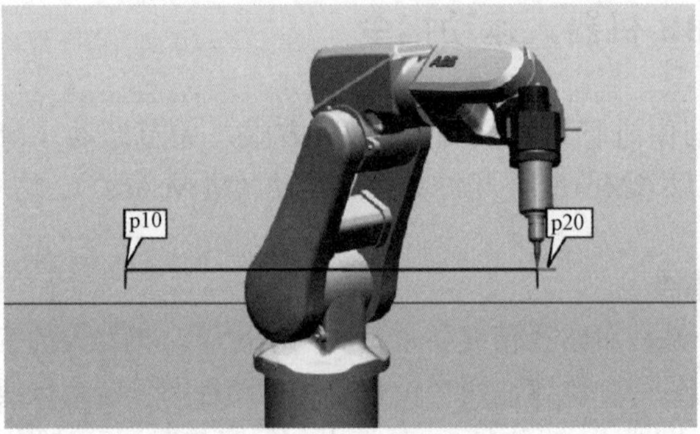

图 4-2　线性运动

例如：`MoveL p20, v100, fine, tool1 \ WObj: = wobj1;`

3. 圆弧运动指令

圆弧运动指令是在机器人可到达的空间范围内定义 3 个位置点，第 1 个位置点是圆弧的起点，第 2 个位置点确定圆弧的曲率，第 3 个位置点是圆弧的终点，如图 4-3 所示。

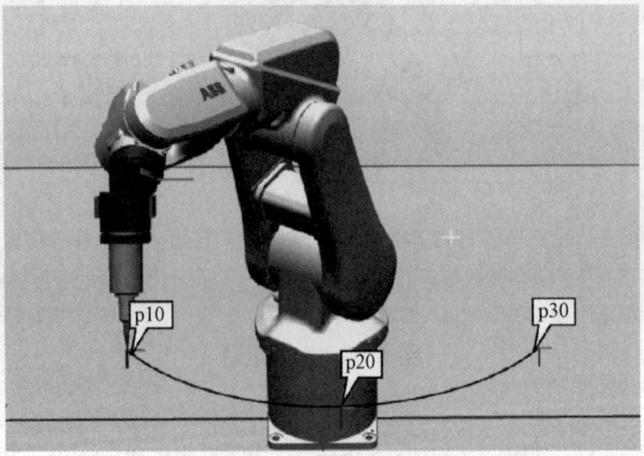

图 4-3　圆弧运动

例如：MoveC p20, p30, v100, z50, tool1 \ WObj: = wobj1;

4. 绝对位置运动指令

绝对位置运动指令对机器人的运动使用 6 个轴的角度来定义目标位置数据。

4.3.3　了解 I/O 控制指令

I/O 控制指令用于控制 I/O 信号，以达到与机器人周边设备进行通信的目的，I/O 控制指令有以下 4 种。

1. Set 数字信号置位指令

Set 数字信号置位指令用于将机器人 I/O 板的数字输出信号置为“1”，指令使用实例如图 4-4 所示。

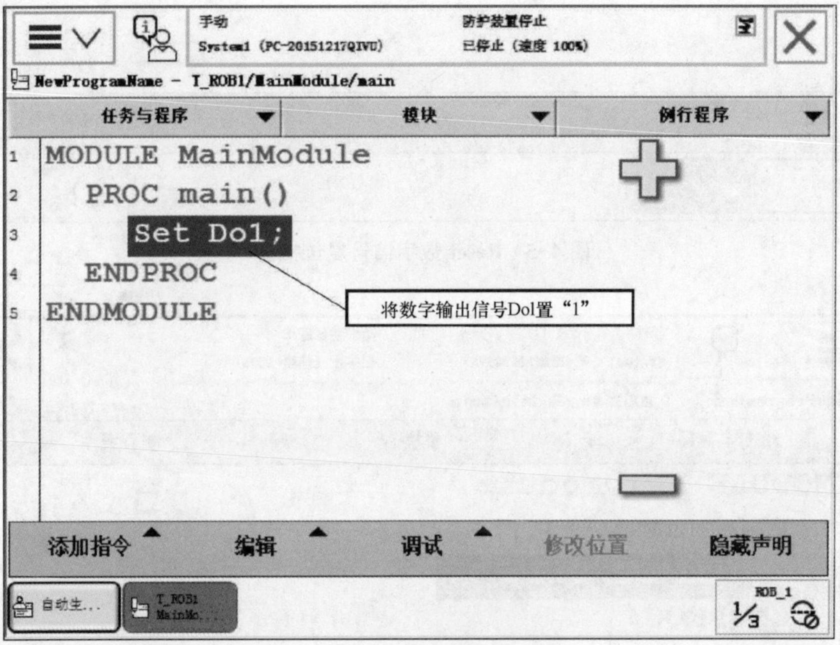

图 4-4　Set 数字信号置位指令

2. Reset 数字信号复位指令

Reset 数字信号复位指令用于将机器人 I/O 板的数字输出信号置为“0”，指令使用实例如图 4-5 所示。

3. WaitDI 数字输入信号判断指令

WaitDI 数字输入信号判断指令用于判断数字输入信号的值是否与目标一致，指令使用实例如图 4-6 所示。

4. WaitDO 数字输出信号判断指令

WaitDO 数字输出信号判断指令用于判断数字输出信号的值是否与目标一致，指令使用实例如图 4-7 所示。

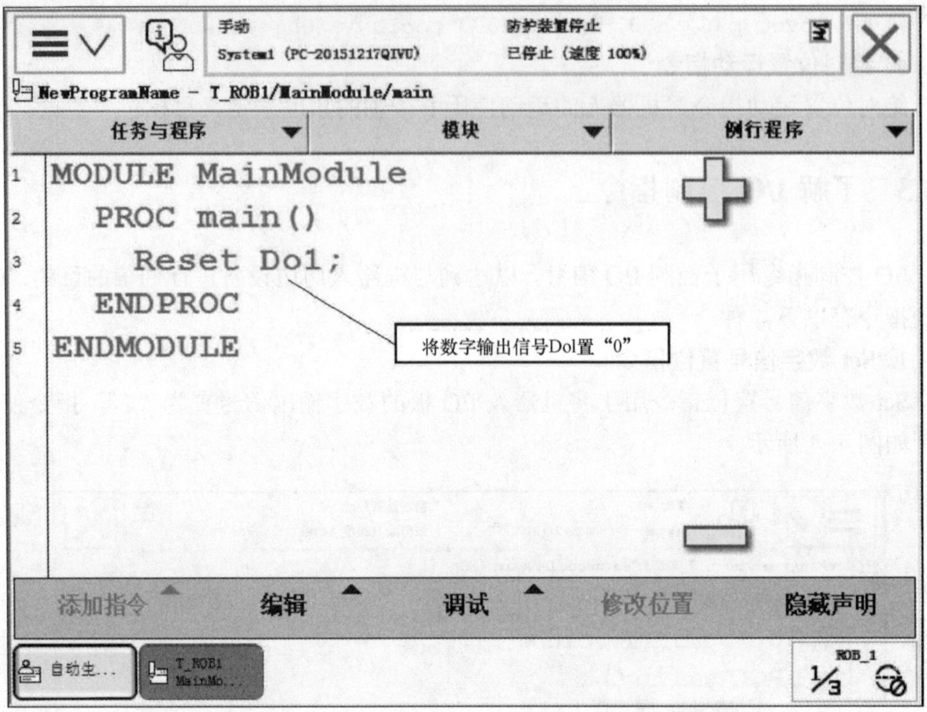

图 4-5　Reset 数字信号复位指令

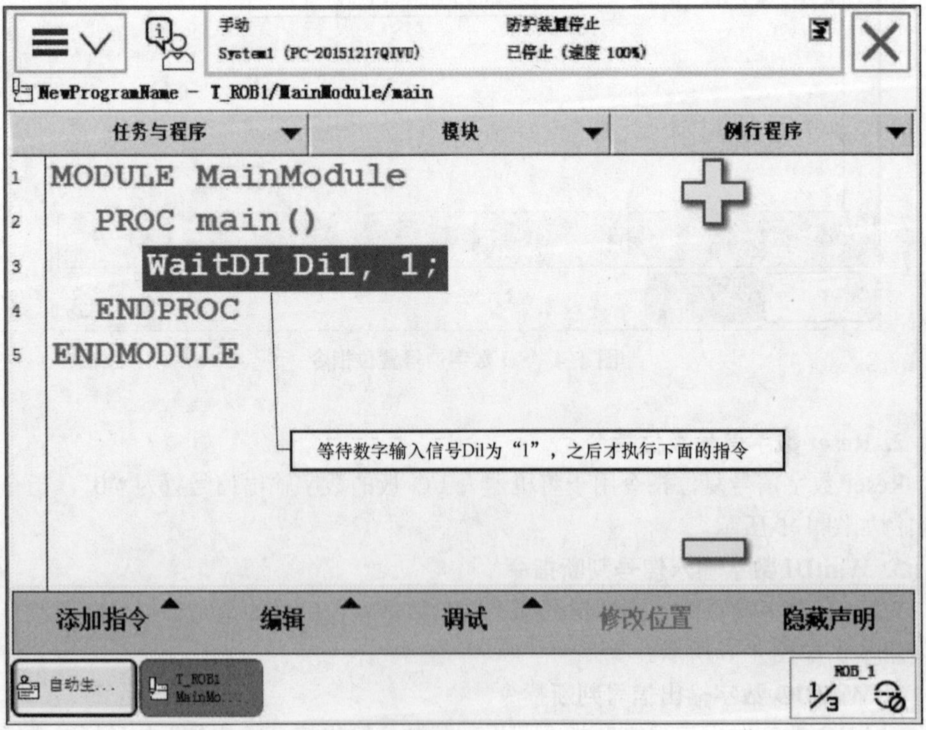

图 4-6　WaitDI 数字输入信号判断指令

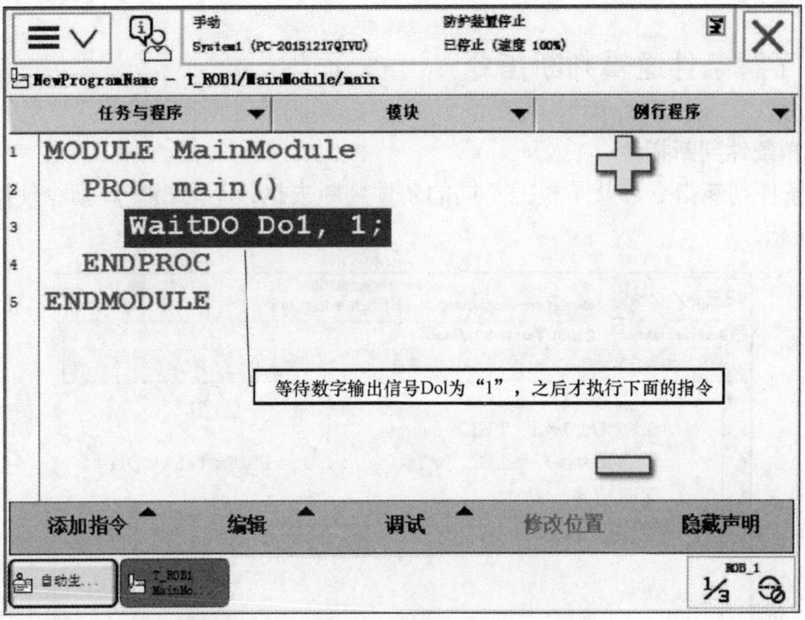

图 4-7　WaitDO 数字输出信号判断指令

4.3.4　了解赋值指令

赋值指令"：="用于对程序数据进行赋值。所赋值可以是一个常量或数值表达式。赋值指令使用实例如图 4-8 所示。

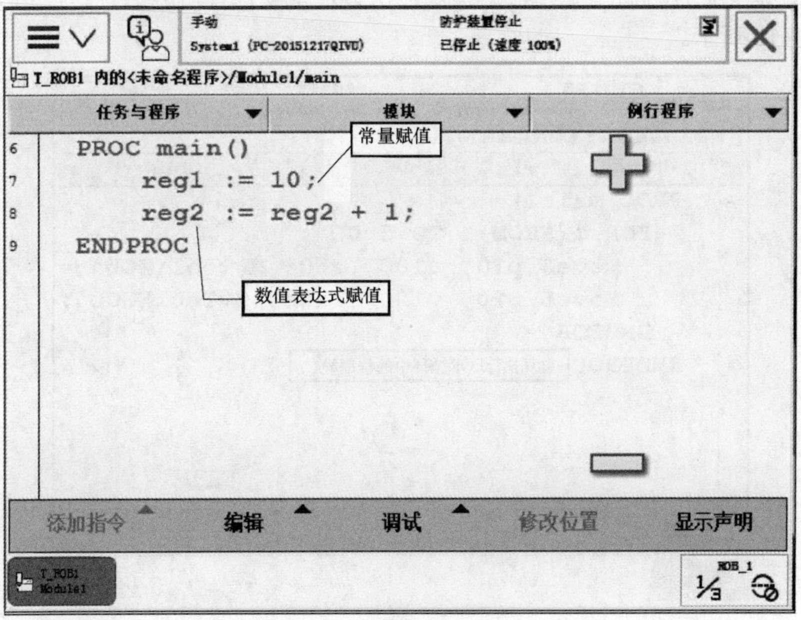

图 4-8　赋值指令

4.3.5 了解条件逻辑判断指令

1. IF 条件判断指令

IF 条件判断指令，就是根据不同的条件判断去执行不同指令，指令使用实例如图 4-9 所示。

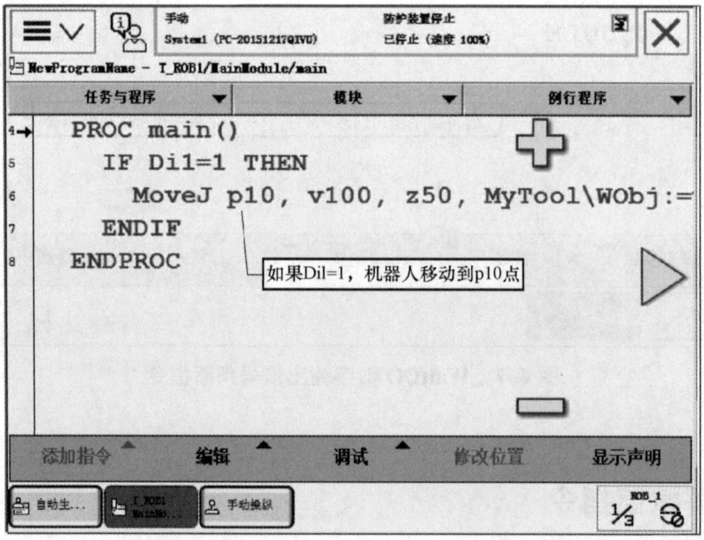

图 4-9　IF 条件判断指令

2. FOR 重复执行判断指令

FOR 重复执行判断指令，根据指定的次数，重复执行对应的程序，指令使用实例如图 4-10 所示。

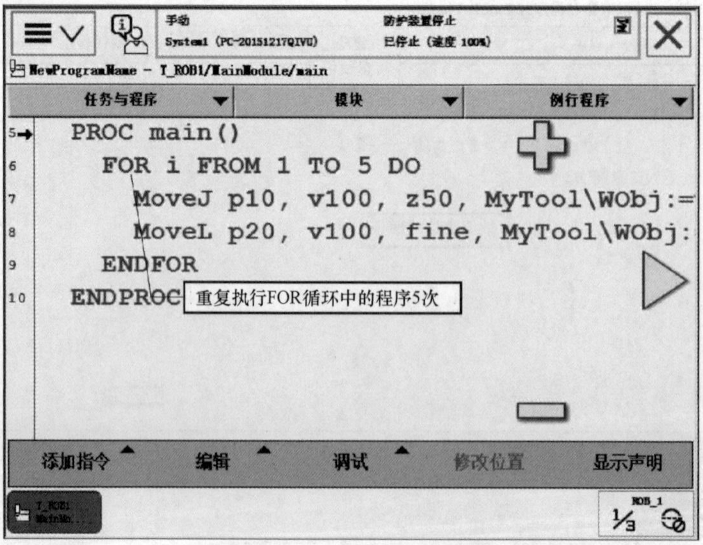

图 4-10　FOR 重复执行判断指令

3. WHILE 条件判断指令

WHILE 条件判断指令，用于在给定的条件满足的情况下，一直重复执行对应的指令。指令使用实例如图 4-11 所示。

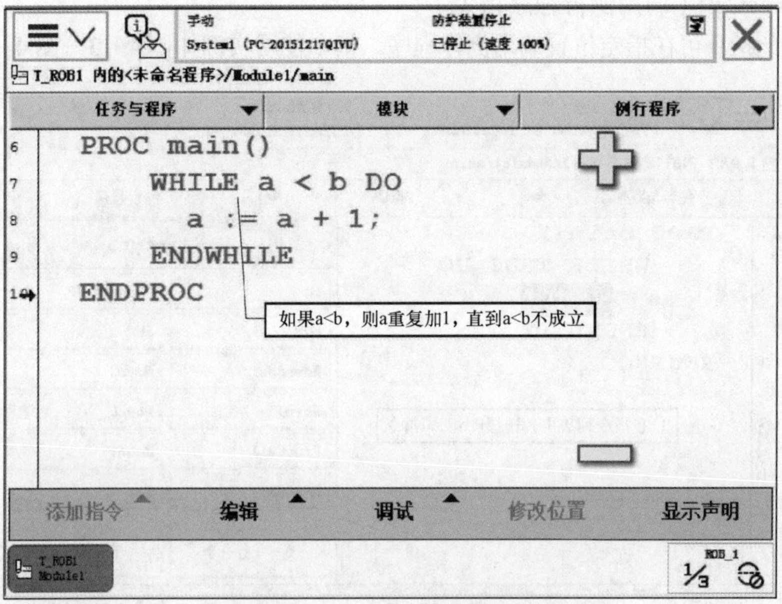

图 4-11 WHILE 条件判断指令

4. TEST 指令

TEST 指令根据变量的判断结果，执行对应程序。指令使用实例如图 4-12 所示。

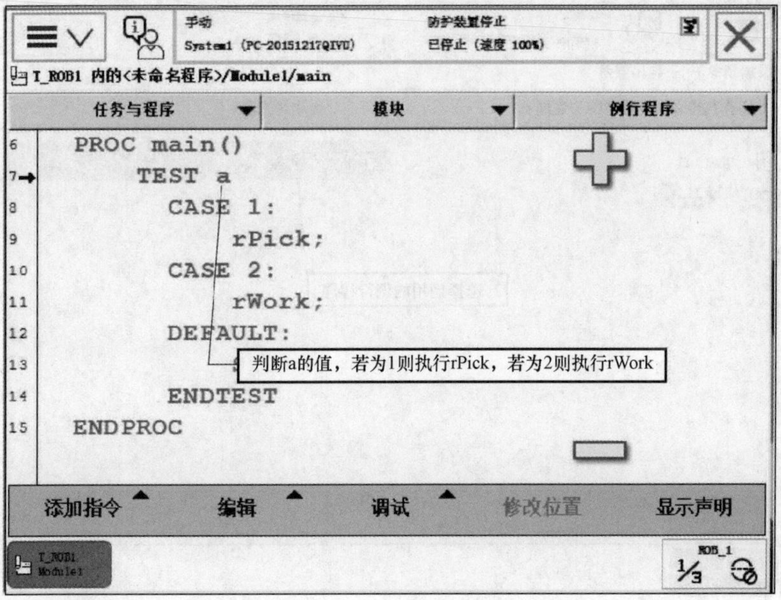

图 4-12 TEST 指令

4.3.6 了解其他常用指令

1. ProcCall（调用例行程序指令）

通过此指令可在指定位置调用例行程序。指令使用实例如图 4-13～图 4-15 所示。

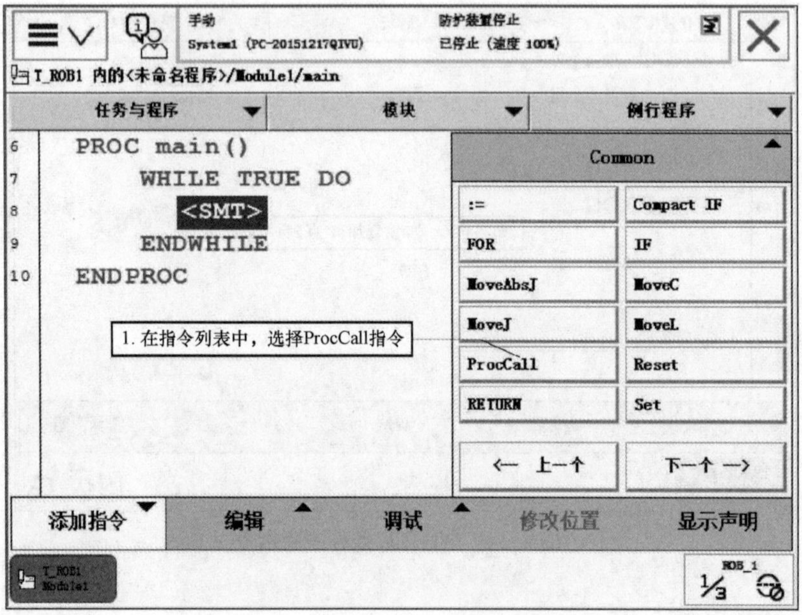

图 4-13　ProcCall 指令

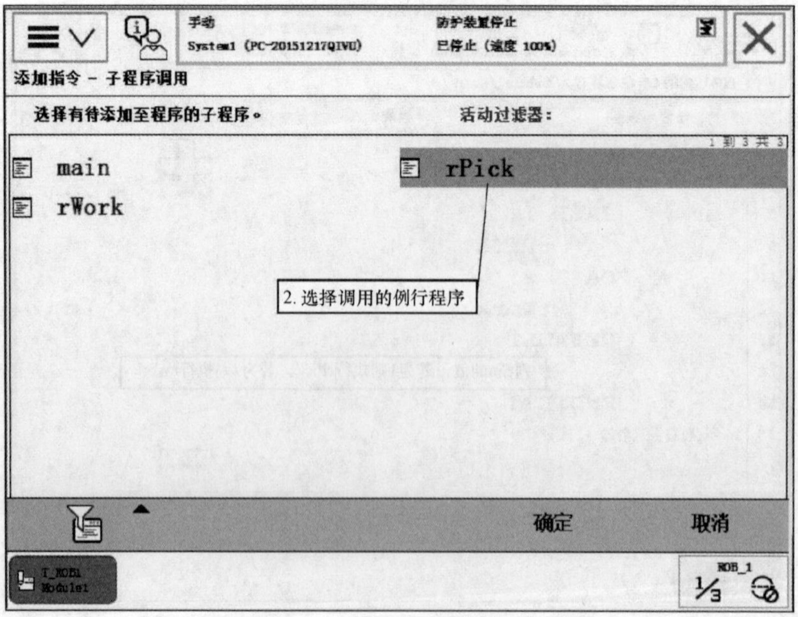

图 4-14　调用子程序 rPick

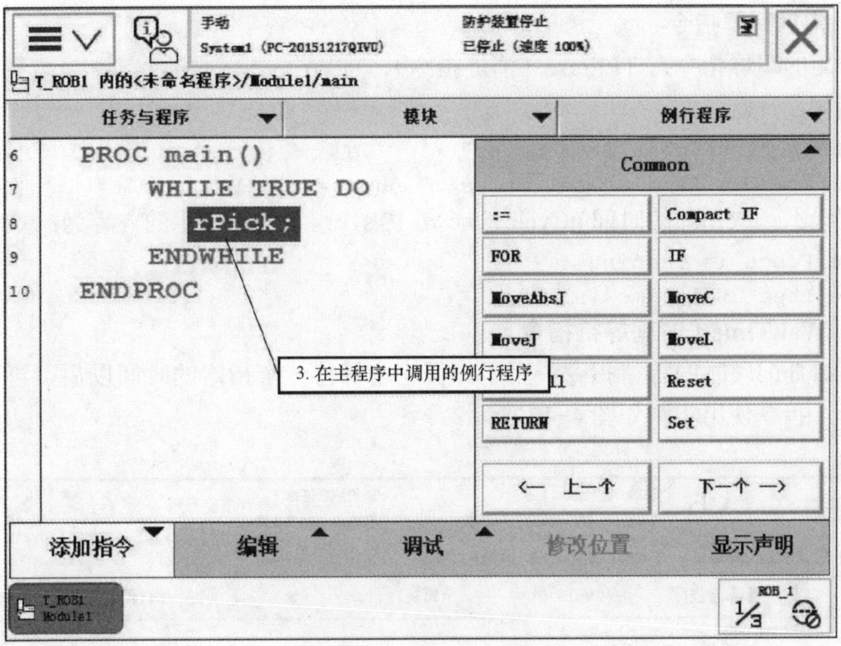

图 4-15　调用例行程序

2. RETURN（返回例行程序指令）

当此指令被执行时，马上结束本例行程序的执行，返回程序指针到调用此例行程序的位置。指令使用实例如图 4-16 所示。

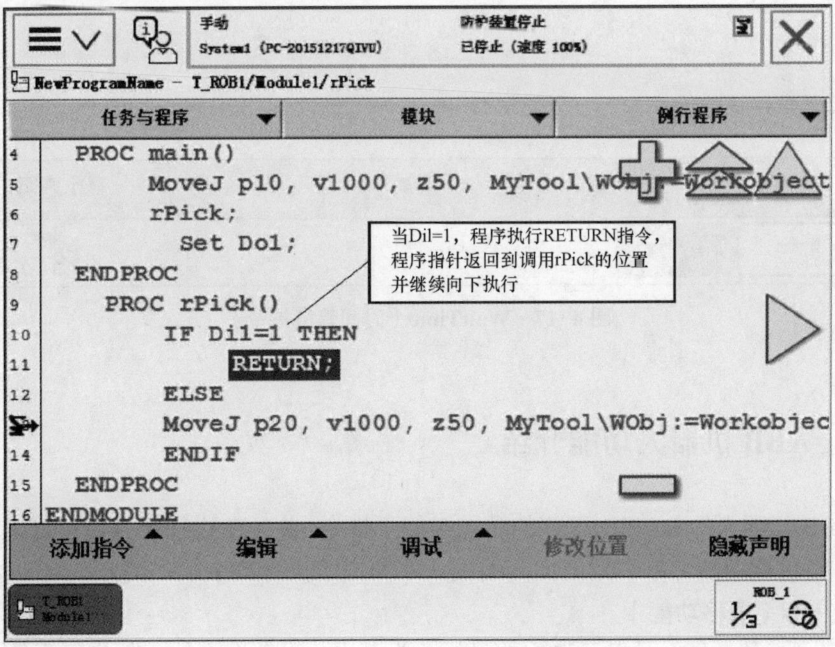

图 4-16　RETURN（返回例行程序指令）

3. 常用写屏指令

常用的写屏指令有 TPErase（清屏指令）、TPWrite（写屏指令）。

例如：`TPErase;`

```
TPWrite"The Robot is running"
TPWrite"The Last CycleTime is :" num: = nCycleTime
```

假设上一次循环的时间 nCycleTime 是 10 s，则示教器显示的内容为：

```
The Robot is running
The Last CycleTime is: 10s
```

4. WaitTime（时间等待指令）

WaitTime（时间等待指令）用于在程序中等待一个指定的时间以后，再继续往下执行。指令使用实例如图 4-17 所示。

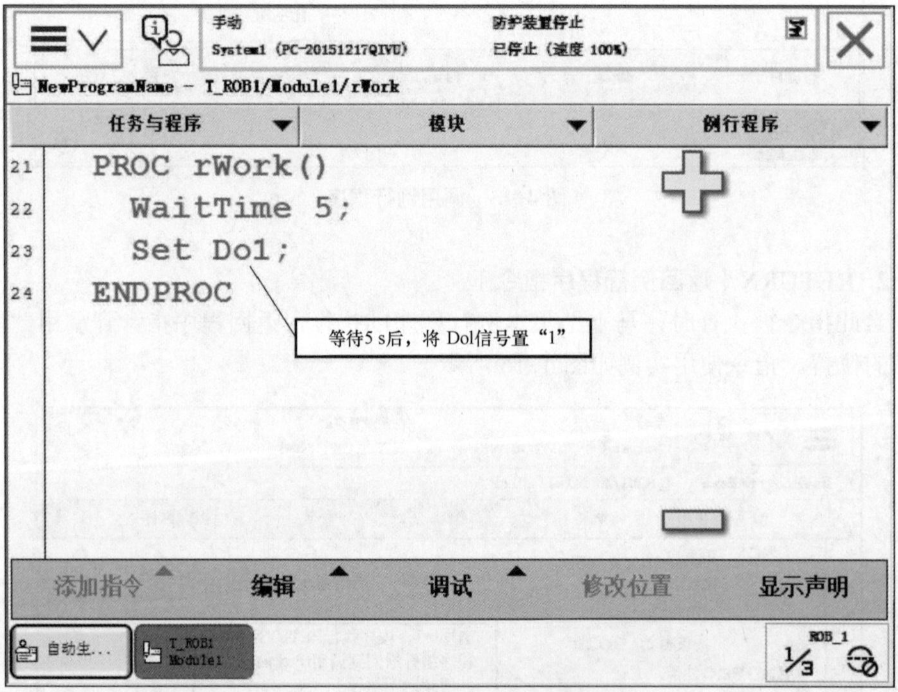

图 4-17　WaitTime（时间等待指令）

4.3.7　ABB 机器人功能介绍

ABB 机器人的 RAPID 程序的功能类似于指令，并且在执行完以后可以返回一个数值。使用该功能可以有效地提高编程效率和程序执行效率。

1. offs（偏移功能）

offs（偏移功能）是以已选定的目标点为基准，沿着选定的工件坐标系的 X、Y、Z 轴方向偏移一定的距离。

例如：`MoveJ offs （p20, 0, 0, 20）v100, z50, tool1 \ WObj: = wobj1;`

其将机器人 TCP 移至以 p20 为基准点，沿着 wobj1 工件坐标系的 Z 轴的正方向偏移 20 mm 的位置点。

2. CrobT 功能

CrobT 功能是使机器人读取当前目标点的位置数据。

例如：`PERS robtarget p10;`

```
P10: = CrobT（ \ tool: = tool1 \ WObj: = wobj1）;
```

其读取当前机器人目标点的位置数据，指定的工具数据为 tool1，工件坐标数据为 Wobj：=wobj1，之后将读取的目标点数据赋值给 P10。

4.3.8 中断程序的使用介绍

在 RAPID 程序的执行过程中，如果出现需要紧急处理的情况，机器人就会中断当前的执行，程序指针马上跳转到专门的程序中对紧急的情况进行相应的处理，处理结束后程序指针返回原来被中断的地方，继续往下执行程序，这种用来处理紧急情况的专门程序，称作中断程序（TRAP）。中断程序通常可以由以下条件触发：

（1）一个外部输入信号突然变为 0 或 1；

（2）一个设定的时间到达；

（3）机器人到达某一指定位置；

（4）机器人发生某一个错误。

常用的中断指令见表 4-2。

表 4-2 中断指令说明

指令名称	指令说明
CONNECT	中断连接指令，连接变量和中断程序
ISignalDI	数字输入信号中断触发指令
ISignalDO	数字输出信号中断触发指令
ISignalGI	组合输入信号中断触发指令
ISignalGO	组合输出信号中断触发指令
IDelete	删除中断连接指令
ISleep	中断休眠指令
IWatch	中断监控指令，与休眠指令配合使用
IEnable	中断生效指令
IDisable	中断失效指令，与生效指令配合使用

4.4 任务实现

4.4.1 建立一个程序模块与例行程序

通过机器人的示教器进行程序模块和例行程序的创建与相关操作，如图 4-18～图 4-29 所示。

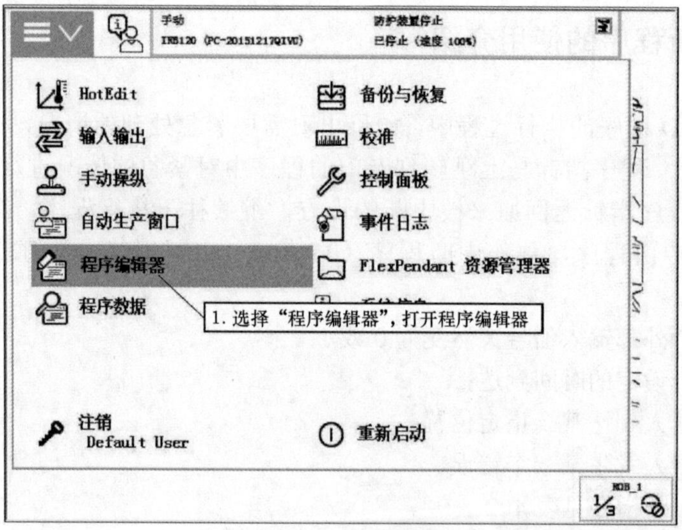

图 4-18　程序编辑器

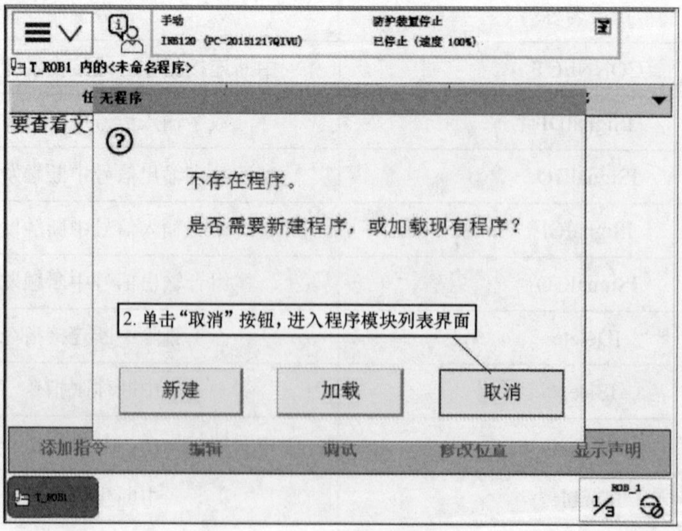

图 4-19　进入程序模块列表

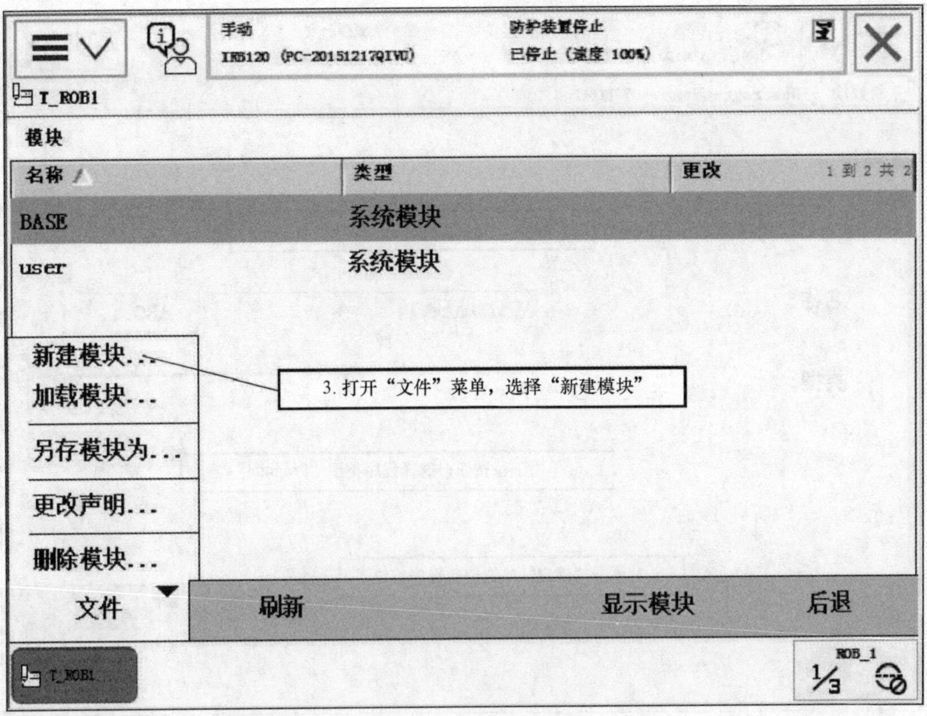

图 4-20　新建模块

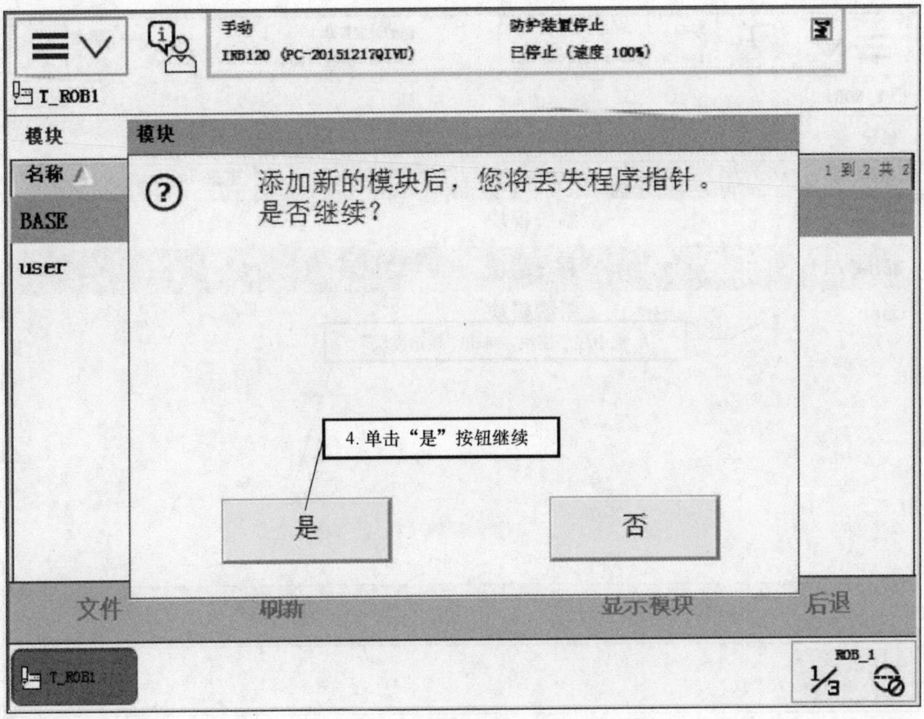

图 4-21　添加新的模块

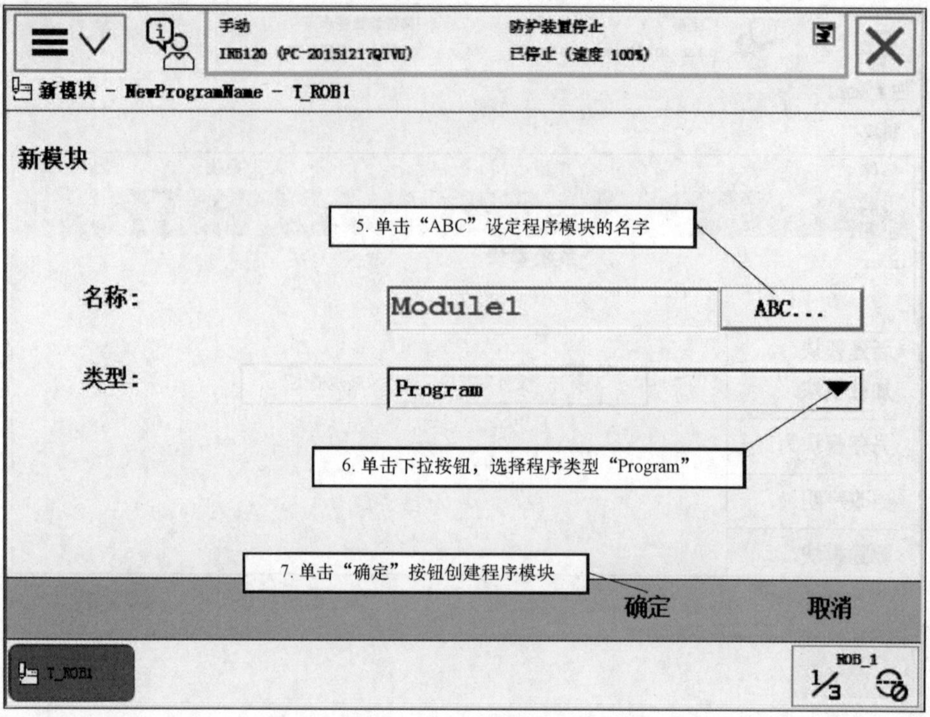

图 4-22 命名新模块

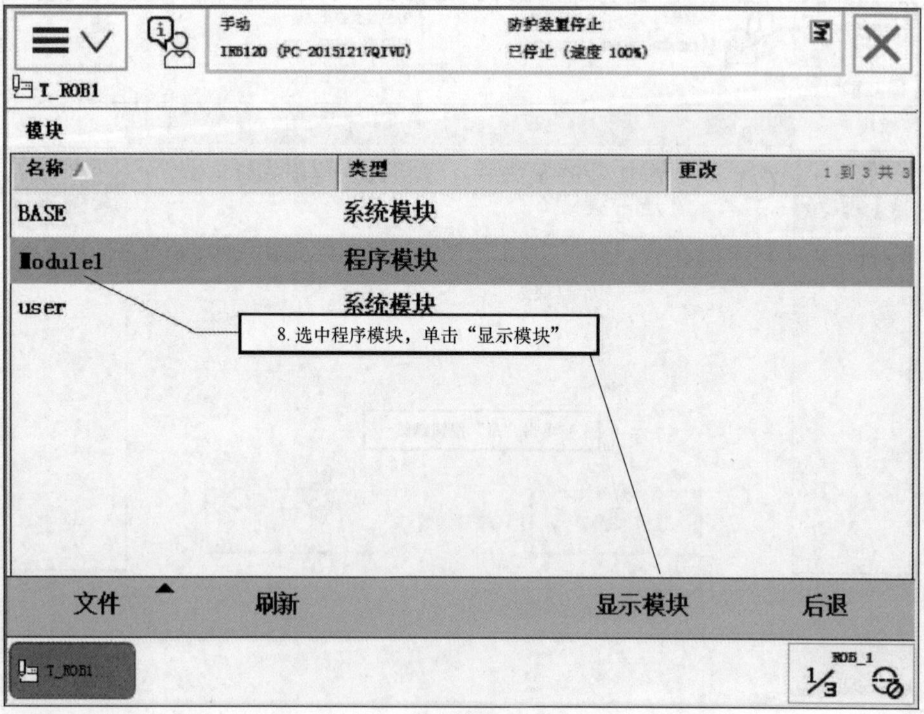

图 4-23 显示模块

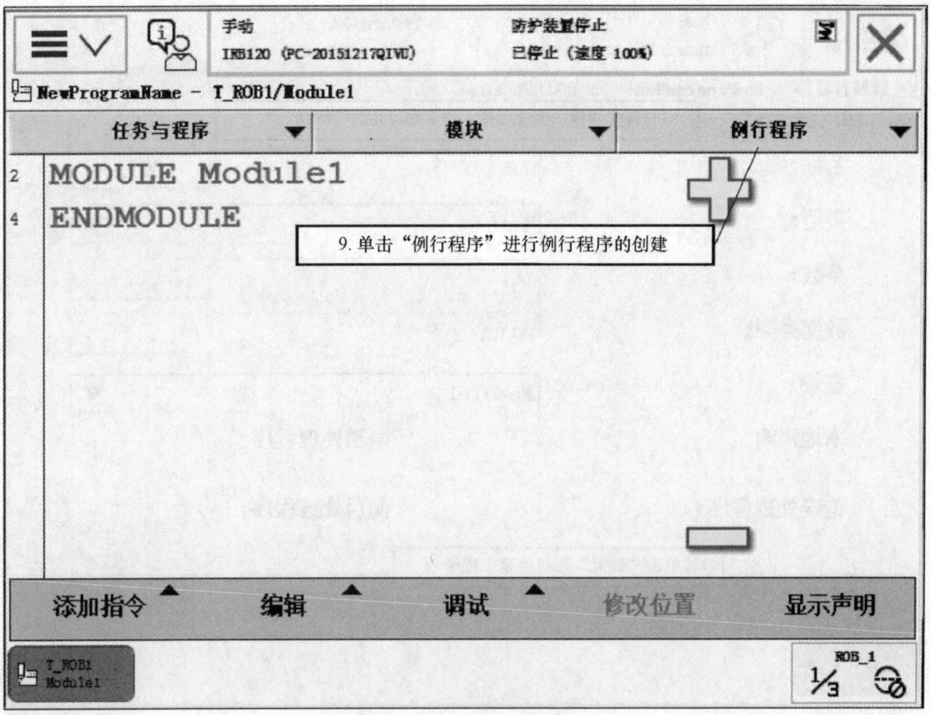

图 4-24　创建例行程序

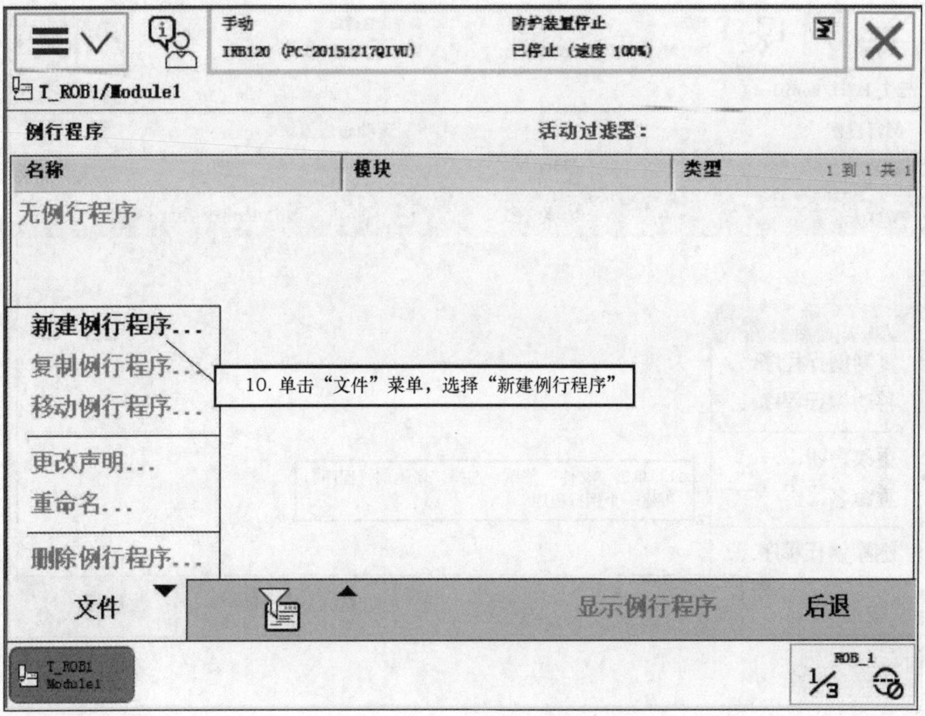

图 4-25　新建例行程序

图 4-26　创建主程序

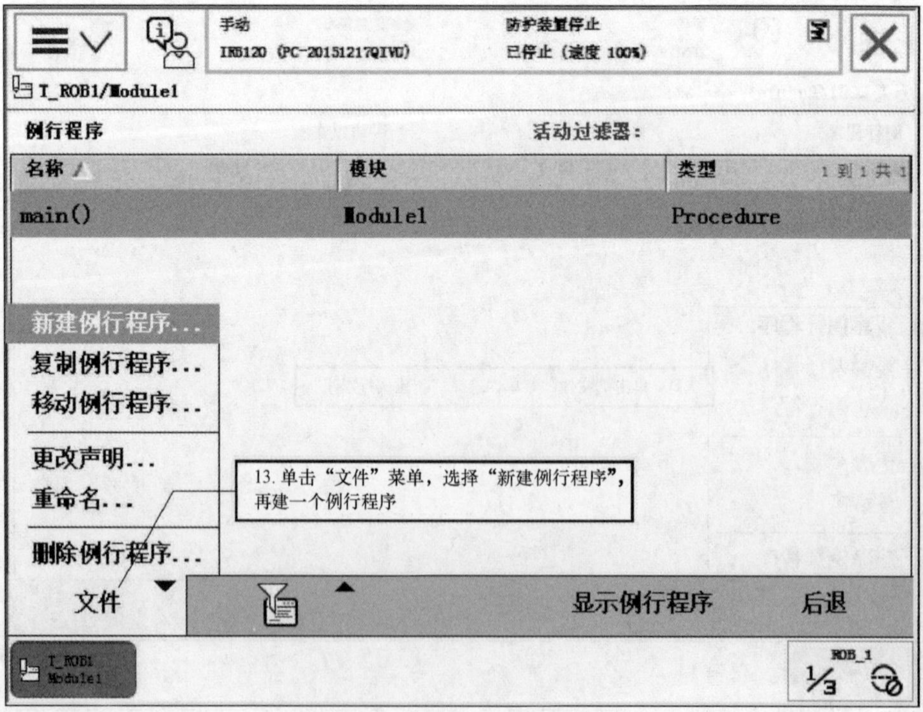

图 4-27　再建一个例行程序

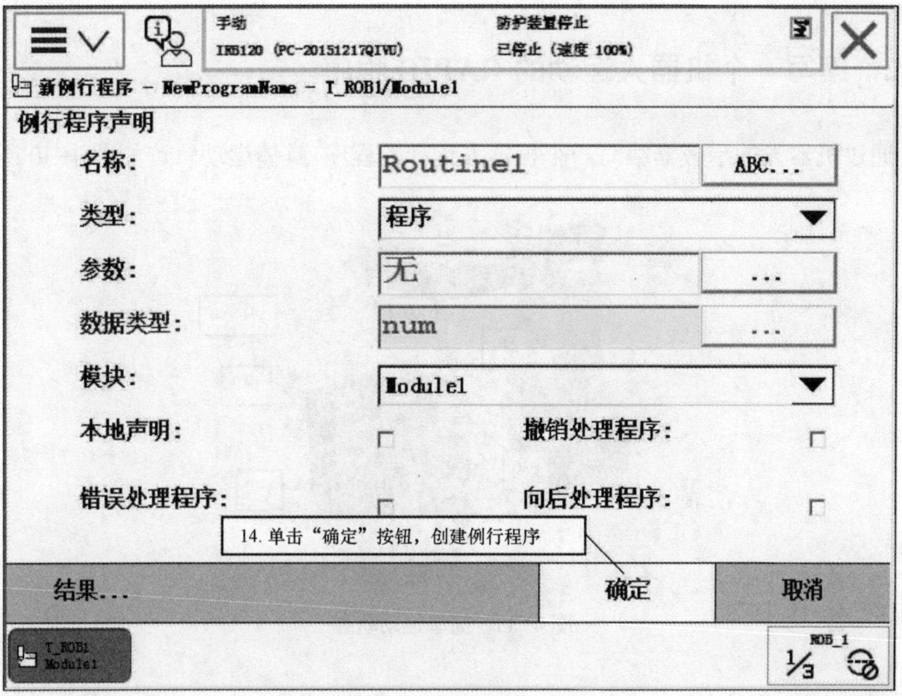

图 4-28　单击“确定”按钮

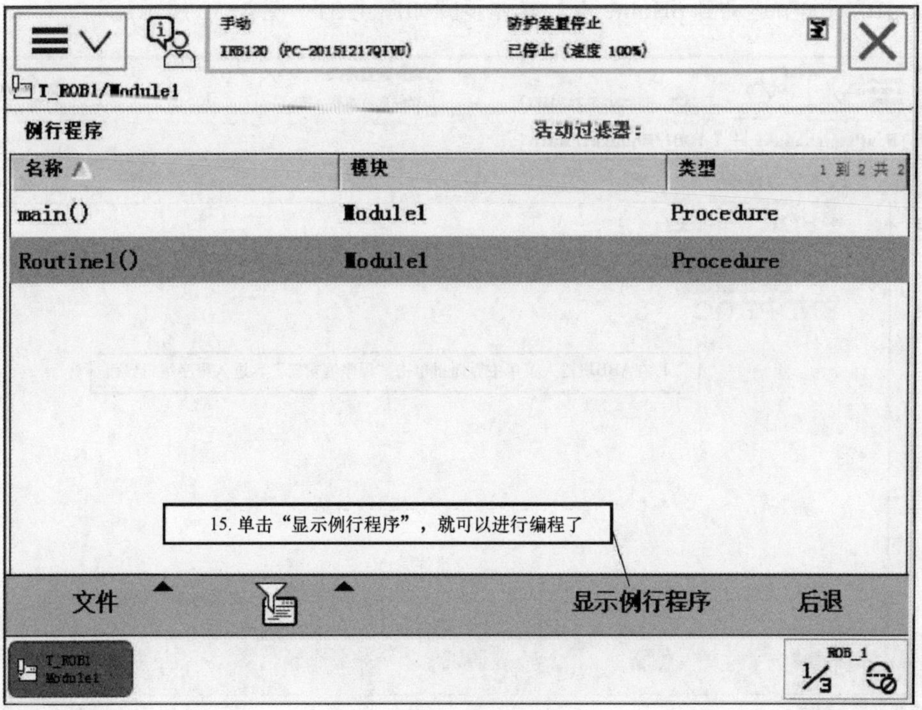

图 4-29　显示例行程序

4.4.2 编写一个机器人运动的 RAPID 程序

通过机器人的示教器编写一个机器人运动的程序，具体运动轨迹如图 4-30 所示。

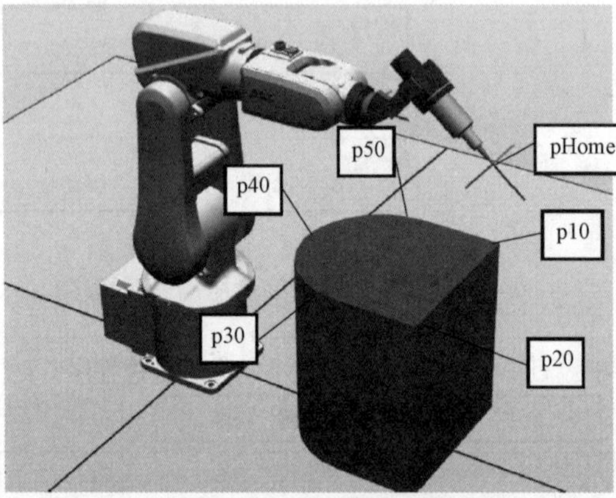

图 4-30 简单运动轨迹

工作要求：机器人从 pHome 点开始关节运动到 p20 点，从 p20 点线性运动到 p30 点，从 p30 点经 p40 点圆弧运动到 p50 点，然后从 p50 点线性运动到 p10 点，最后再从 p10 点关节运动到 pHome 点。具体步骤如图 4-31～图 4-52 所示。

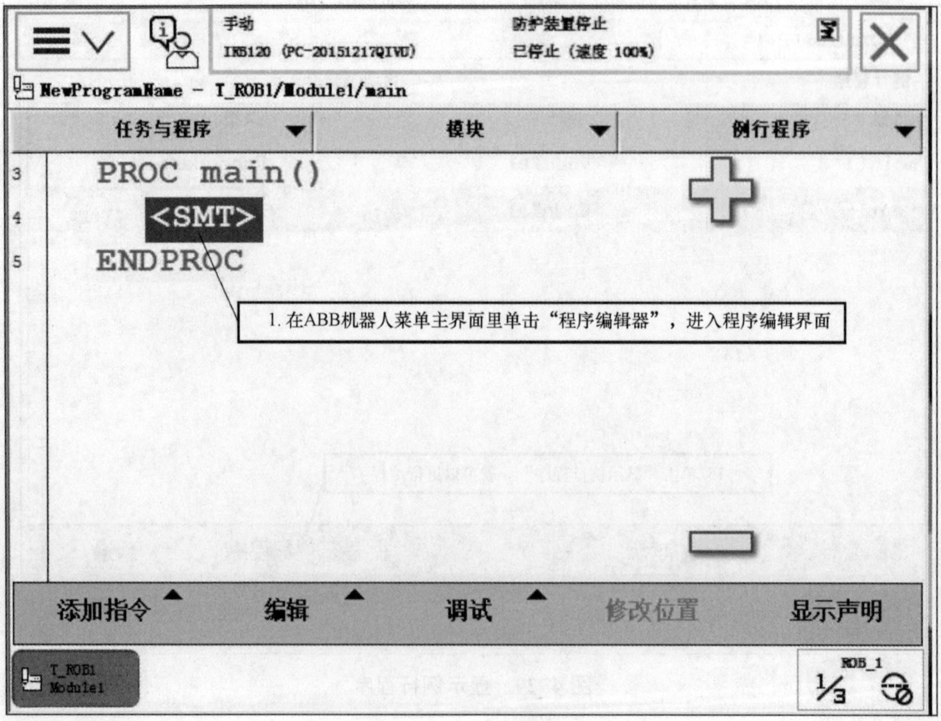

图 4-31 程序编辑器

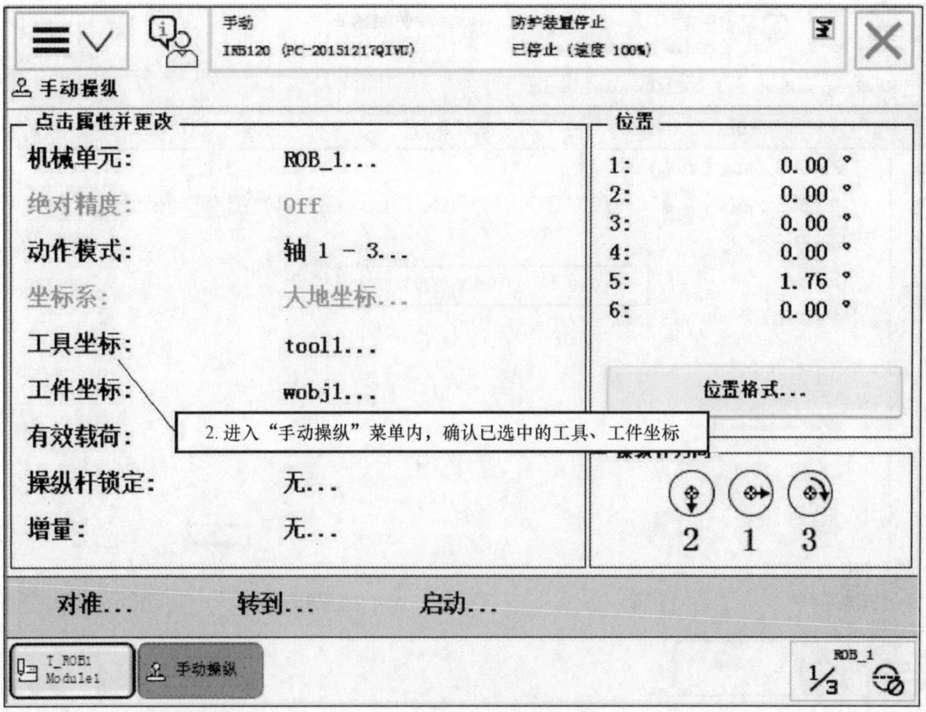

图 4-32　选择工具、工件坐标

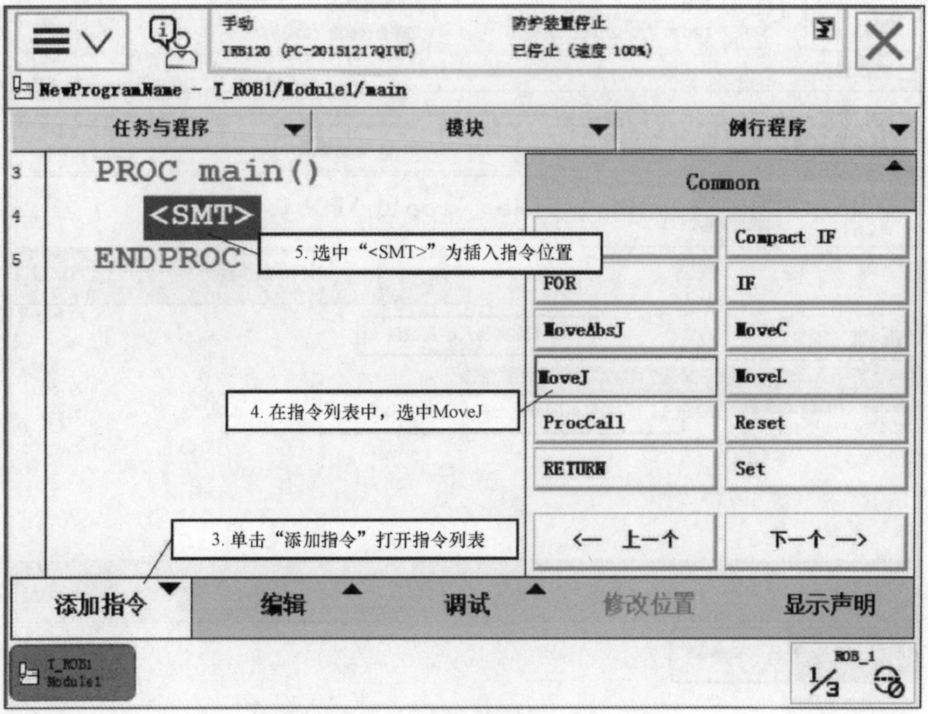

图 4-33　添加指令

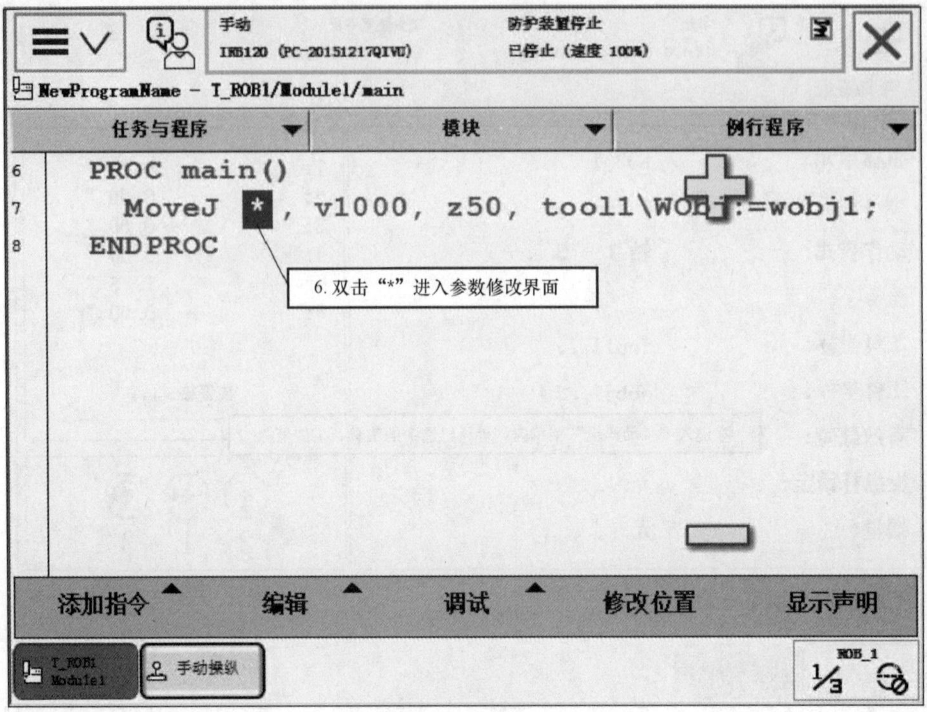

图 4-34　修改参数（一）

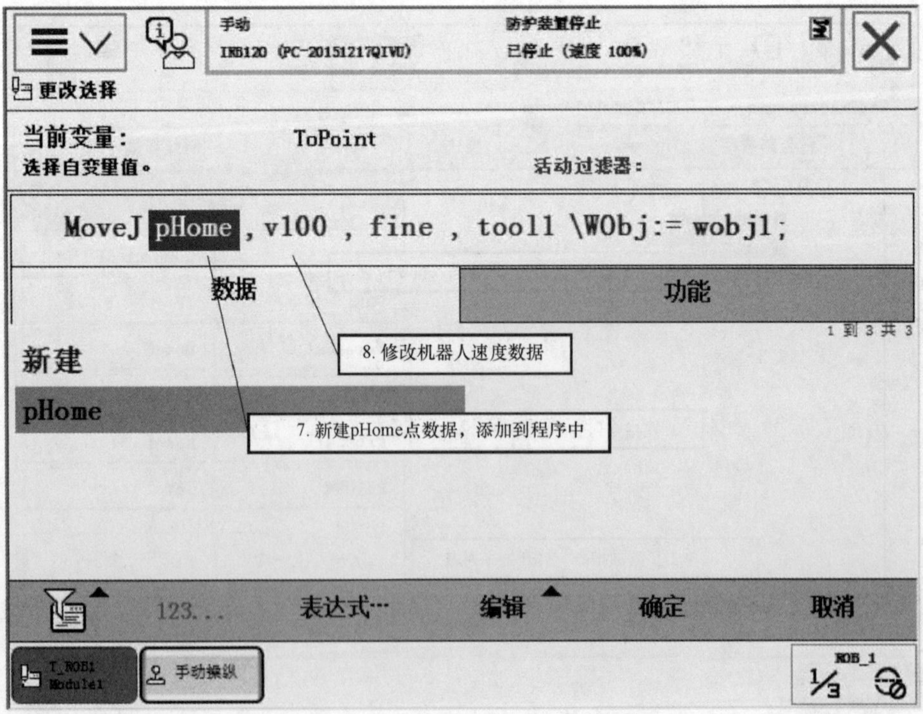

图 4-35　设置点位数据和速度数据

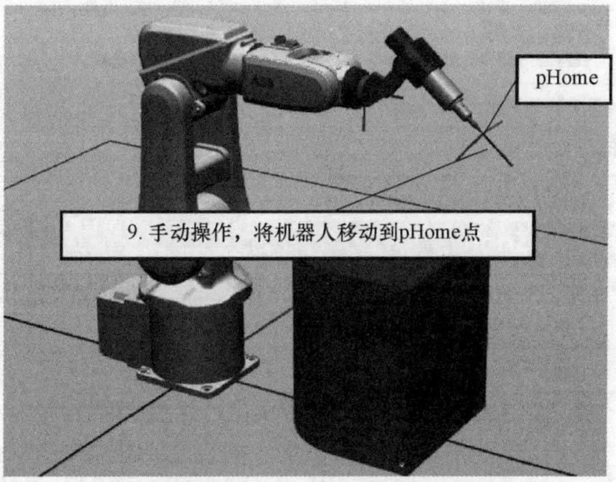

图 4-36 将机器人移动到 pHome 点

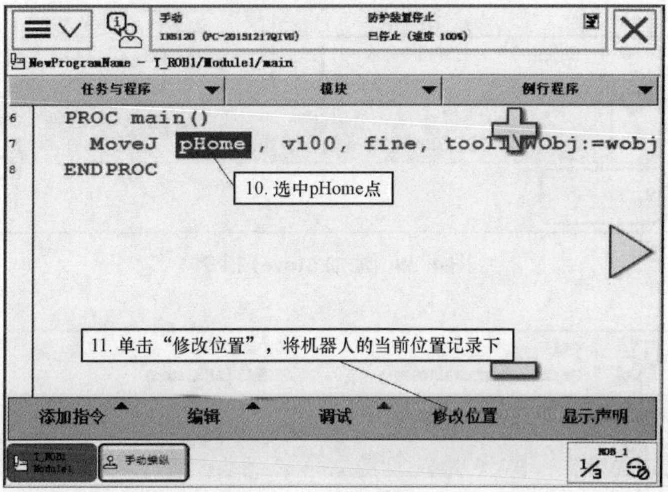

图 4-37 修改位置（一）

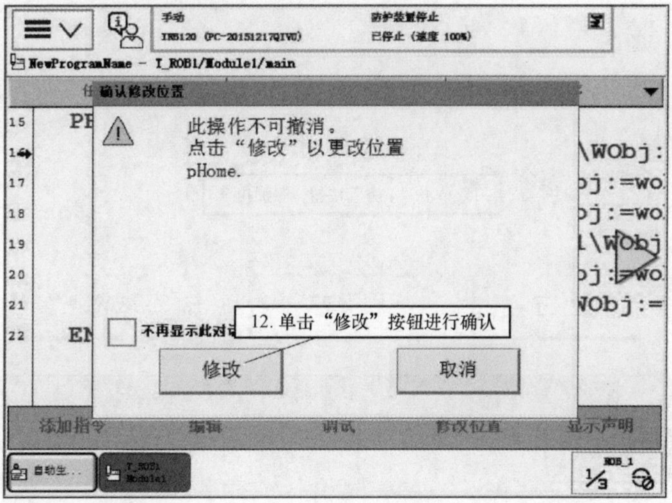

图 4-38 确认修改

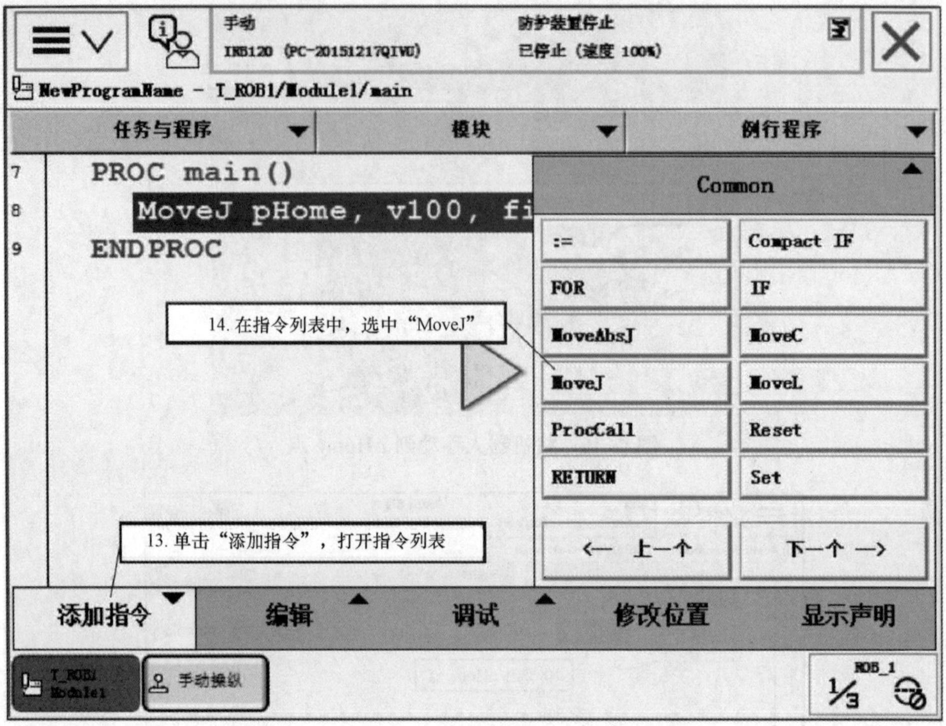

图 4-39　添加 MoveJ 指令

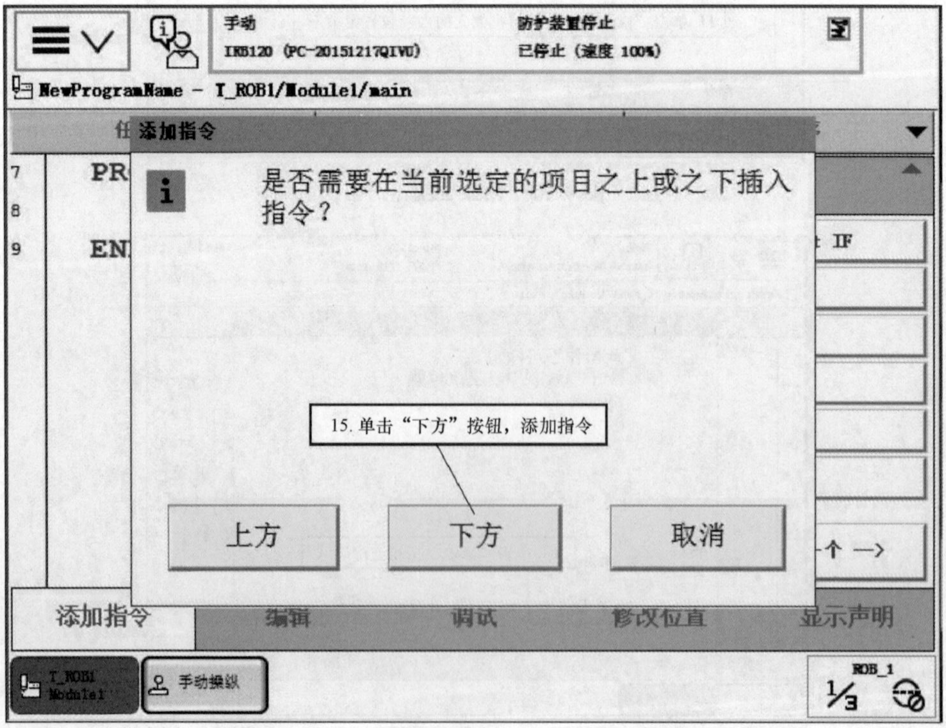

图 4-40　单击“下方”按钮，添加指令

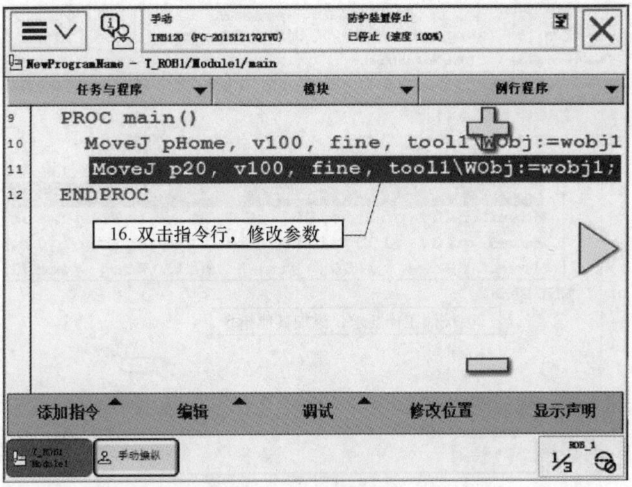

图 4-41　修改参数（二）

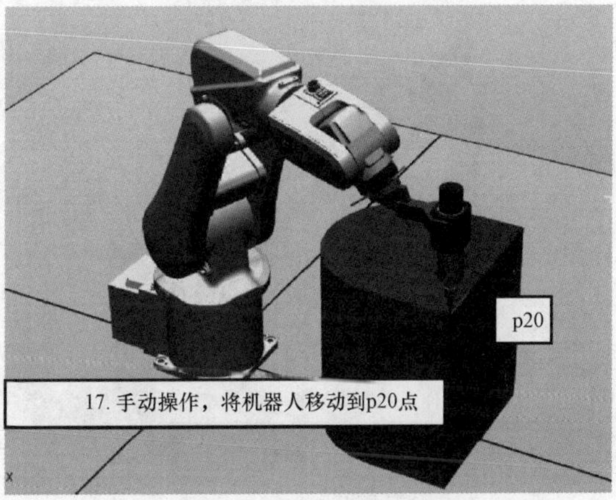

图 4-42　将机器人移动到 p20 点

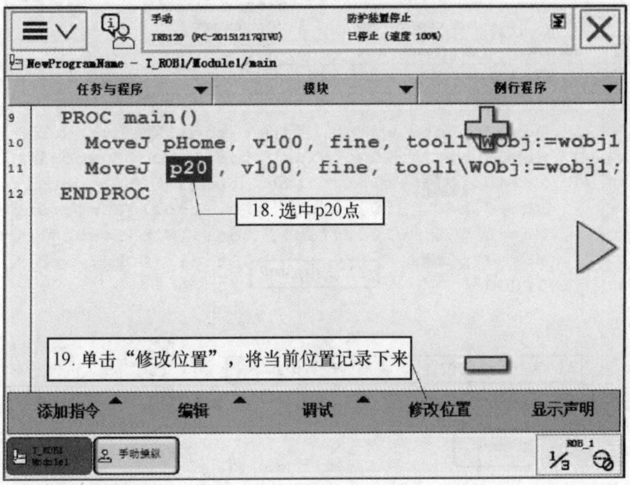

图 4-43　修改位置（二）

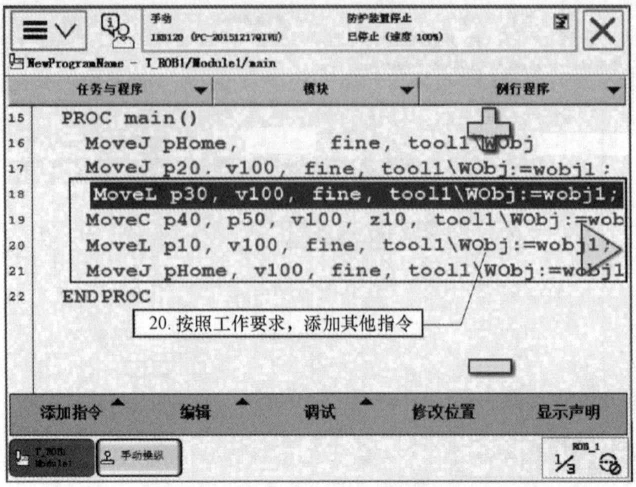

图 4-44　添加其他指令

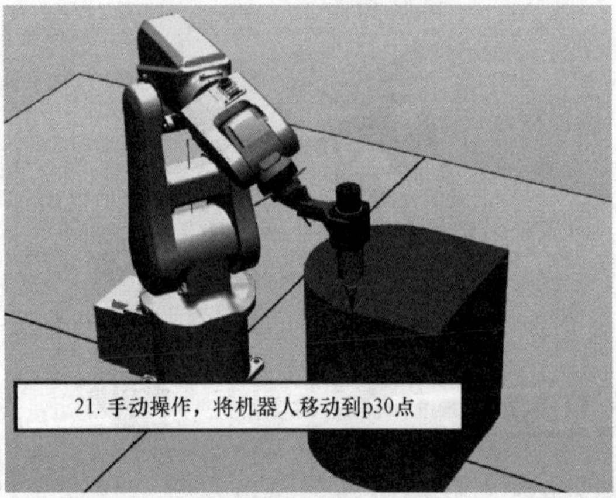

图 4-45　将机器人移动到 p30 点

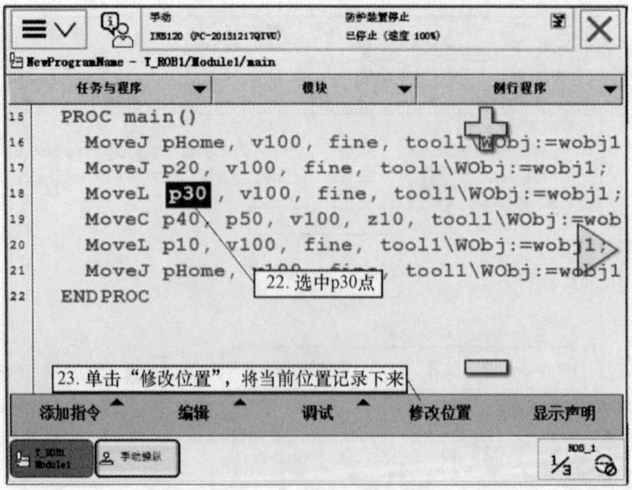

图 4-46　修改位置（三）

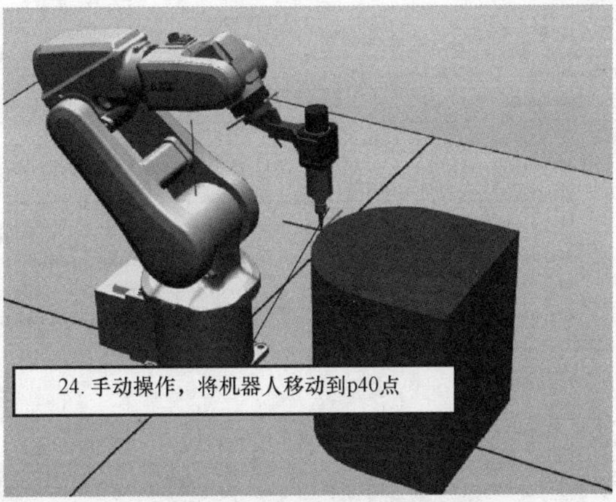

图 4-47　将机器人移动到 p40 点

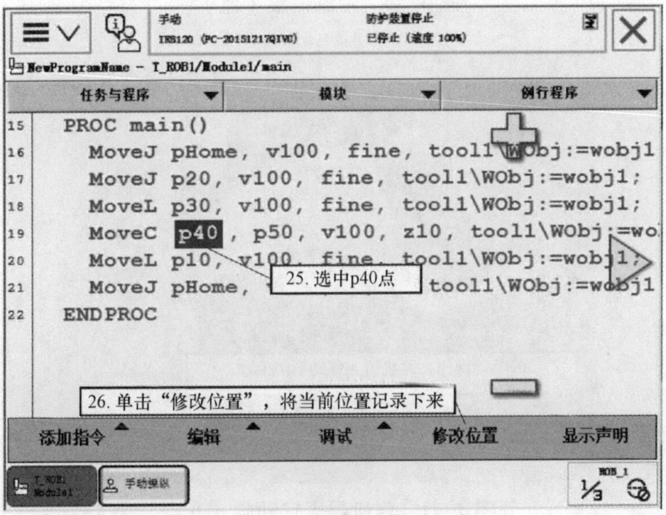

图 4-48　修改位置（四）

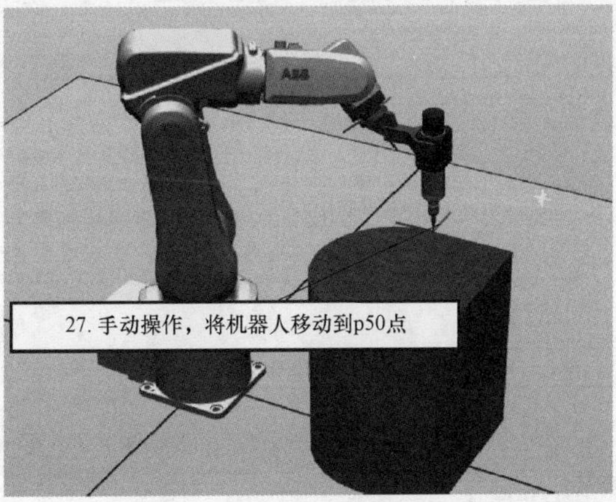

图 4-49　将机器人移动到 p50 点

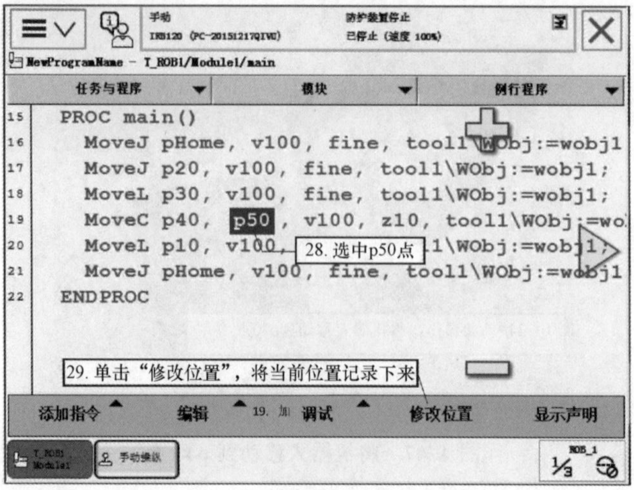

图 4-50 修改位置（五）

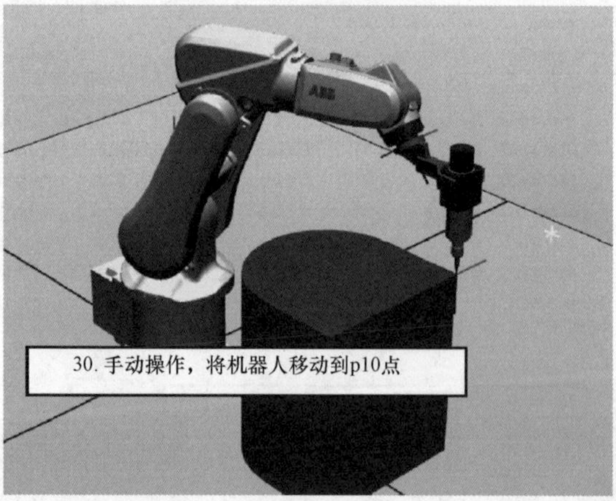

图 4-51 将机器人移动到 p10 点

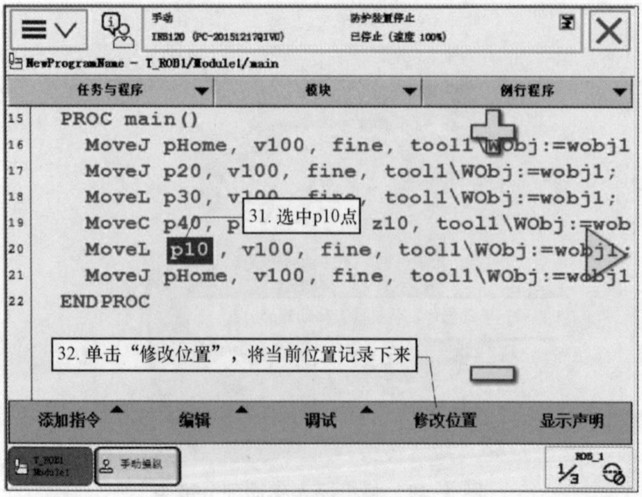

图 4-52 修改位置（六）

4.4.3 通过示教器对 RAPID 程序进行调试

在完成对程序的编辑以后，接下来的工作就是对这个程序进行调试，检查程序的位置点是否正确，检查程序的逻辑控制是否有不完善的地方。具体步骤如图 4-53～图 4-55 所示。

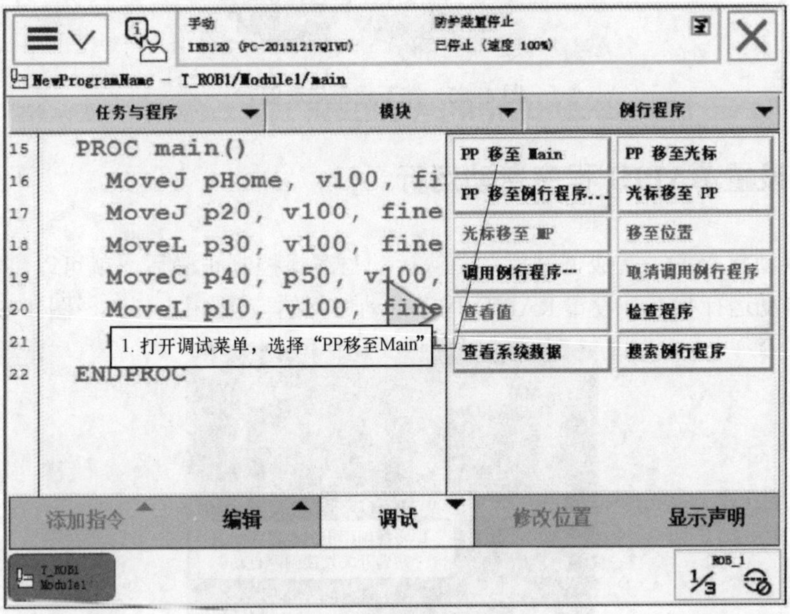

图 4-53 打开调试菜单

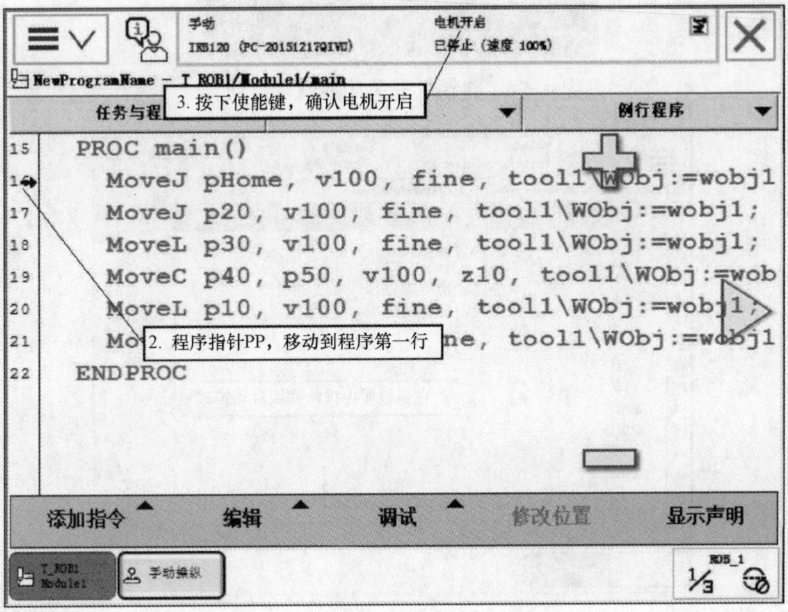

图 4-54 按下使能键，确认电机开启

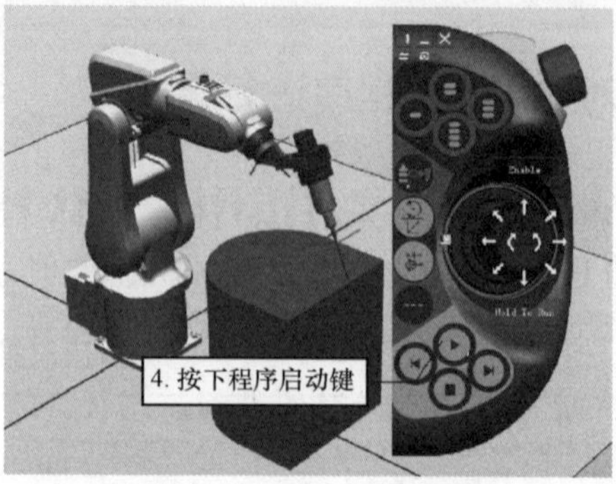

图 4-55　按下程序启动键

4.4.4　设置 RAPID 程序自动运行

在手动状态下，完成调试后，确认运动与逻辑控制正确后，就可以将机器人系统投入自动运行状态。设置 RAPID 程序自动运行的步骤如图 4-56～图 4-61 所示。

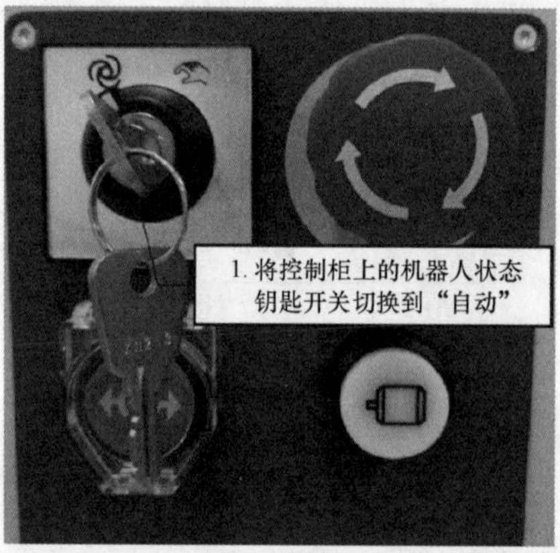

图 4-56　将钥匙开关切换到“自动”

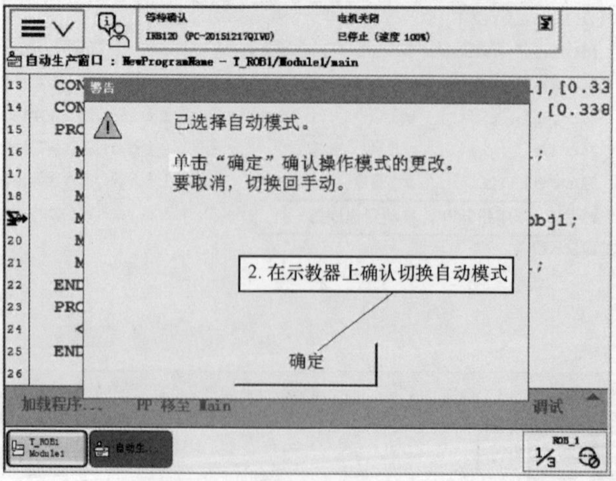

图 4-57　确认切换自动模式

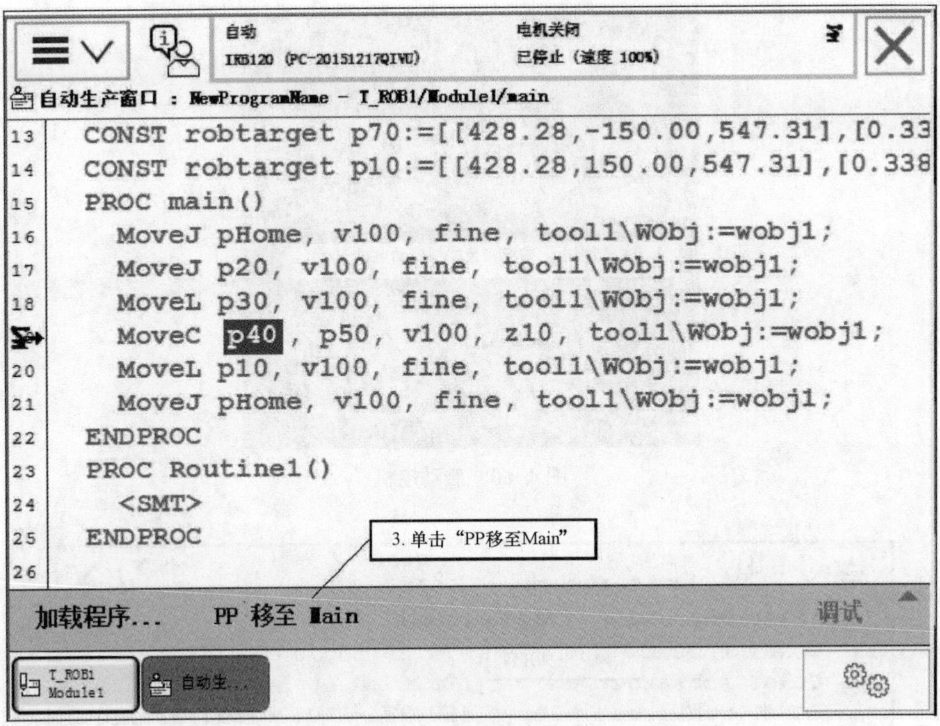

图 4-58　单击“PP 移至 Main”

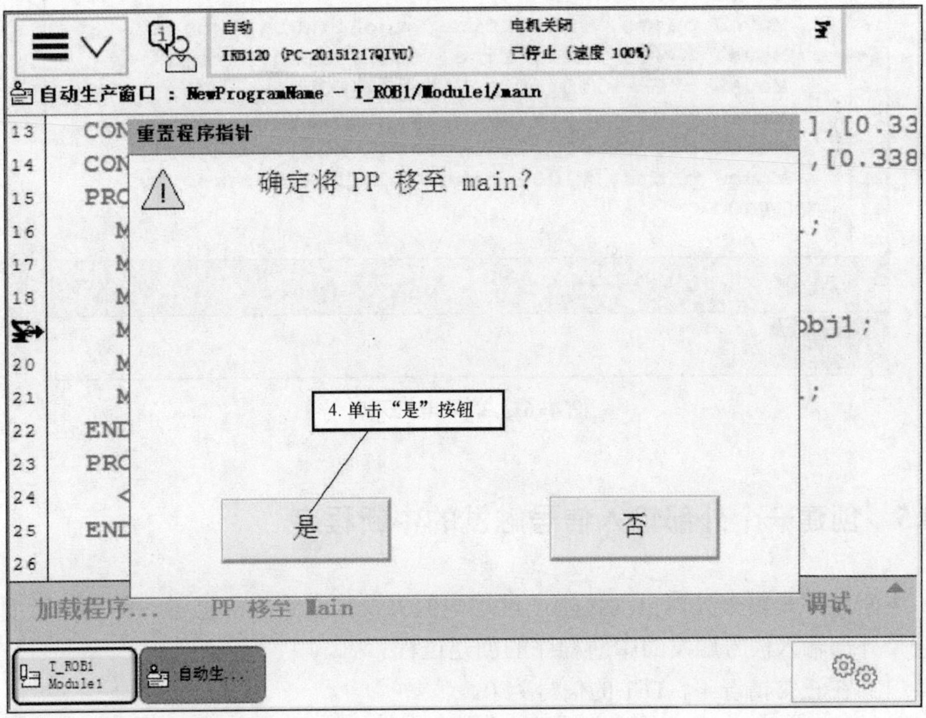

图 4-59　单击“是”按钮

图 4-60　启动电机

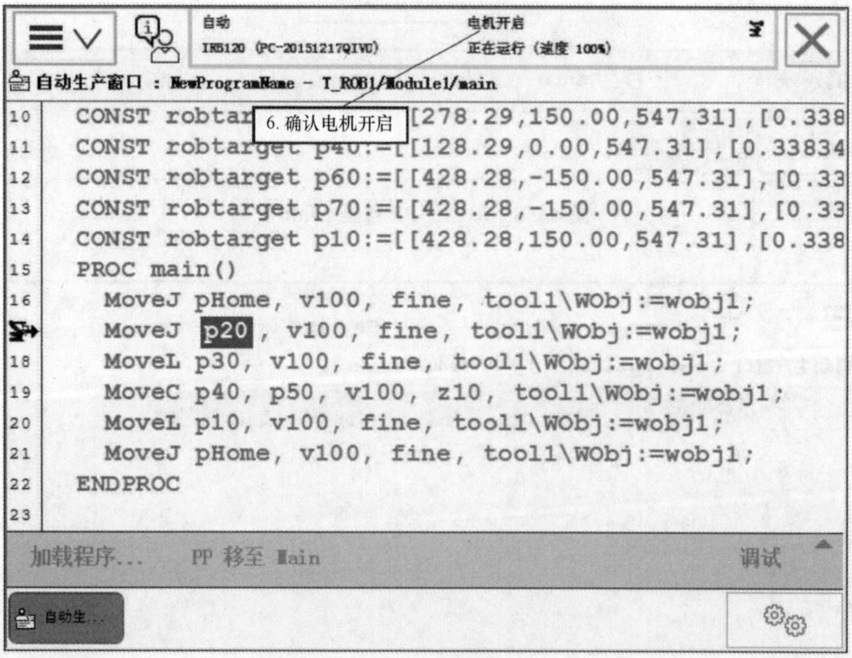

图 4-61　确认电机开启

4.4.5　创建一个外部输入信号触发的中断程序

中断程序是用来处理自动化生产过程中的突发异常状况的机器人程序，下面介绍一个外部输入信号触发的中断程序的创建过程。

（1）在正常情况下，Di1 的信号为 0。

（2）如果 Di1 的信号从 0 变为 1，就对 Do1 的信号置 1，并记录进入中断程序的次数，将之保存在变量 a 中。

具体步骤如图 4-62～图 4-82 所示。

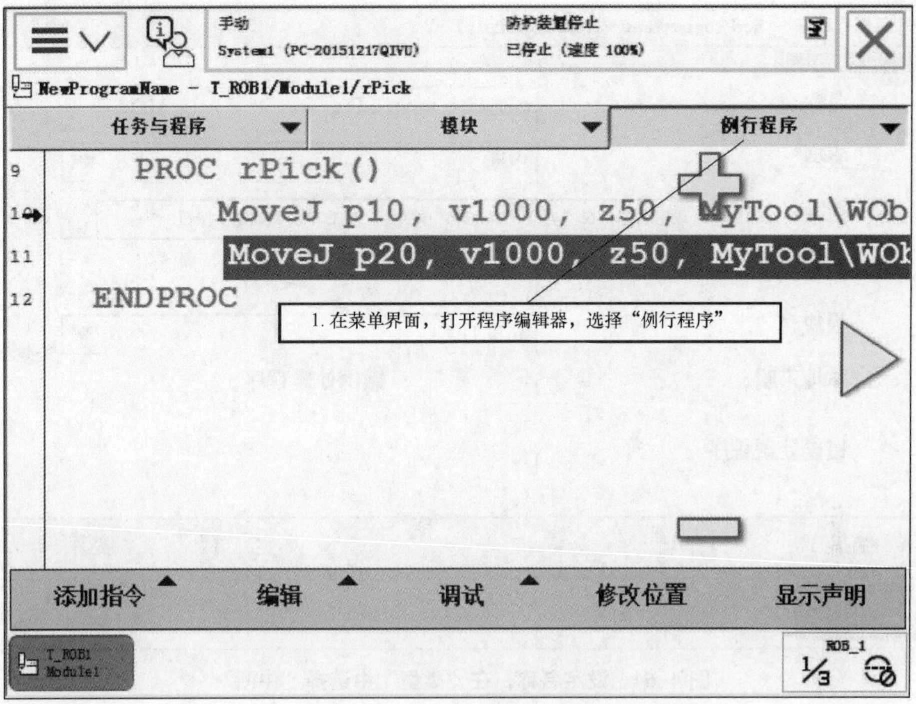

图 4-62　选择“例行程序”

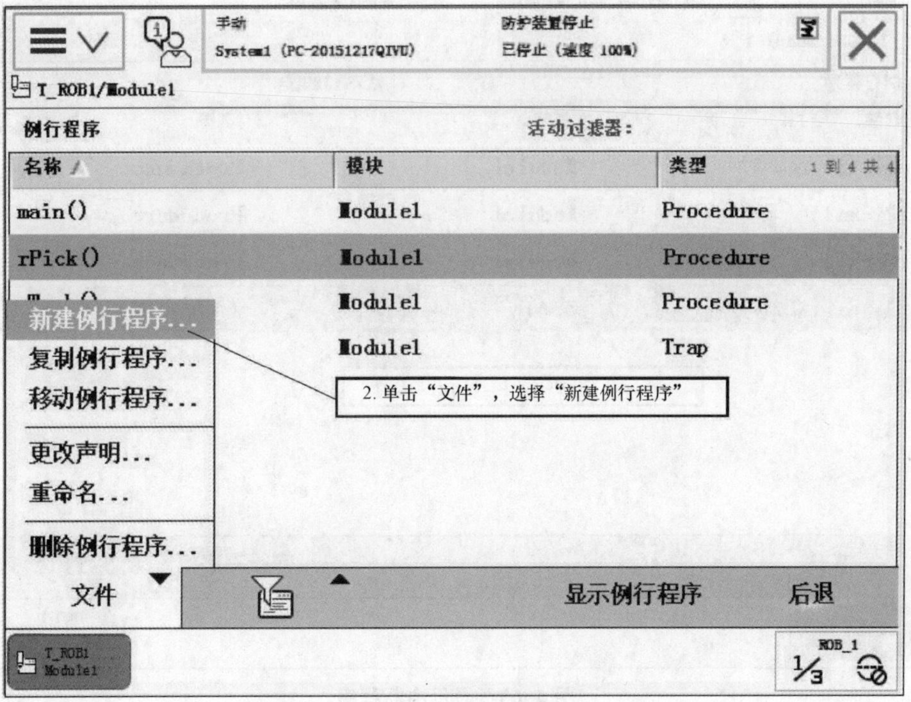

图 4-63　选择“新建例行程序”

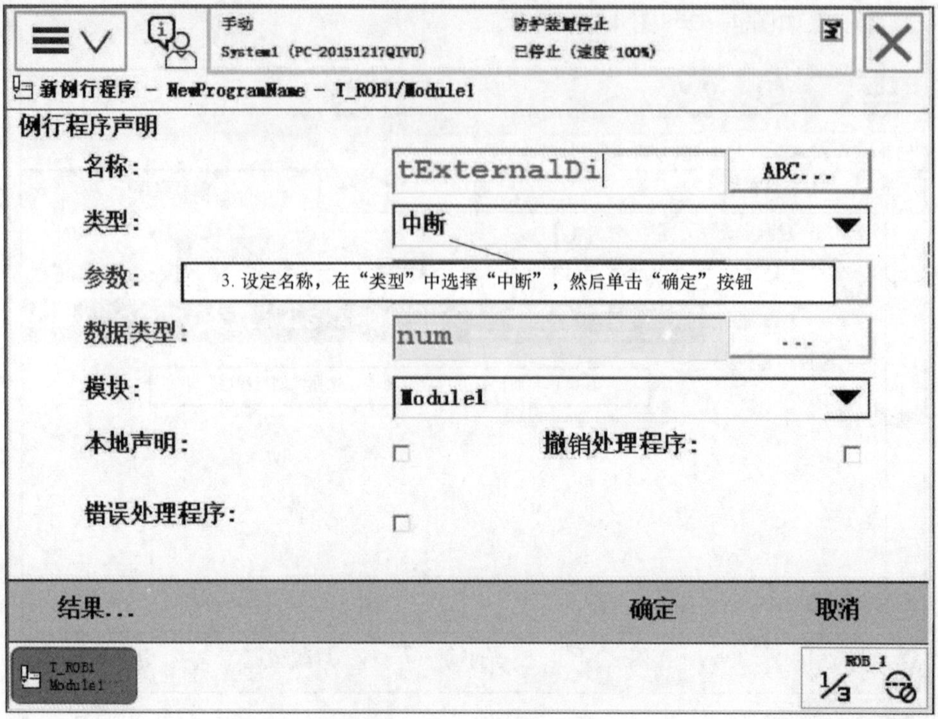

图 4-64　设定名称，在“类型”中选择“中断”

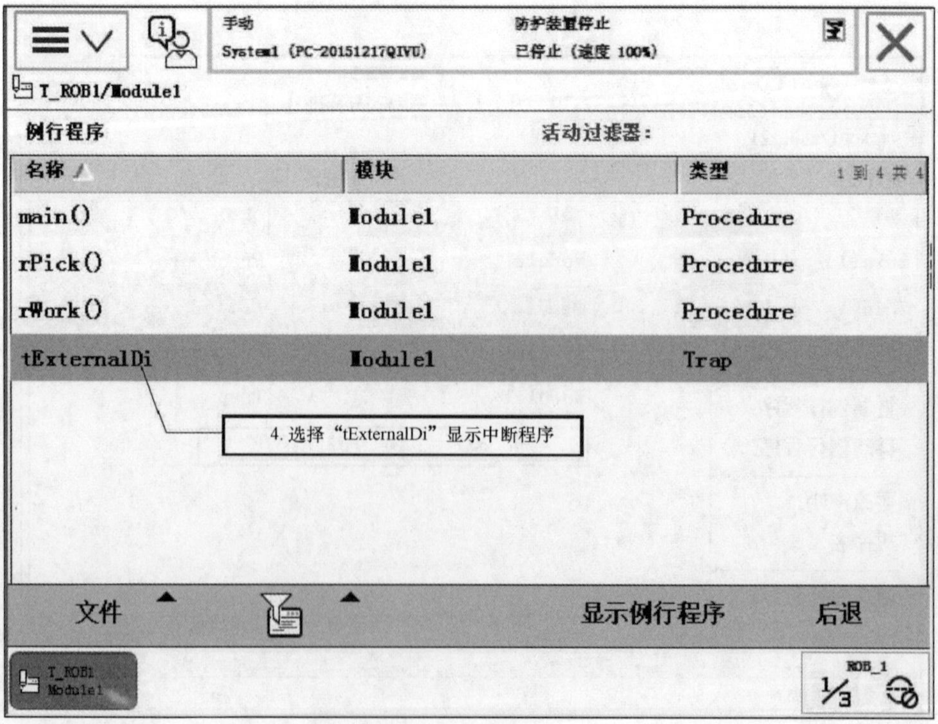

图 4-65　显示中断程序

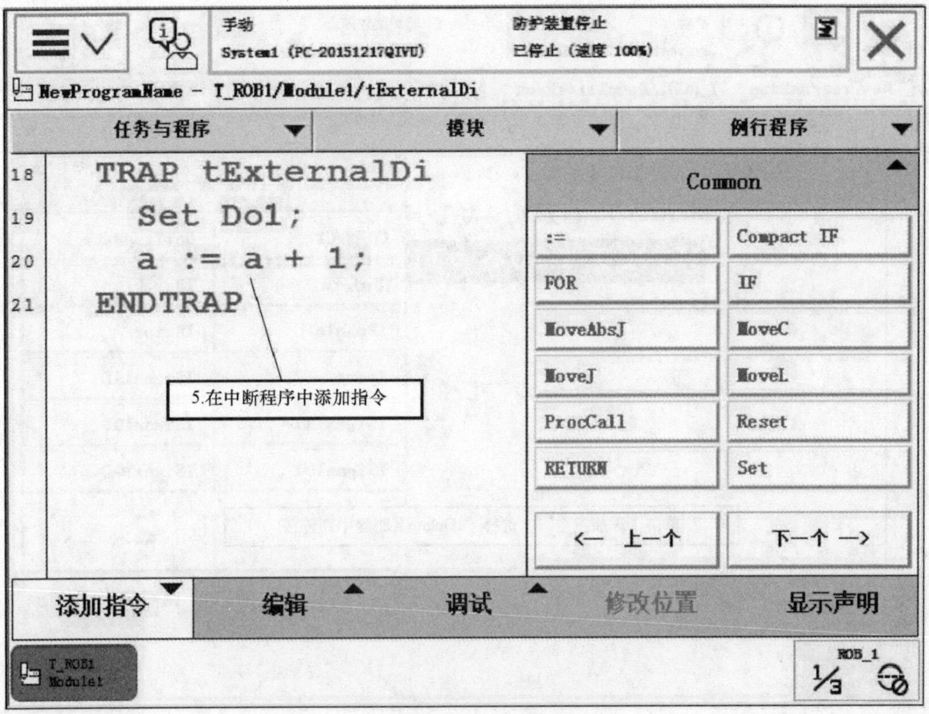

图 4-66 在中断程序中添加指令

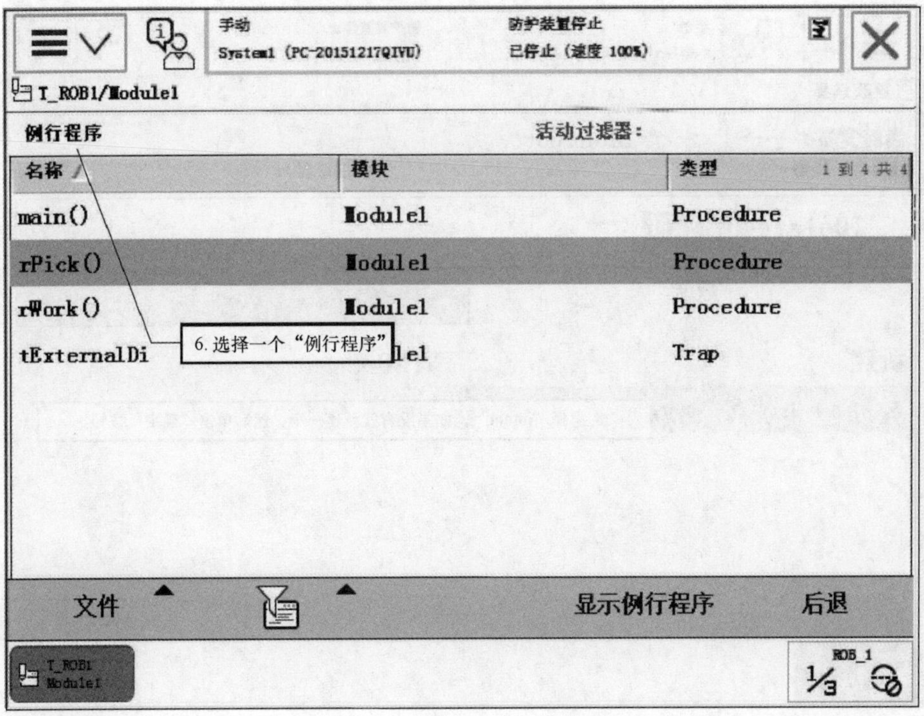

图 4-67 选择一个“例行程序”

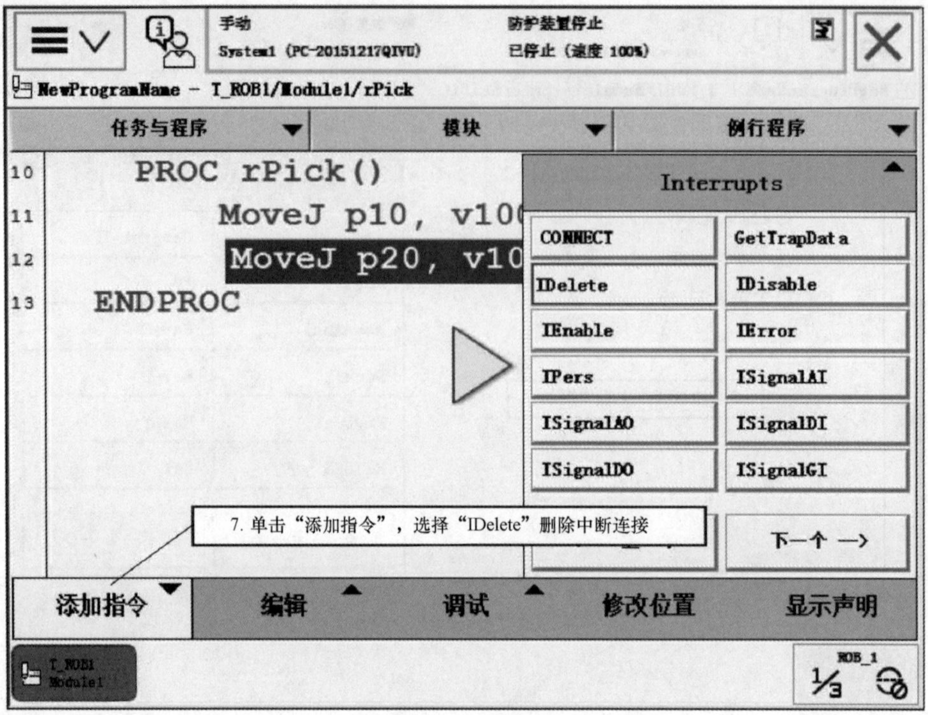

图 4-68 “添加指令”选择“IDelete”

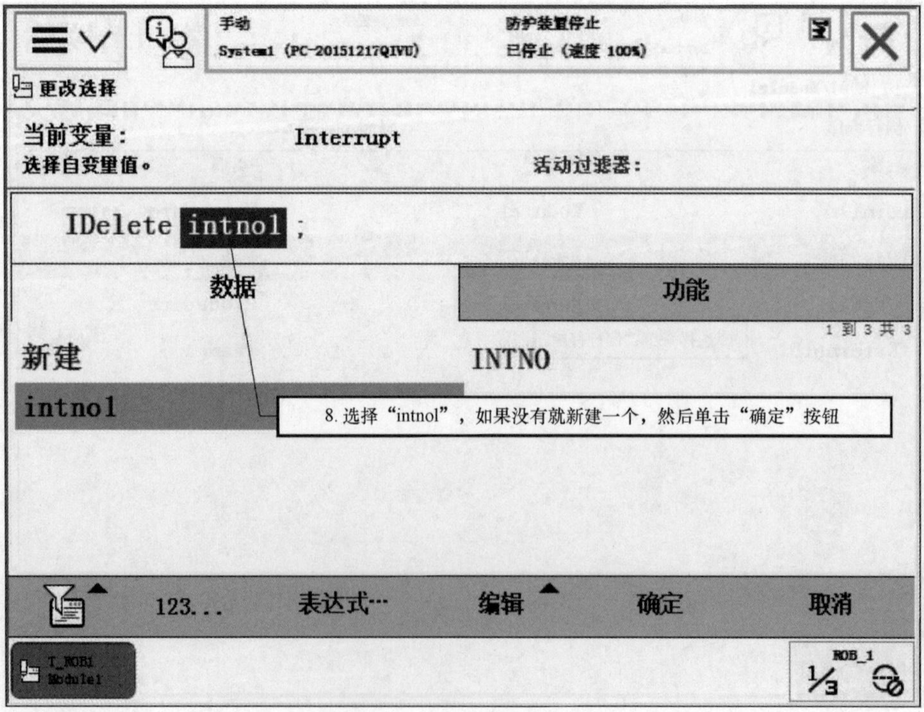

图 4-69 选择“intno1”

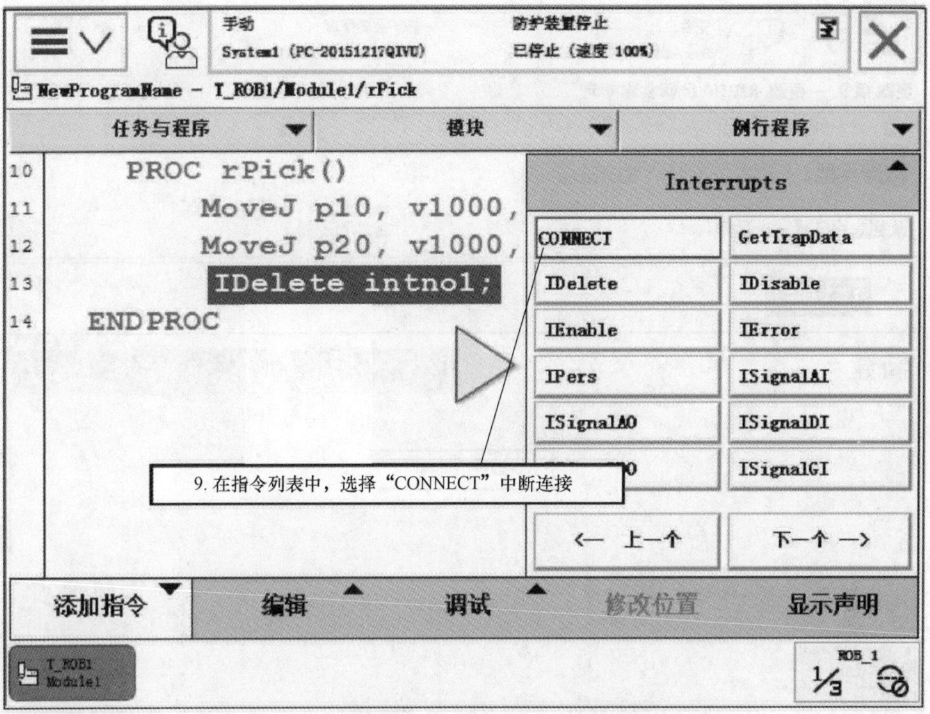

图 4-70　选择“CONNECT”中断连接

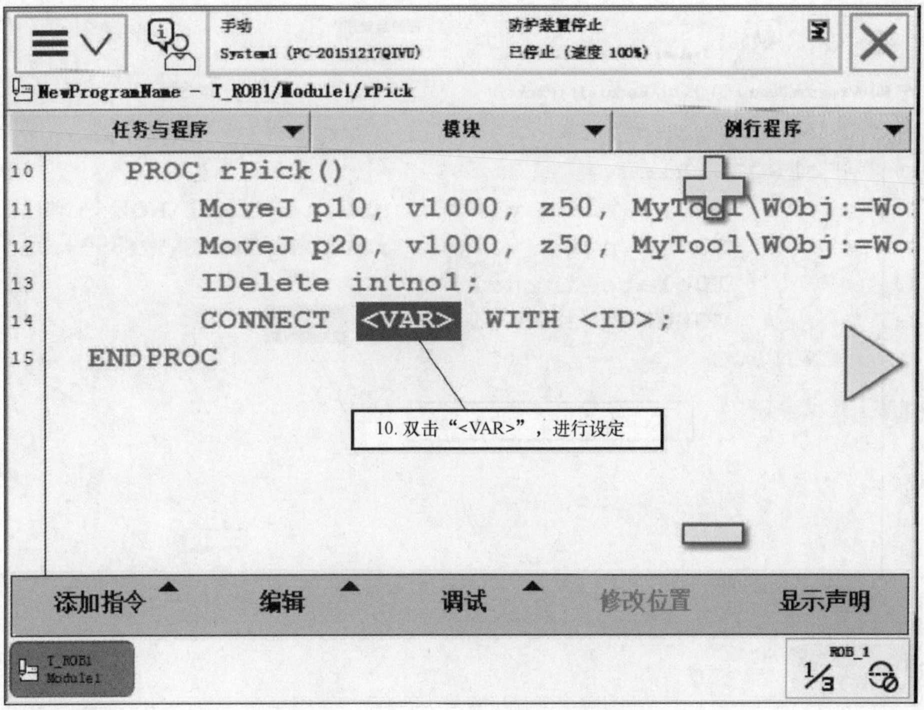

图 4-71　双击“<VAR>”，进行设定

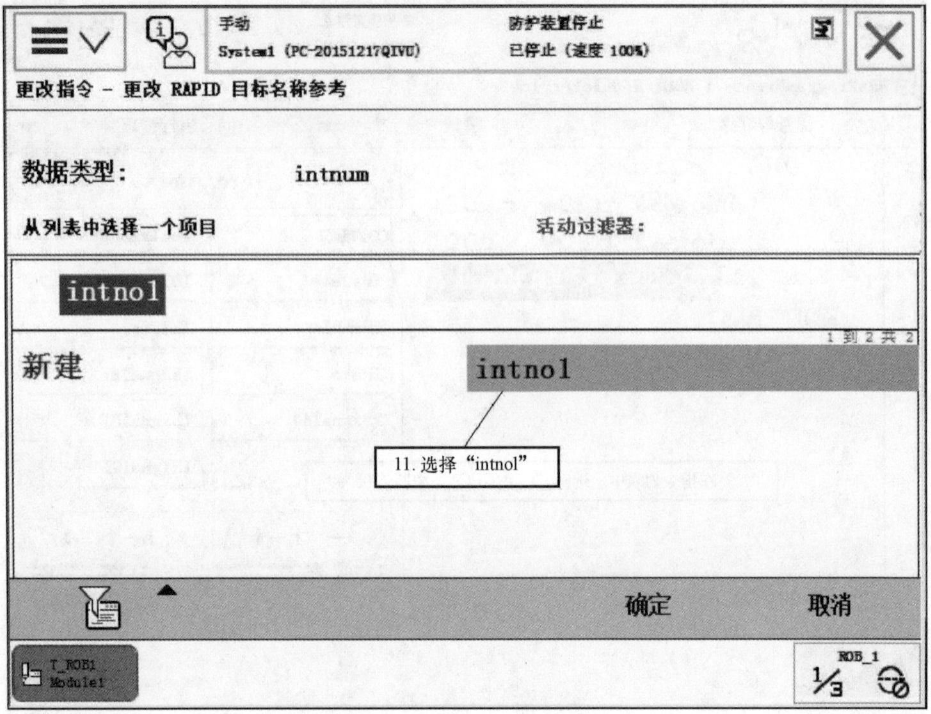

图 4-72　选择“intno1”

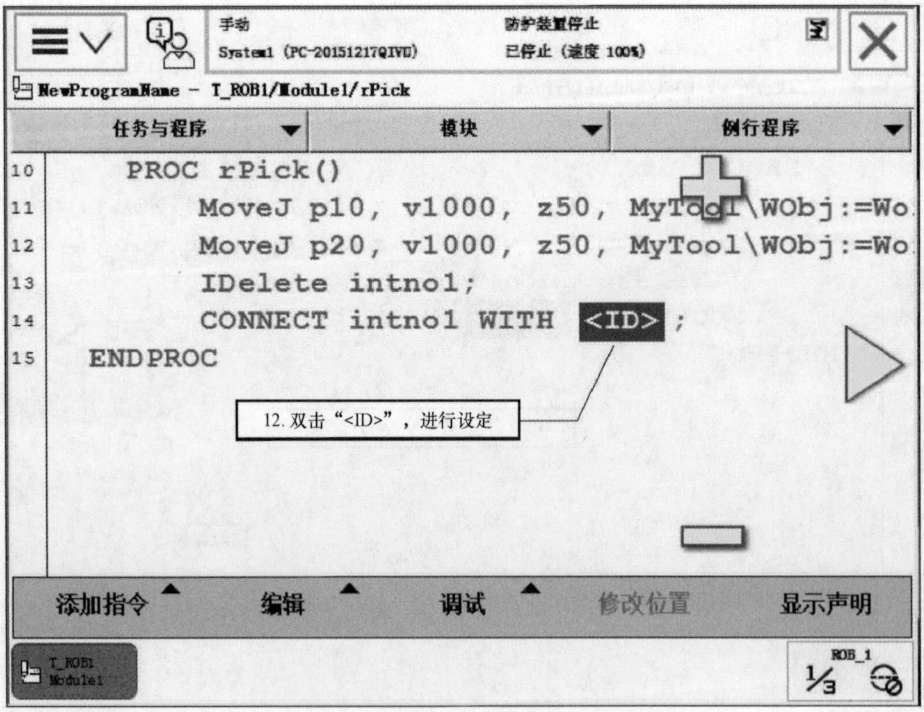

图 4-73　双击“<ID>”，进行设定

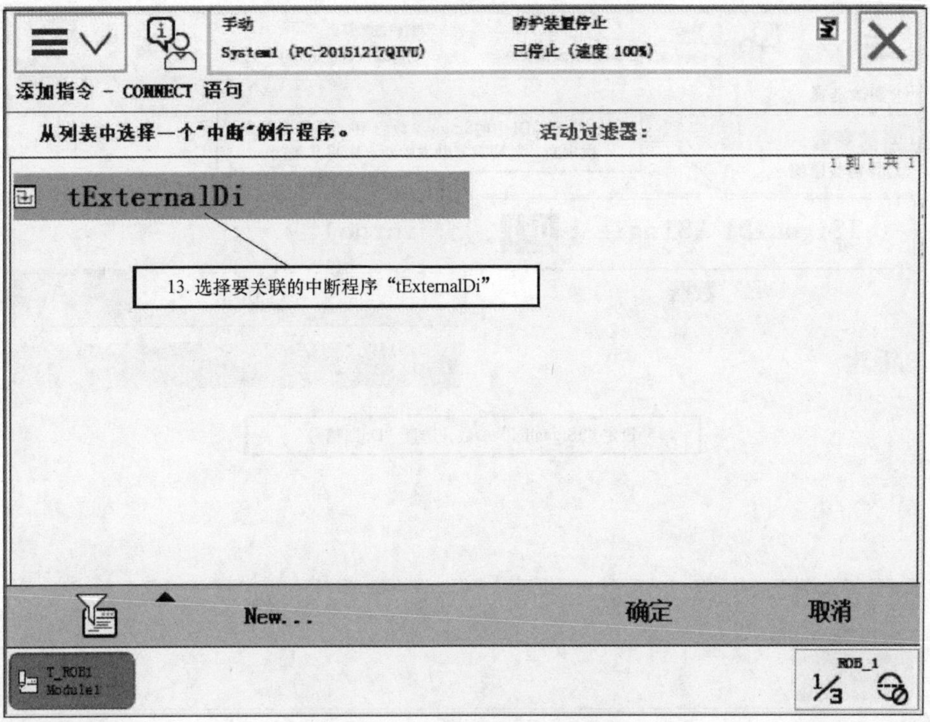

图 4-74 选择要关联的中断程序

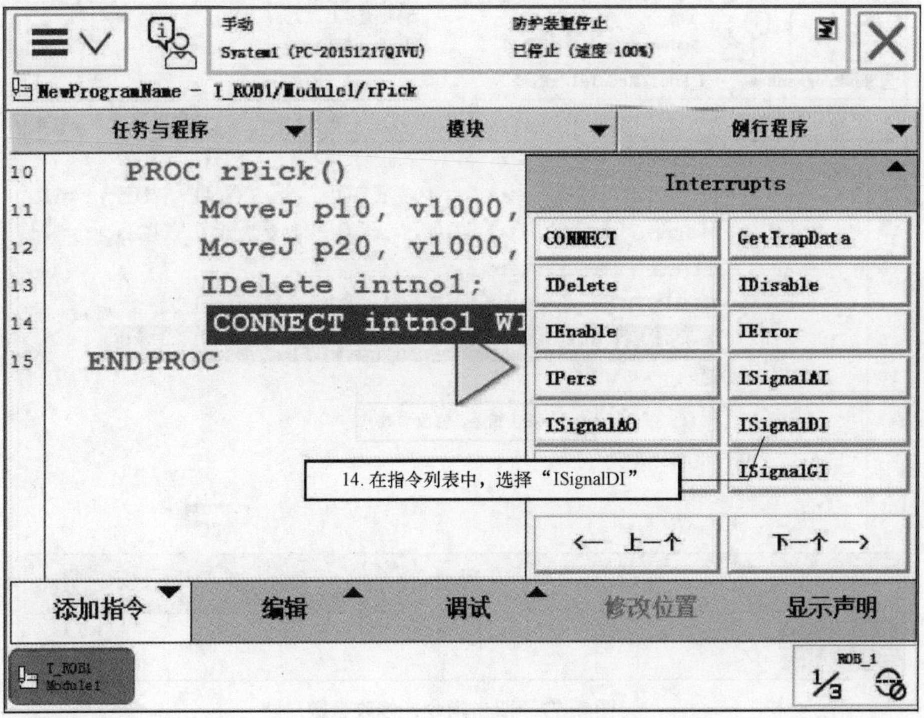

图 4-75 选择“ISignalDI”

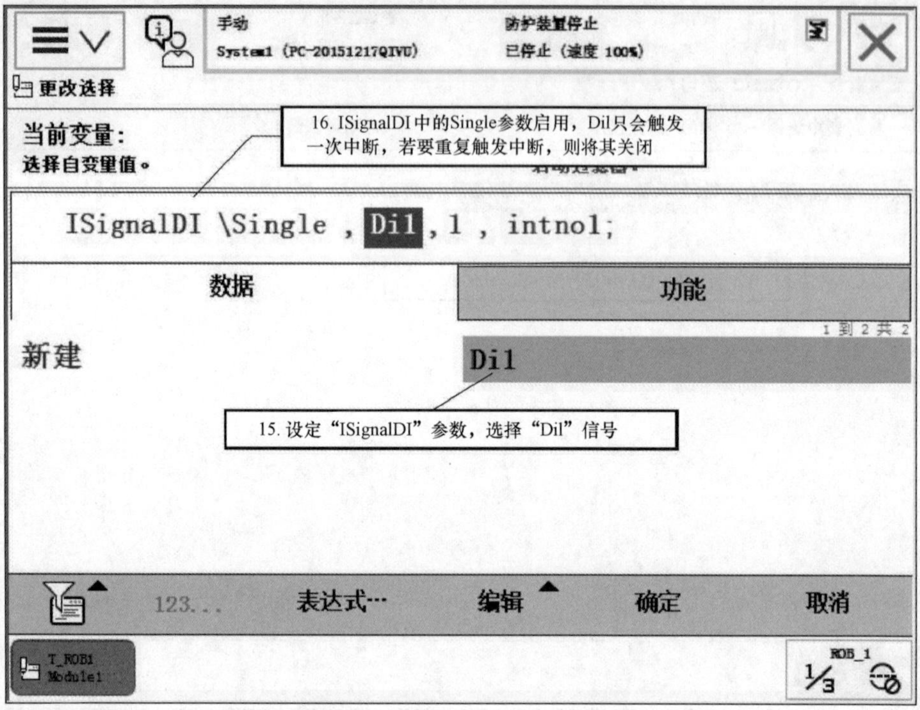

图 4-76 设定“ISignalDI”参数

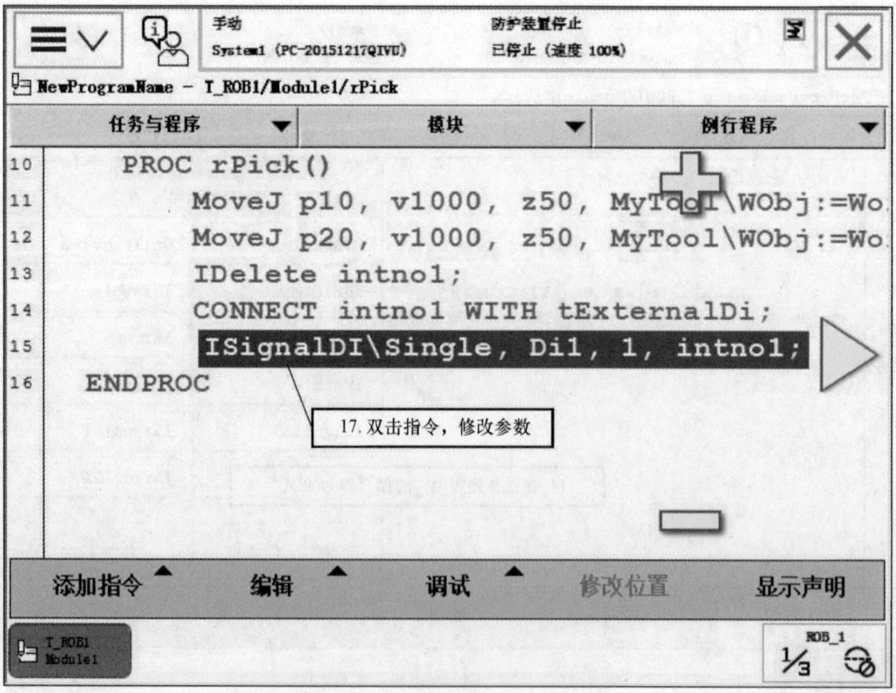

图 4-77 双击指令，修改参数

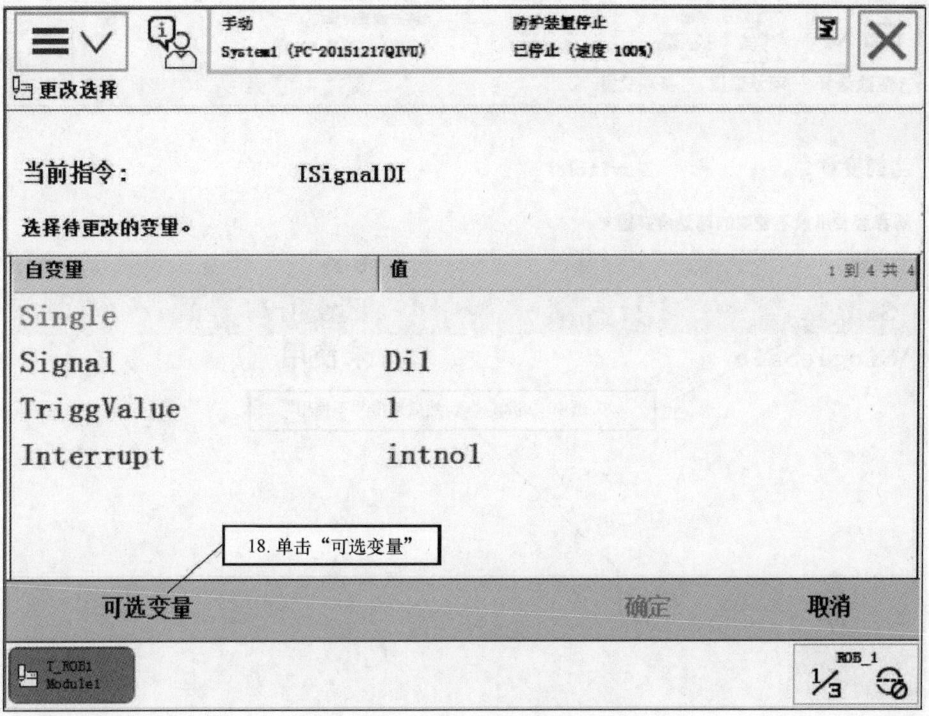

图 4-78 单击"可选变量"

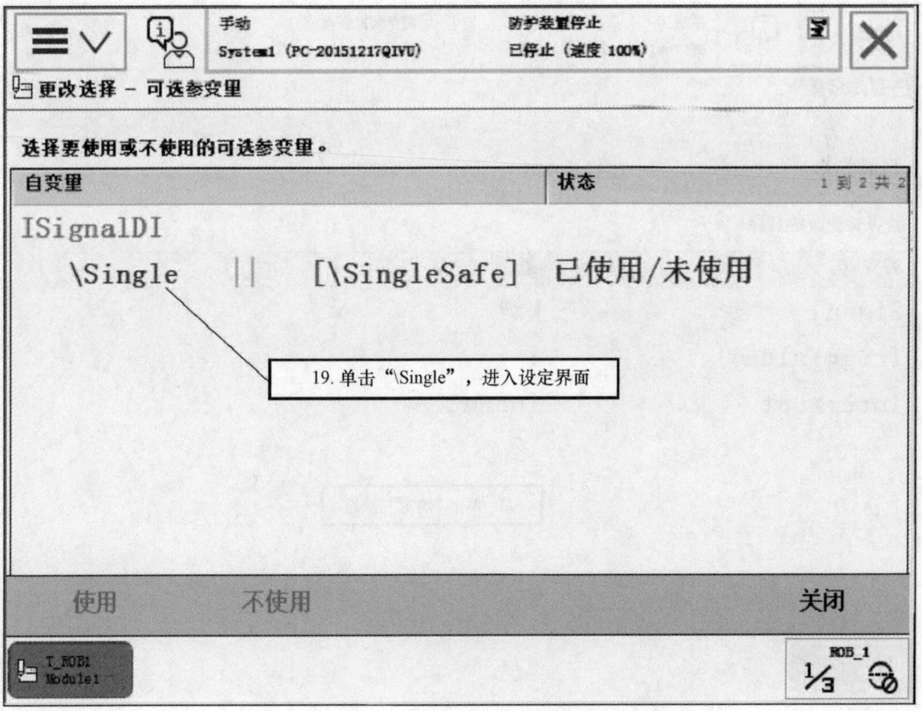

图 4-79 单击"\Single"，进入设定界面

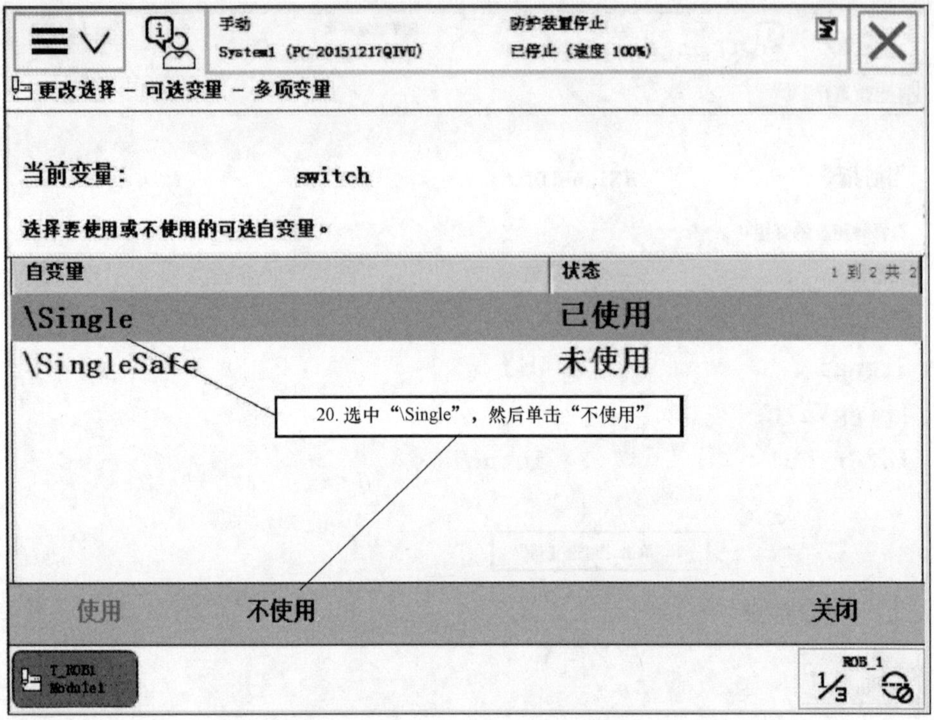

图 4-80　选中“\Single”，然后单击“不使用”

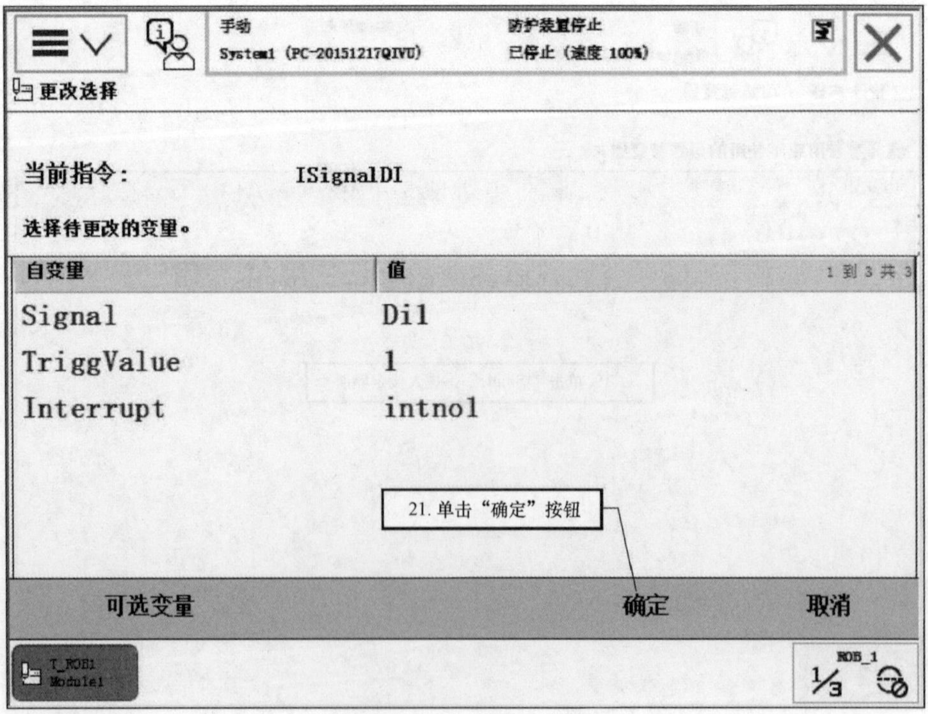

图 4-81　单击“确定”按钮

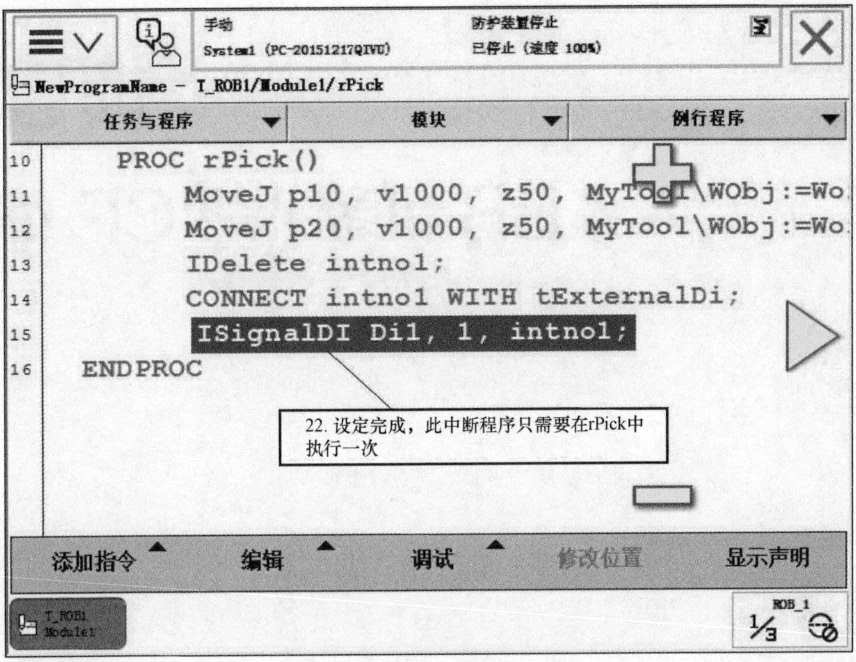

图 4-82 设定完成

4.5 考 核 评 价

任务 4.1 通过示教器新建程序模块与例行程序

要求：掌握通过示教器新建程序模块与例行程序的方法，能用专业语言正确流利地展示配置的基本步骤，思路清晰、有条理，能圆满地回答老师与同学提出的问题，并能提出一些新的建议。

任务 4.2 熟悉常用的指令，编写一个简单的 RAPID 程序并调试

要求：熟悉常用的指令，编写一个简单的 RAPID 程序并调试，能用专业语言正确流利地展示配置的基本步骤，思路清晰、有条理，能圆满地回答老师与同学提出的问题，并能提出一些新的建议。

4.6 扩 展 提 高

任务 4.3 编写一段工件安全回原点程序

要求：编写一段工件安全回原点程序，能用专业语言正确流利地展示配置的基本步骤，思路清晰、有条理，能圆满地回答老师与同学提出的问题，并能提出一些新的建议。

项目 5
ABB 机器人 TCP 练习

5.1 项目描述

工业机器人是面向工业领域的多关节机械手或多自由度的机器装置，它能自动执行工作，是靠自身动力和控制能力来实现各种功能的一种机器。它可以接受人类指挥，也可以按照预先编排的程序运行，现代工业机器人可以根据人工智能技术制定的多种指导原则和策略进行行动。

市面上没有专门用于工业机器人入门学习的产品，利用 TCP 练习模块可以使初学者轻松入门，学好机器人的基本操作。

5.2 教学目的

通过本项目的学习，让学生了解 ABB 机器人的工具坐标的设定，并掌握设定的方法及意义，掌握各条运动指令的用法及应用场合，熟练地掌握 ABB 机器人的手动操作方法，通过示教器正确地操作机器人，并对机器人进行示教。本项目内容为 ABB 机器人基础知识及手动操作，会出现大量的点位示教环节，学生可以按照本项目所讲的操作方法同步操作，为后续复杂程序的编写打下坚实的基础。

5.3 知识准备

机器人在空间中进行运动主要有 4 种方式，即关节运动（MoveJ）、线性运动（MoveL）、圆弧运动（MoveC）和绝对位置运动（MoveAbsJ）。这 4 种方式的运动指令分别介绍如下。

1. 关节运动指令

关节运动指令也可以称为空间点运动指令。该指令表示工业机器人工具中心点（TCP）将进行点到点的运动：各关节均以恒定轴速率运动，且所有关节均同时到达目的点。在运动过程中，各关节运动形成的轨迹在绝大多数情况下是非线性的。关节运动是在对路径精度要求不高的情况下，机器人的工具中心点（TCP）从一个位置移动到另一个位置，两个位置之间的路径不一定是直线，如图 5–1 所示。

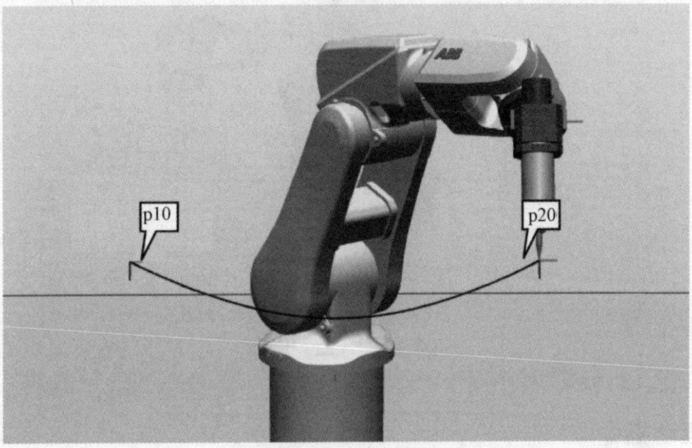

图 5–1　关节运动

例如：`MoveJ p20, v100, fine, tool1 \ WObj: = wobj1;`

指令解析见表 5–1。

表 5–1　指令解析

参数	说明
MoveJ	关节运动指令
p20	目标点位置数据
v100	运动数据
fine	转弯区数据
tool1	工具坐标数据
WObj：=wobj1	工件坐标数据

2. 线性运动指令

线性运动指令用于将工业机器人末端点沿直线移动至目标位置，当指令目标位置不变时也可用于调整工具姿态。该指令在运动过程中遵循以下规则。

① 以恒定编程速率，沿直线移动 TCP。

② 以相等的间隔，沿路径调整工具方位。

如果不可能达到关于调整姿态编程速率，则将降低 TCP 的速率。一般在对路径要求高的场合经常使用此指令。但要注意空间直线距离不宜太远，否则容易到达工业机器人的轴限位或奇异点，如图 5–2 所示。线性运动指令适用于对路径精度要求高的场合，如切割、涂胶等。

例如：`MoveL p20, v100, fine, tool1 \ WObj: = wobj1;`

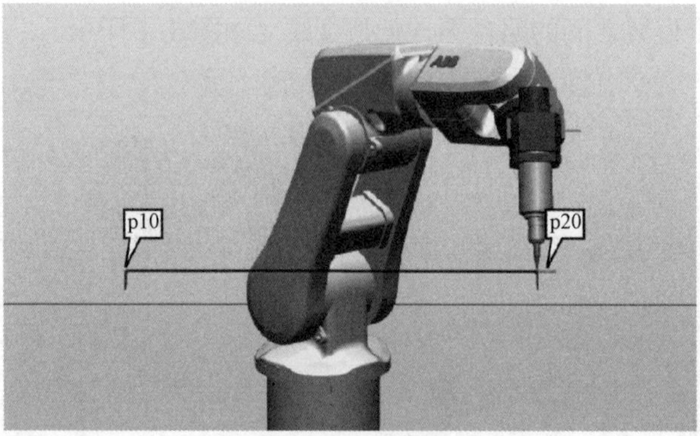

图 5–2　线性运动

3. 圆弧运动指令

圆弧运动指令用于将 TCP 沿圆周移动至指定目标位置。工业机器人从起始点，通过过渡点，以圆弧移动方式运动至目标点，起始点、过渡点与目标点 3 点决定一段圆弧，第 1 个位置点是圆弧的起点，第 2 个位置点确定圆弧的曲率，第 3 个位置点是圆弧的终点，如图 5–3 所示。

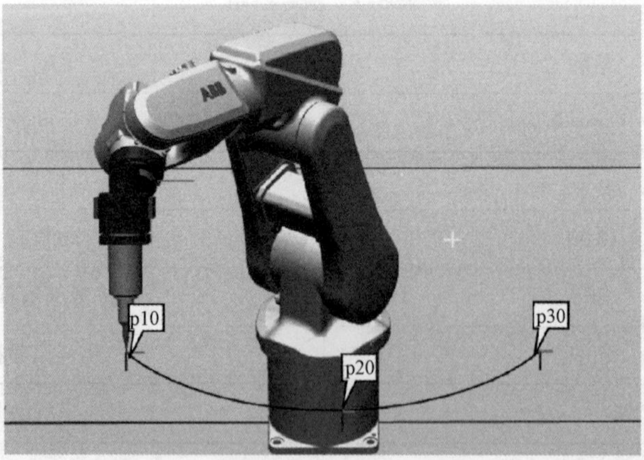

图 5–3　圆弧运动

例如：`MoveC p20, p30, v100, z50, tool1 \ WObj: = wobj1;`

4. 绝对位置运动指令

绝对位置运动指令用于将工业机器人各关节移动至指定的绝对位置（角度）。其运动模式与 MoveJ 指令类似。但本质上 MoveJ 指令描述的是空间点到空间点的运动，而 MoveAbsJ 指令描述的是各关节角度到角度的运动，因此，其位置不随工具坐标系和工件坐标系而变化。基于 MoveAbsJ 指令的动作特性，常用于工业机器人回到特定（如机械零点）的位置或经过运动学奇异点的位置。

5. 速度设定指令

速度设定指令 VelSet 用于设定最大的速度和倍率。该指令仅可用于主任务 T_ROB1，或者如果在 MultiMove 系统中，则可用于运动任务中。

例如：

```
MODULE Module1
PROC Routinel( )
VelSet 50，400;
MoveL p10，v1000，  z50, tool0;
MoveL p20，v1000，z50，tool0;
MoveL p30, v1000，z50, tool0;
ENDPROC
ENDMODULE
```

5.4 任务实现

5.4.1 TCP 练习工具坐标的建立

工具坐标是机器人运动的基准。机器人的工具坐标系是由工具中心点与坐标方位组成的，机器人在运动时，工具坐标系是必需的。

1. 工具坐标的设定

首先为 TCP 练习笔建立一个工具数据（如 tool1），如图 5-4 所示。

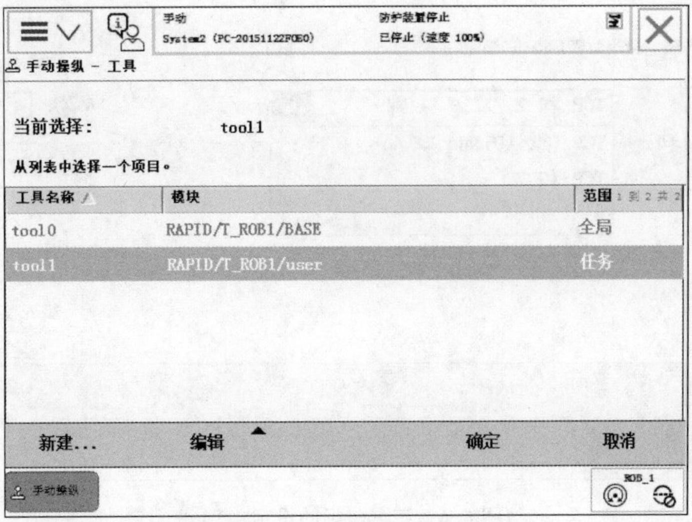

图 5-4　工具坐标的设定（1）

选择“tool1”，单击“编辑”，选择“定义”，如图 5–5 所示。

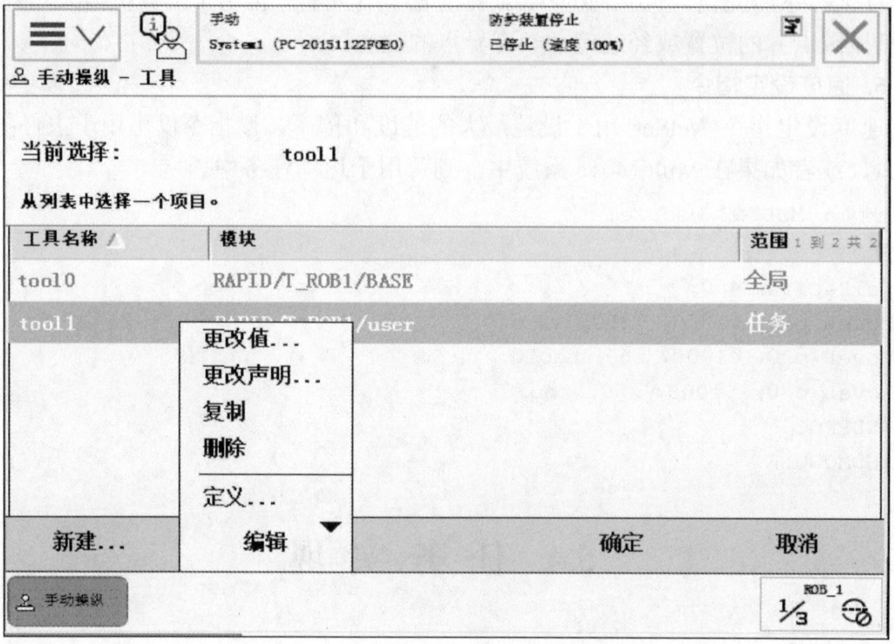

图 5–5　工具坐标的设定（2）

单击“方法”，选择“TCP 和 Z，X”，单击“确定”按钮，如图 5–6 所示。

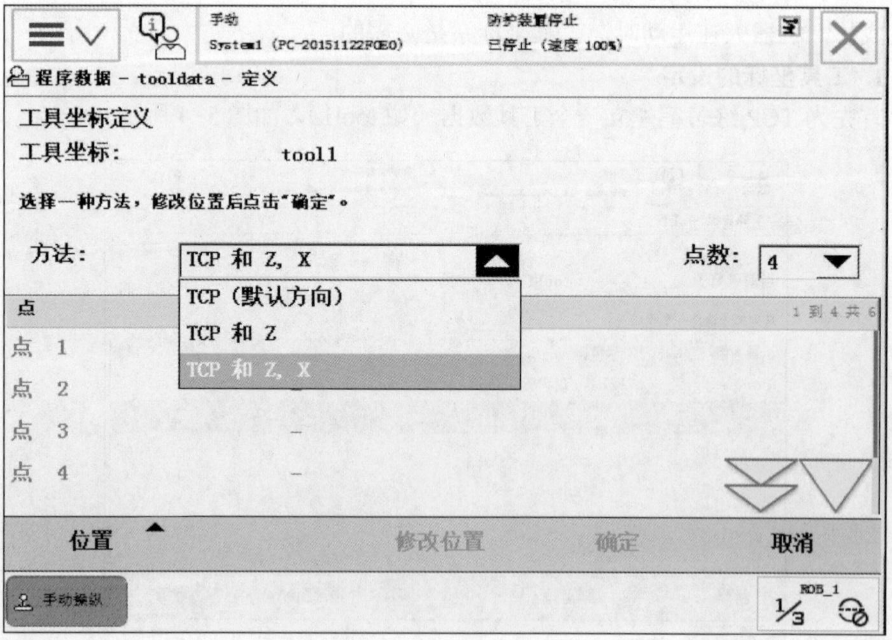

图 5–6　工具坐标的设定（3）

使用示教器以 4 种不同姿态移动机器人，让参考点 A 和参考点 B 接触（切记要单击修改位置，保存每个点的位置数据）。第 1 个位置如图 5-7 所示；第 2 个位置如图 5-8 所示；第 3 个位置如图 5-9 所示；第 4 个位置如图 5-10 所示；延伸器点 X（工具坐标的 X 轴正方向）如图 5-11 所示；延伸器点 Z（工具坐标的 Z 轴正方向）如图 5-12 所示。

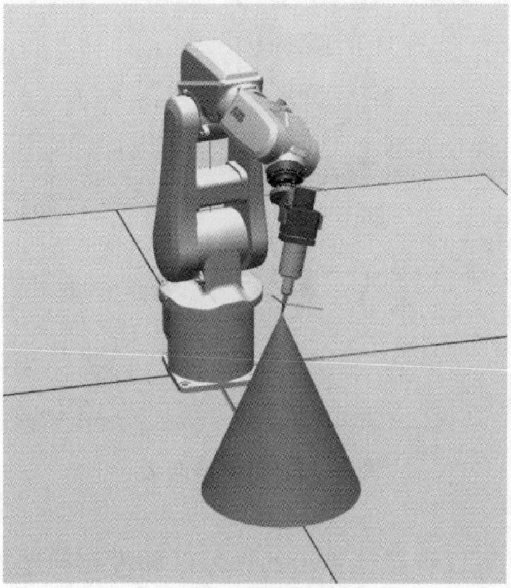

图 5-7　第 1 个位置

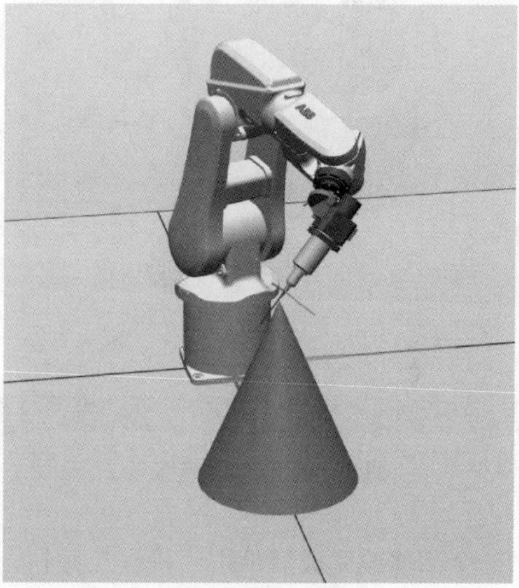

图 5-8　第 2 个位置

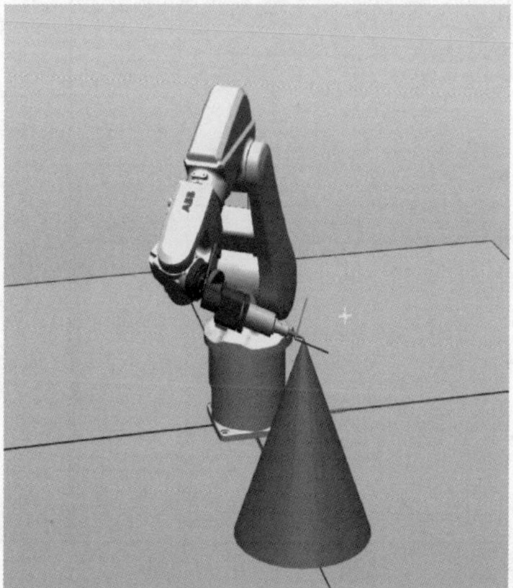

图 5-9　第 3 个位置

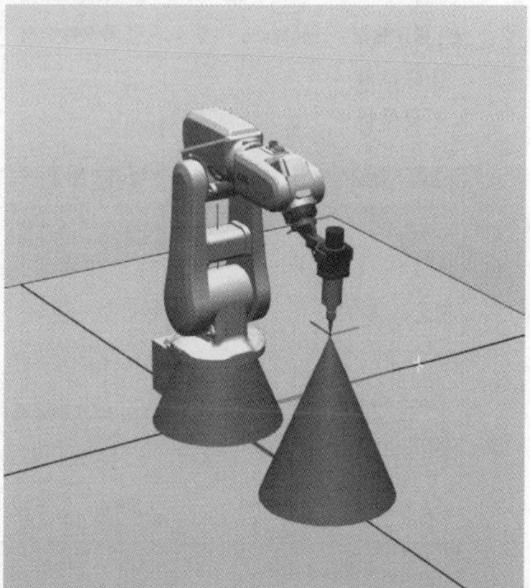

图 5-10　第 4 个位置

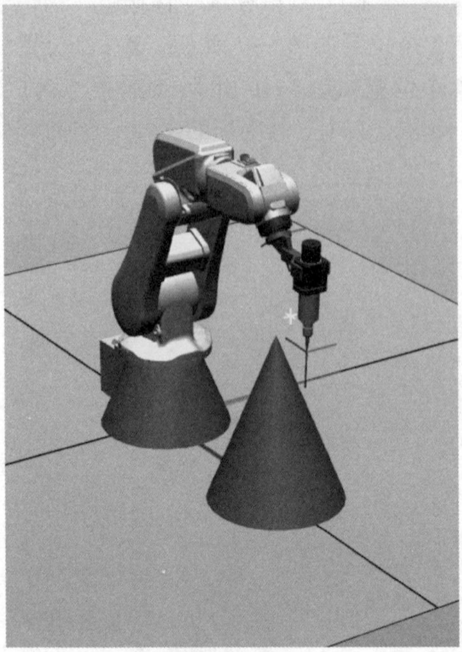

图 5-11　延伸器点 X

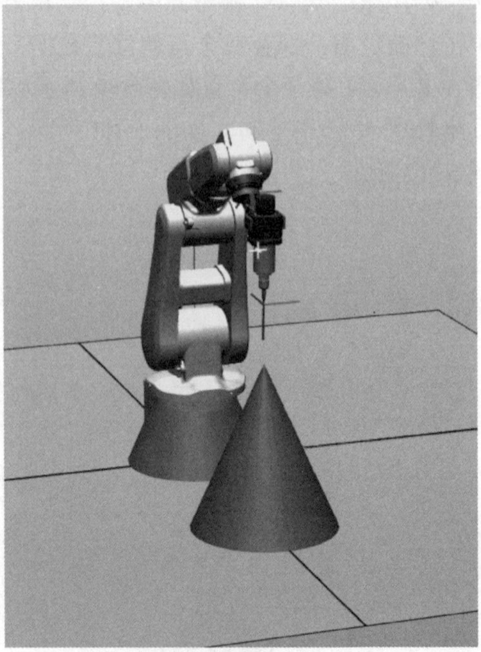

图 5-12　延伸器点 Z

全部修改完成后单击“确认”按钮，就可以查看计算出的误差（如没有问题单击“确认”按钮，反之单击“取消”按钮重新示教点位），如图 5-13 所示。

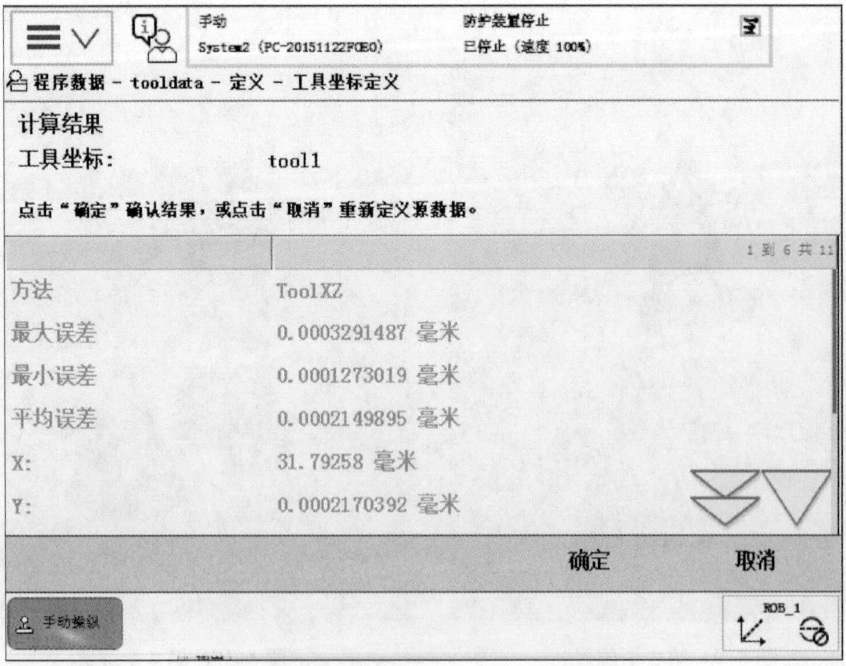

图 5-13　工具坐标的设定（4）

2. 修改工具质量 mass

单击“编辑”中的“更改值”，如图 5-14 所示。

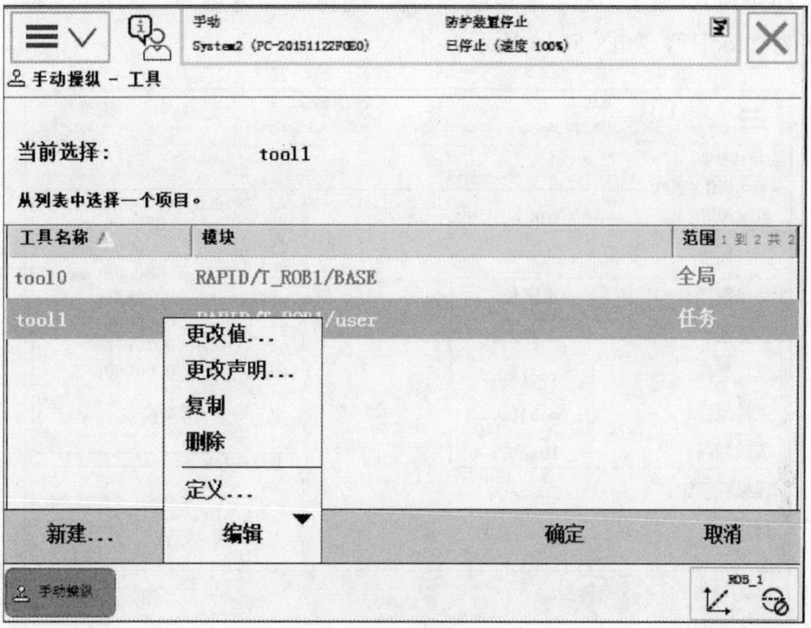

图 5-14 修改工具质量 mass（1）

单击“mass”，填入实际工具质量（约 1 kg），另外，根据实际情况将工具的重心位置填入“cog”（10，-5，50），如图 5-15 所示。

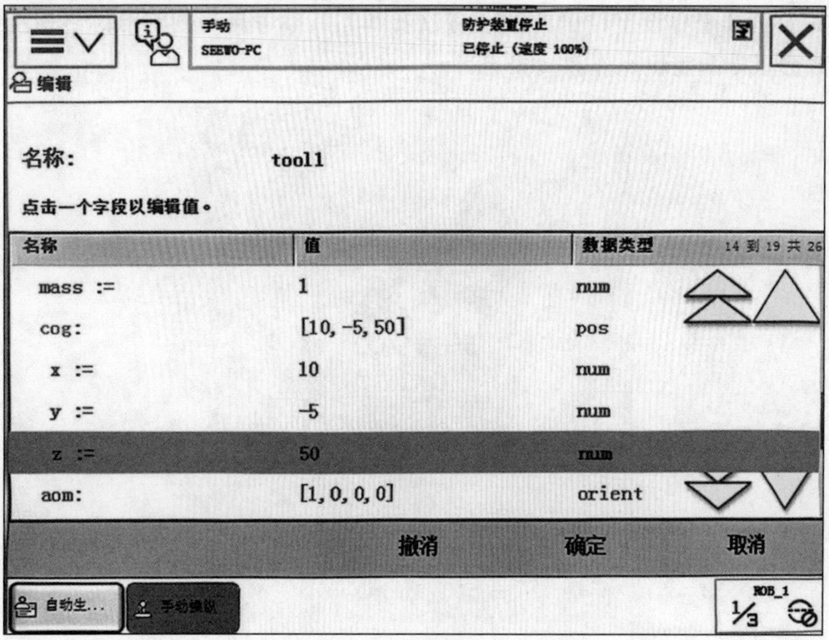

图 5-15 修改工具质量 mass（2）

至此，TCP 练习笔的工具坐标创建完成。

3. 工具坐标的检验

将“动作模式”选定为“重定位”，将“坐标系”选定为“工具”，将“工具坐标”选定为“tool1”，如图 5-16 所示。

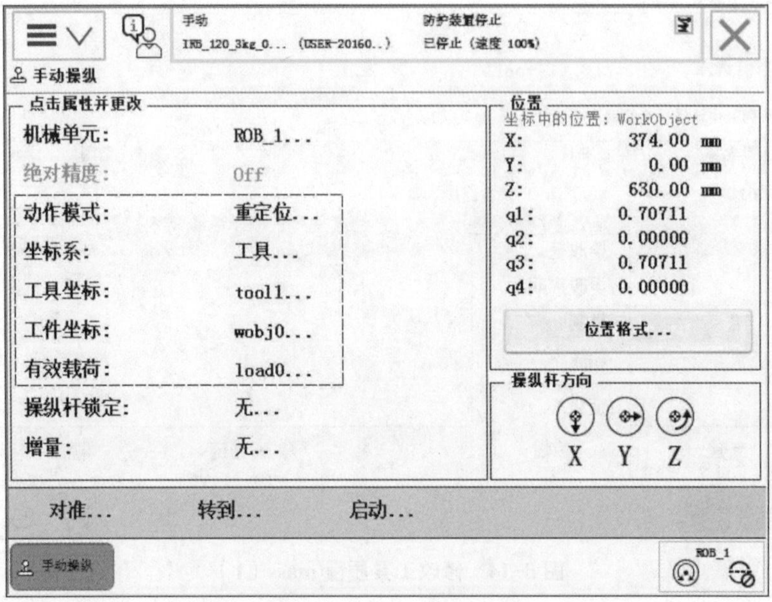

图 5-16 工具坐标的检验

手动操作机器人进行重定位运动（见图 5-17），检验新创建的工具坐标 tool1 的精度。如果工具坐标设定精确的话，可以看到工具参考点与固定点始终保持接触，而机器人会根据重定位操作改变姿态。

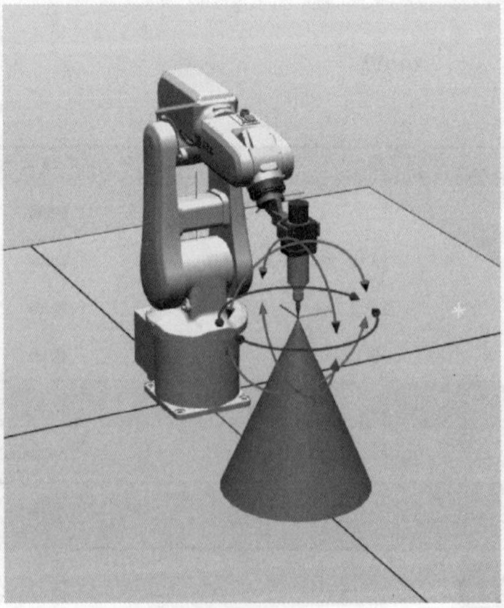

图 5-17 重定位运动

5.4.2 练习点位示教

在本任务中，一共需要示教 9 个点，位置如图 5-18 所示。

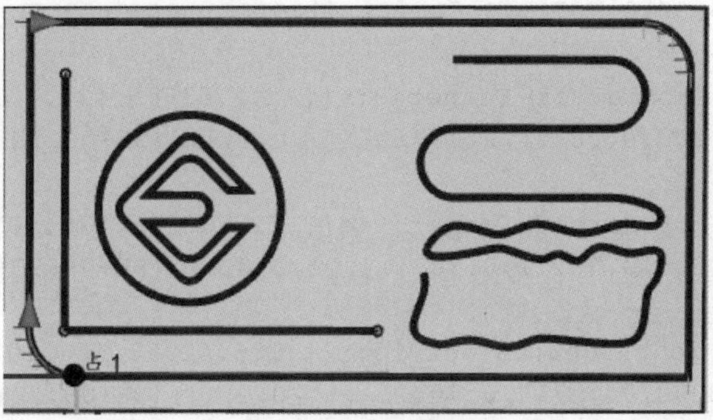

图 5-18 示教点位

5.4.3 TCP 练习程序编写

TCP 练习程序如下：

```
!***************************机器人 TCP 练习演示程序
25 个点位数据
CONST robtarget pD_quxian{9}: =[***],[***],[***],[***],[***],[***],
[***],[***],[***];
!*********************************** 主 程 序 *********************
*************
MODULE RaMain
TASK  PERS  tooldata  RaMainFLjiaobi_Tool_TCP0:=[TRUE,  [[-0.00007,
0.00000,170.00010],[1.00000,-0.00000,-0.00000,-0.00000]], [0.001, [0, 0,
0.001], [1, 0, 0, 0], 0, 0, 0]];
LOCAL  CONST  jointtarget  JointTarget_1:=[[0.000,0.000,0.000,0.000,
30.000,0.000],[9E+09,9E+09,9E+09,9E+09,9E+09,9E+09]];
LOCAL  CONST  robtarget  Target_2:=[[293.56033,423.10380,197.49928],
[-0.00000,-0.00000,0.70711,0.70711],[0,-1,1,1],[9E+09,9E+09,9E+09,9E+0
9,9E+09,9E+09]];
LOCAL  CONST  robtarget  Target_3:=[[293.56033,428.10380,197.49929],
[-0.00000,-0.00000,0.70711,0.70711],[0,-1,1,1],[9E+09,9E+09,9E+09,9E+0
9,9E+09,9E+09]];
LOCAL  CONST  robtarget  Target_4:=[[-96.93967,428.10373,197.49921],
[-0.00000,-0.00000,0.70711,0.70711],[1,0,1,1],[9E+09,9E+09,9E+09,9E+09,9E+09,
9E+09]];
LOCAL  CONST  robtarget  Target_5:=[[-96.93967,423.10373,197.49921],
[-0.00000,-0.00000,0.70711,0.70711],[1,0,1,1],[9E+09,9E+09,9E+09,9E+09
```

```
,9E+09,9E+09]];
   LOCAL CONST robtarget Target_6:=[[-96.93967,428.10373,197.49921],
[-0.00000,-0.00000,0.70711,0.70711],[1,0,1,1],[9E+09,9E+09,9E+09,9E+09
,9E+09,9E+09]];
   LOCAL CONST robtarget Target_7:=[[-106.76147,428.10372,199.12392],
[-0.00000,-0.00000,0.70711,0.70711],[1,0,1,1],[9E+09,9E+09,9E+09,9E+09
,9E+09,9E+09]];
   LOCAL CONST robtarget Target_8:=[[-115.53686,428.10372,203.82496],
[-0.00000,-0.00000,0.70711,0.70711],[1,0,1,1],[9E+09,9E+09,9E+09,9E+09
,9E+09,9E+09]];
   LOCAL CONST robtarget Target_9:=[[-122.33095,428.10371,211.10148],
[-0.00000,-0.00000,0.70711,0.70711],[1,0,0,1],[9E+09,9E+09,9E+09,9E+09
,9E+09,9E+09]];
   LOCAL CONST robtarget Target_10:=[[-126.41988,428.10371,220.17827],
[-0.00000,-0.00000,0.70711,0.70711],[1,0,0,1],[9E+09,9E+09,9E+09,9E+09
,9E+09,9E+09]];
   LOCAL CONST robtarget Target_11:=[[-127.43967,428.10370,227.99921],
[-0.00000,-0.00000,0.70711,0.70711],[1,0,0,1],[9E+09,9E+09,9E+09,9E+09
,9E+09,9E+09]];
   LOCAL CONST robtarget Target_12:=[[-127.43967,428.10370,227.99921],
[-0.00000,-0.00000,0.70711,0.70711],[1,0,0,1],[9E+09,9E+09,9E+09,9E+09
,9E+09,9E+09]];
   LOCAL CONST robtarget Target_13:=[[-127.43971,428.10357,418.49921],
[-0.00000,-0.00000,0.70711,0.70711],[1,0,0,1],[9E+09,9E+09,9E+09,9E+09
,9E+09,9E+09]];
   LOCAL CONST robtarget Target_14:=[[-127.43971,428.10357,418.49921],
[-0.00000,-0.00000,0.70711,0.70711],[1,0,0,1],[9E+09,9E+09,9E+09,9E+09
,9E+09,9E+09]];
   LOCAL CONST robtarget Target_15:=[[263.06029,428.10364,418.49928],
[-0.00000,-0.00000,0.70711,0.70711],[0,-1,1,1],[9E+09,9E+09,9E+09,9E+0
9,9E+09,9E+09]];
   LOCAL CONST robtarget Target_16:=[[263.06029,428.10364,418.49928],
[-0.00000,-0.00000,0.70711,0.70711],[0,-1,1,1],[9E+09,9E+09,9E+09,9E+0
9,9E+09,9E+09]];
   LOCAL CONST robtarget Target_17:=[[272.88209,428.10364,416.87457],
[-0.00000,-0.00000,0.70711,0.70711],[0,-1,1,1],[9E+09,9E+09,9E+09,9E+0
9,9E+09,9E+09]];
   LOCAL CONST robtarget Target_18:=[[281.65749,428.10365,412.17353],
[-0.00000,-0.00000,0.70711,0.70711],[0,-1,1,1],[9E+09,9E+09,9E+09,9E+0
9,9E+09,9E+09]];
   LOCAL CONST robtarget Target_19:=[[288.45157,428.10366,404.89701],
[-0.00000,-0.00000,0.70711,0.70711],[0,-1,1,1],[9E+09,9E+09,9E+09,9E+0
9,9E+09,9E+09]];
   LOCAL CONST robtarget Target_20:=[[292.54051,428.10366,395.82022],
[-0.00000,-0.00000,0.70711,0.70711],[0,-1,1,1],[9E+09,9E+09,9E+09,9E+0
9,9E+09,9E+09]];
```

```
LOCAL CONST robtarget Target_21:=[[293.56030,428.10367,387.99929],
[-0.00000,-0.00000,0.70711,0.70711],[0,-1,1,1],[9E+09,9E+09,9E+09,9E+0
9,9E+09,9E+09]];
LOCAL CONST robtarget Target_22:=[[293.56030,423.10367,387.99928],
[-0.00000,-0.00000,0.70711,0.70711],[0,-1,1,1],[9E+09,9E+09,9E+09,9E+0
9,9E+09,9E+09]];
LOCAL CONST robtarget Target_23:=[[293.56030,428.10367,387.99929],
[-0.00000,-0.00000,0.70711,0.70711],[0,-1,1,1],[9E+09,9E+09,9E+09,9E+0
9,9E+09,9E+09]];
LOCAL CONST robtarget Target_24:=[[293.56033,428.10380,197.49929],
[-0.00000,-0.00000,0.70711,0.70711],[0,-1,1,1],[9E+09,9E+09,9E+09,9E+0
9,9E+09,9E+09]];
LOCAL CONST robtarget Target_25:=[[293.56033,423.10380,197.49928],
[-0.00000,-0.00000,0.70711,0.70711],[0,-1,1,1],[9E+09,9E+09,9E+09,9E+0
9,9E+09,9E+09]];
LOCAL CONST jointtarget JointTarget_26:=[[0.000,0.000,0.000,0.000,
30.000,0.000],[9E+09,9E+09,9E+09,9E+09,9E+09,9E+09]];
PROC RaMainGroup3()
ConfL\on;
ConfJ\on;
MoveAbsJ JointTarget_1,v200,Z0,RaMainFLjiaobi_Tool_TCP0;
MoveJ Target_2,v200,fine,RaMainFLjiaobi_Tool_TCP0;
MoveL Target_3,v50,fine,RaMainFLjiaobi_Tool_TCP0;
MoveL Target_4,v200,Z0,RaMainFLjiaobi_Tool_TCP0;
MoveL Target_5,v50,fine,RaMainFLjiaobi_Tool_TCP0;
MoveL Target_6,v50,fine,RaMainFLjiaobi_Tool_TCP0;
MoveL Target_7,v200,Z0,RaMainFLjiaobi_Tool_TCP0;
MoveL Target_8,v200,Z0,RaMainFLjiaobi_Tool_TCP0;
MoveL Target_9,v200,Z0,RaMainFLjiaobi_Tool_TCP0;
MoveL Target_10,v200,Z0,RaMainFLjiaobi_Tool_TCP0;
MoveL Target_11,v200,Z0,RaMainFLjiaobi_Tool_TCP0;
MoveL Target_12,v50,fine,RaMainFLjiaobi_Tool_TCP0;
MoveL Target_13,v200,Z0,RaMainFLjiaobi_Tool_TCP0;
MoveL Target_14,v50,fine,RaMainFLjiaobi_Tool_TCP0;
MoveL Target_15,v200,Z0,RaMainFLjiaobi_Tool_TCP0;
MoveL Target_16,v50,fine,RaMainFLjiaobi_Tool_TCP0;
MoveL Target_17,v200,Z0,RaMainFLjiaobi_Tool_TCP0;
MoveL Target_18,v200,Z0,RaMainFLjiaobi_Tool_TCP0;
MoveL Target_19,v200,Z0,RaMainFLjiaobi_Tool_TCP0;
MoveL Target_20,v200,Z0,RaMainFLjiaobi_Tool_TCP0;
MoveL Target_21,v200,Z0,RaMainFLjiaobi_Tool_TCP0;
MoveJ Target_22,v200,fine,RaMainFLjiaobi_Tool_TCP0;
MoveL Target_23,v50,fine,RaMainFLjiaobi_Tool_TCP0;
MoveL Target_24,v200,Z0,RaMainFLjiaobi_Tool_TCP0;
MoveL Target_25,v50,fine,RaMainFLjiaobi_Tool_TCP0;
MoveAbsJ JointTarget_26,v200,Z0,RaMainFLjiaobi_Tool_TCP0;
```

```
ENDPROC
ENDMODULE
! ----------------------------------------------------------
```

5.5 考 核 评 价

任务 5.1 使用机器人示教器设定 TCP 练习笔的工具坐标

要求：能清楚描述 ABB 机器人工具坐标的创建方法，使用示教器精确地设定 TCP，并将误差控制在 0.5 mm 以内。能清楚描述 ABB 机器人基坐标的创建方法，能用专业语言正确流利地展示配置的基本步骤，思路清晰、有条理，能圆满地回答老师与同学提出的问题，并能提出一些新的建议。

任务 5.2 编写 ABB 机器人 TCP 练习程序

要求：熟练掌握机器人的指令及操作，编写一个走圆形程序或走三角形程序，在编程及调试过程中，做到不损坏 TCP 练习笔，不碰撞其他部件。能用专业语言正确流利地展示配置的基本步骤，思路清晰、有条理，能圆满地回答老师与同学提出的问题，并能提出一些新的建议。

项目 6
ABB 机器人搬运码垛

6.1 项目描述

码垛是工业机器人的典型应用，通常分为堆垛和拆垛两种。堆垛是利用工业机器人从指定的位置将相同工件按照指定的垛型进行码垛堆放的过程；拆垛是利用工业机器人将按照特定的垛型进行存放的工件依次取下，搬运到指定位置的过程。这项工作起初是由人工进行，随着科技的发展，人已经慢慢退出了这个舞台，取而代之的是机器人，机器人码垛的优点是显而易见的，从近期看，可能刚开始投入的成本会很高，但是从长远的角度来看，机器人码垛优势较大，就工作效率来说，机器人码垛不仅速度快、美观，而且可以不间断地工作，大大提高了工作效率。人工码垛存在很多危险性，而机器人码垛，效率和安全一手抓，适用范围广。

本项目的主要学习内容包括：ABB 搬运码垛机器人工作站的主要组成单元介绍、机器人 I/O 配置方法、搬运码垛机器人复杂程序数据赋值、ABB 搬运码垛机器人功能程序讲解、ABB 搬运码垛机器人点位示教及 ABB 搬运码垛机器人程序编写等。

6.2 教学目的

通过搬运码垛这一项目的学习，让学生了解 ABB 搬运码垛机器人工作站的主要组成单元，掌握机器人 I/O 配置方法，掌握搬运码垛机器人物料放置位置的计算，掌握 ABB 搬运码垛机器人功能指令及程序编写，掌握搬运码垛项目的点位示教及程序的编写。

6.3 知 识 准 备

6.3.1 ABB 搬运码垛机器人工作站的主要组成单元及工作流程介绍

机器人的机械手先移动至码垛平台 A 抓取物料，后移动至码垛平台 B 摆放物料。如此循环往复。

6.3.2 ABB 搬运码垛赋值指令介绍

赋值指令“:=”用于对程序数据进行赋值。所赋值可以是一个常量或数字表达式。

6.3.3 ABB 搬运码垛机器人功能程序介绍

通过有返回值程序（FUNCTION 程序）调用，将对特定的有返回值程序进行求值，并且调用中会收到有返回值程序返回的值。有返回值程序可为预定义的或用户定义的。

有返回值程序调用的参数将数据传递至所调用的有返回值程序（并且也可从调用的有返回值程序传递数据）。调用参数的数据类型必须等同于有返回值程序的相应参数的类型，如图 6-1 所示。

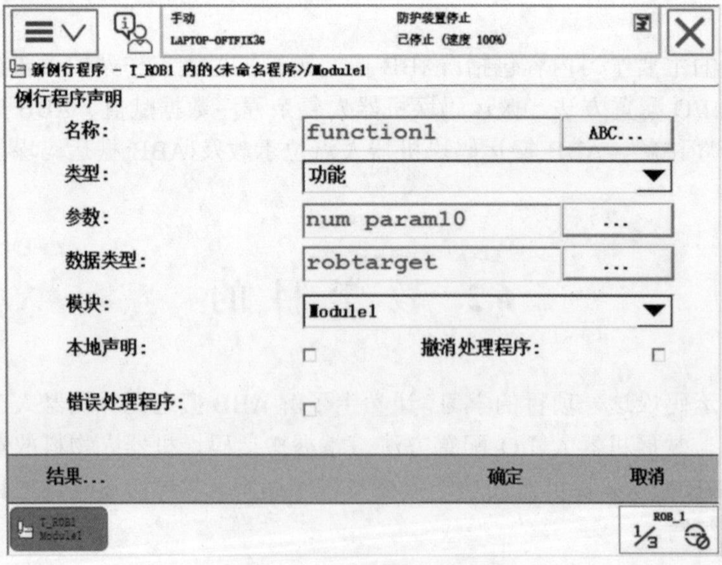

图 6-1 创建功能程序设置

FUNCTION 程序案例：

```
FUNC bool threshold(num param0,num param1)
if param0+param1>10 THEN
RETURN TRUE; !如果 param0+param1>10，将 TRUE 作为返回值。
ELSE
RETURN FALSE; !如果 param0+param1<=10，将 FALSE 作为返回值。
ENDIF
ENDFUNC
PROC Rountine2()
flag1:= threshold(2,8); !把 2 和 8 代入 threshold 函数中参与运算，结果赋给
flag1。
ENDPROC
RETURN 语句
```

定义：Return 用于完成程序的执行。如果程序是一个函数，则同时返回函数值。

用法：

（1）主程序：停止程序，指针回到主程序第一条语句。

（2）无返回值程序：通过过程调用后的指令，继续执行程序。

（3）功能程序：返回函数的值。

（4）软中断程序：从出现中断的位置，继续程序执行。

（5）无返回值程序中的错误处理器：通过调用程序及错误处理器的程序（通过过程调用后的指令），继续程序执行。

（6）功能程序中的错误处理器：返回函数值。

图 6-2 为赋值指令使用实例。

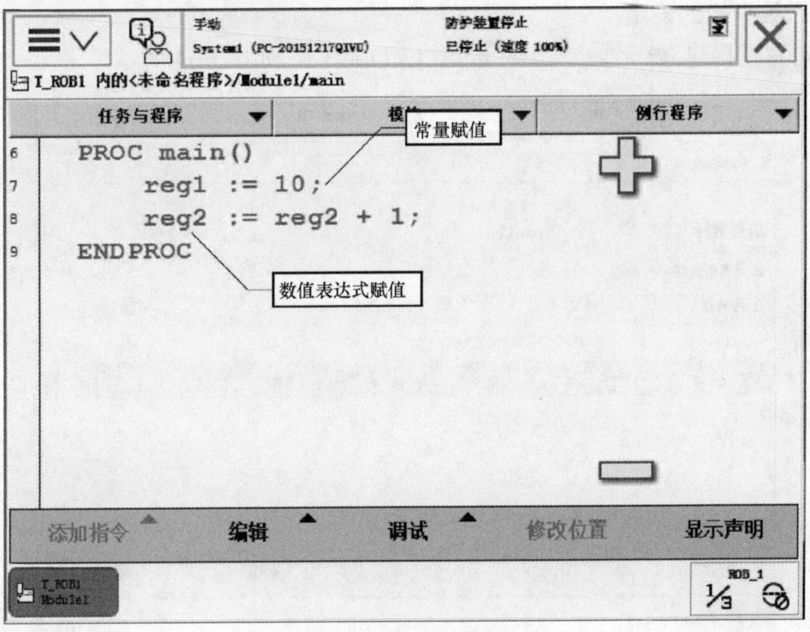

图 6-2　赋值指令使用实例

6.4 任务实现

6.4.1 ABB 搬运码垛机器人工具坐标设定

图 6-3 为本任务中需要设置吸盘的 TCP。用 4 点法+X、Z 方向的方式设置吸盘的 TCP。以手动操作使吸盘在 TCP 练习模块中以 4 种不同的姿态对准 TCP 设置点，再设置好 X 和 Z 的方向。

图 6-3 吸盘 TCP 设定

1. 工具坐标的设定

首先为吸盘建立一个工具坐标数据（如 tool1），如图 6-4 所示。

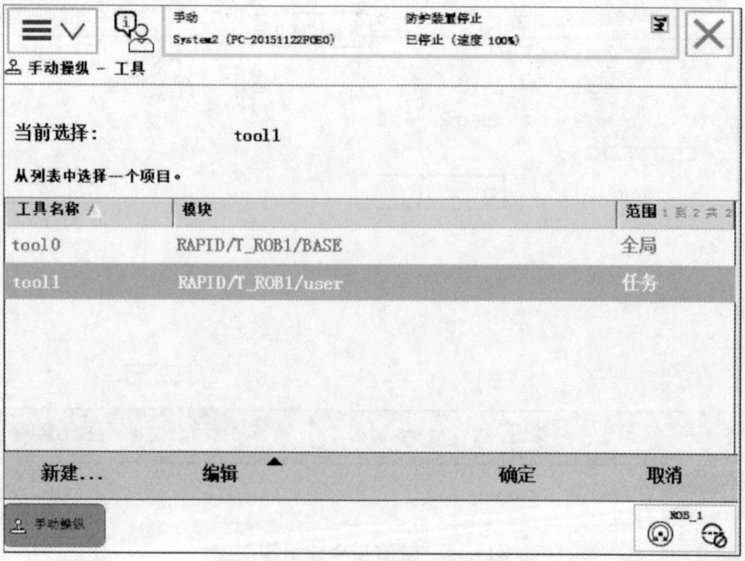

图 6-4 工具坐标数据的设定（1）

选择“tool1”，单击“编辑”，选择“定义”，如图 6-5 所示。

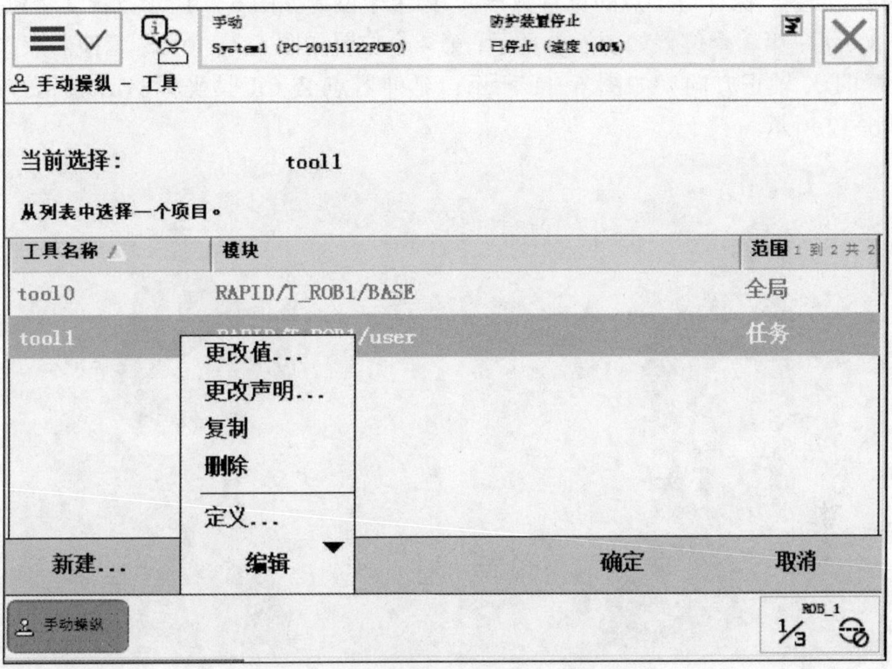

图 6-5　工具坐标数据的设定（2）

单击“方法”，选择“TCP 和 Z，X”，单击“确定”按钮，如图 6-6 所示。

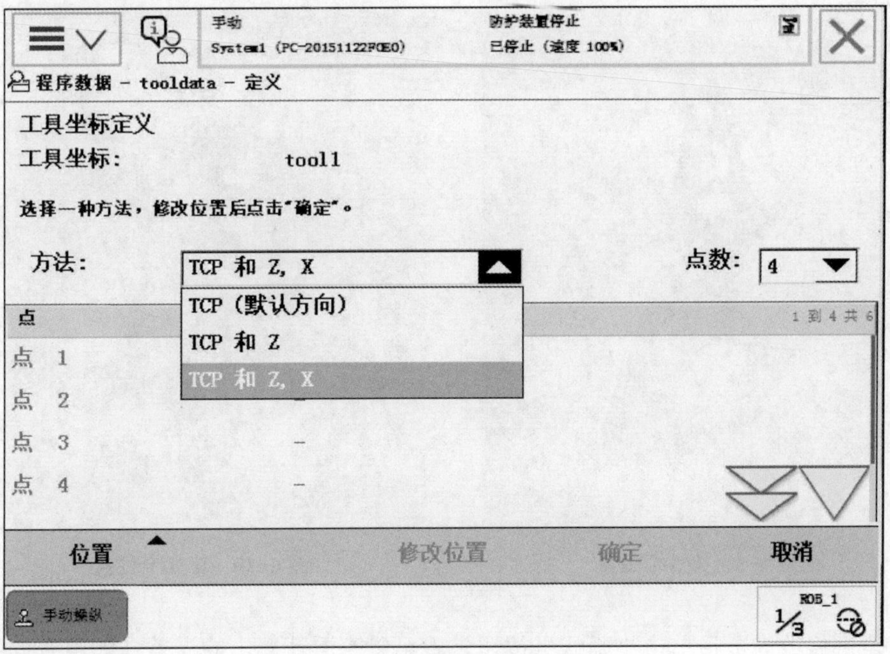

图 6-6　工具坐标数据的设定（3）

使用示教器以 4 种不同姿态移动机器人，让参考点 A 和参考点 B 接触（切记要单击修改位置，保存每个点的位置数据）。第 1 个位置如图 6–7 所示；第 2 个位置如图 6–8 所示；第 3 个位置如图 6–9 所示；第 4 个位置如图 6–10 所示；延伸器点 X（工具坐标的 X 轴正方向）如图 6–11 所示；延伸器点 Z（工具坐标的 Z 轴正方向）如图 6–12 所示。

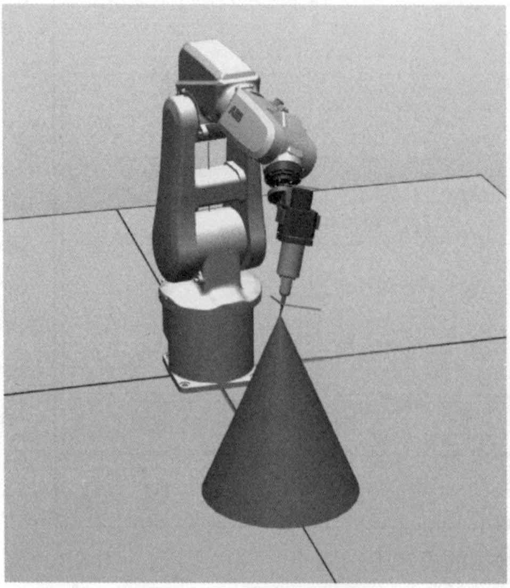

图 6–7　第 1 个位置

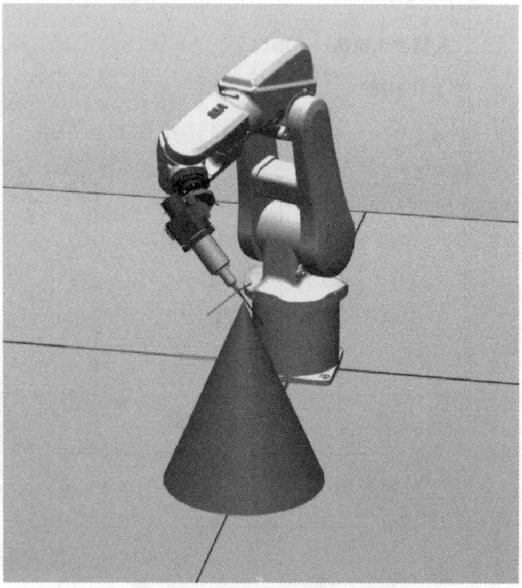

图 6–8　第 2 个位置

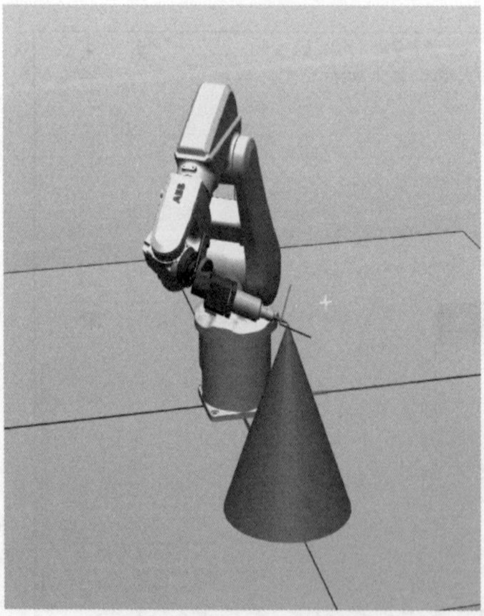

图 6–9　第 3 个位置

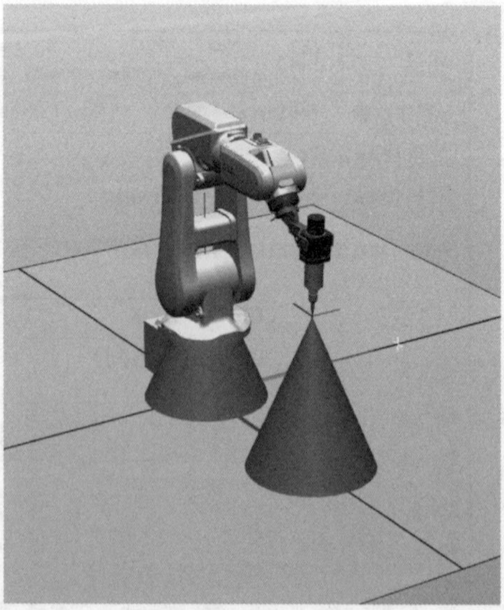

图 6–10　第 4 个位置

全部修改完成后单击“确认”按钮，就可以查看计算出的误差（如没有问题单击“确认”按钮，反之单击“取消”按钮重新示教点位），如图 6–13 所示。

图 6-11 延伸器点 X

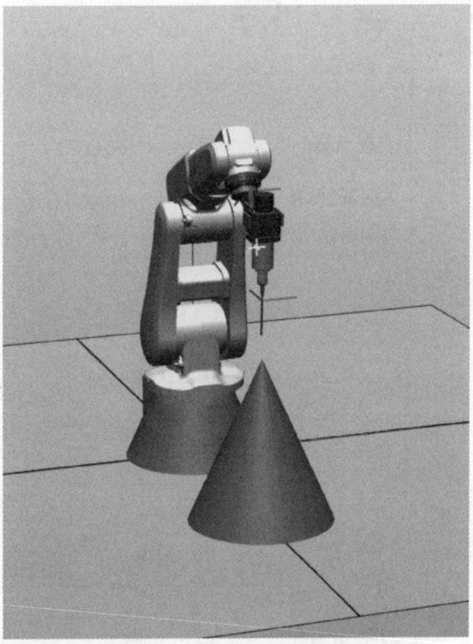

图 6-12 延伸器点 Z

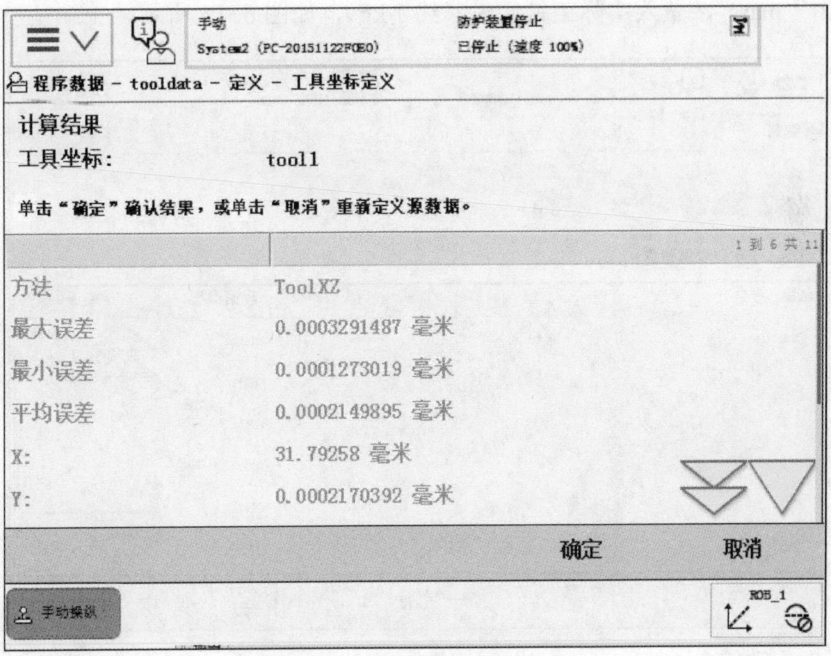

图 6-13 工具坐标的设定（4）

2. 修改工具质量 mass

单击“编辑”中的“更改值”，如图 6-14 所示。

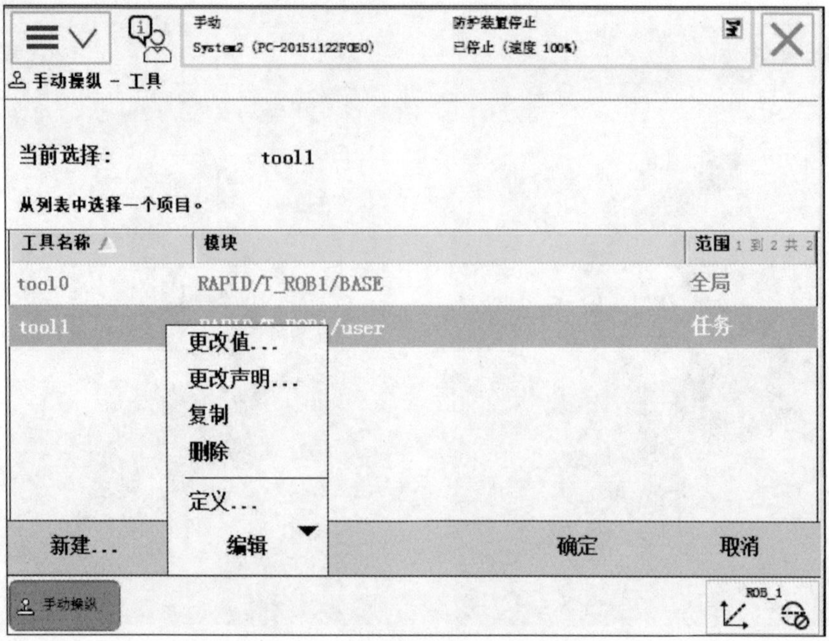

图 6-14　修改工具质量 mass（1）

单击“mass”，填入实际工具质量（约 1 kg），如图 6-15 所示。

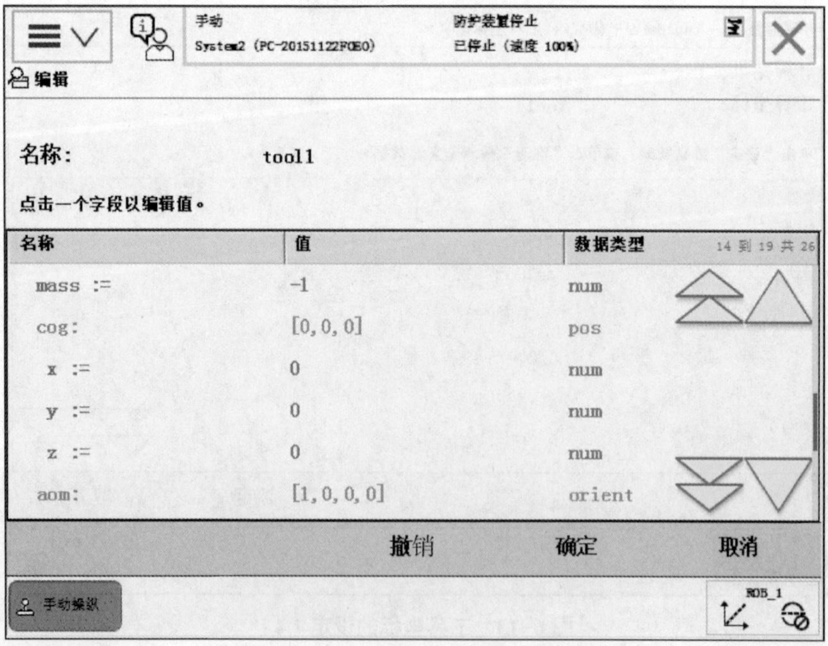

图 6-15　修改工具质量 mass（2）

至此，吸盘的工具坐标创建完成。

3. 工具坐标的检验

将“动作模式”选定为“重定位”，将“坐标系”选定为“工具”，将“工具坐标”选定为“tool1”，如图 6-16 所示。

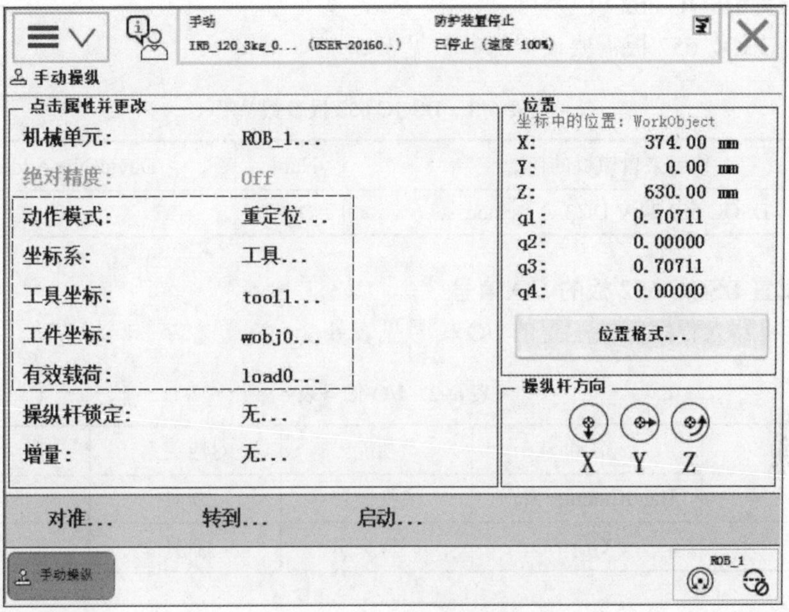

图 6-16　工具坐标的检验

手动操作机器人进行重定位运动（见图 6-17），检验新创建的工具坐标 tool1 的精度。如果工具坐标设定精确的话，可以看到工具参考点与固定点始终保持接触，而机器人会根据重定位操作改变姿态。

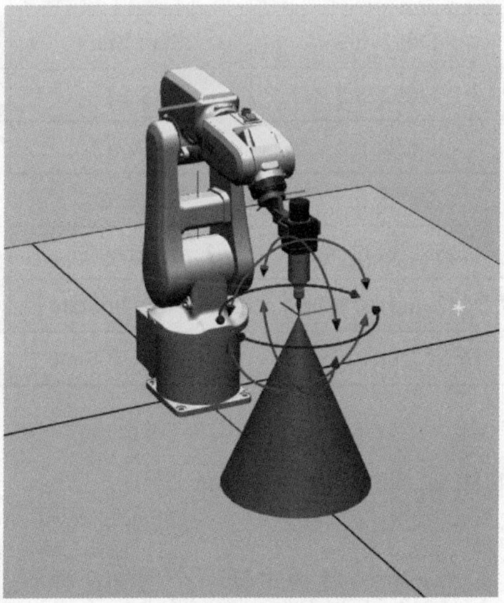

图 6-17　重定位运动

6.4.2 ABB 搬运码垛机器人 I/O 配置

1. 配置 DSQC 652 板

配置 DSQC 652 板需要设置的参数见表 6-1。

表 6-1 DSQC 652 板参数

使用来自模板的值	Name	DeviceNet Address
DSQC 652 24 V DC I/O Device	D652	10

2. 配置 DSQC 652 板的 I/O 信号

运行机器人程序需要配置的 I/O 信号见表 6-2。

表 6-2 I/O 信号表

序号	名称	功能	对应关系	类型
1	HandChange_Start	快换装置	器具	DO
2	Grip	码垛夹爪	器具	DO

3. 配置系统输入/输出与 I/O 信号的关联

在示教器中，根据表 6-3 所示的参数配置系统输入/输出。

表 6-3 系统输入/输出

Type	Signal Name	Action \ Status	用途说明
System Input	D652_in1	Motor On	电机上电
System Input	D652_in2	Start Main	从主程序运行（初始化）
System Input	D652_in3	Start	程序启动
System Input	D652_in4	Stop	程序停止
System Input	D652_in5	Motor Off	电机下电
System Output	D652_out9_red	Emergency Stop	急停信号灯
System Output	D652_out10_yellow	Motor On State	上电信号灯
System Output	D652_outl1_green	Motor Off State	下电信号灯

6.4.3 ABB 搬运码垛机器人点位示教

在本任务中，需要示教点位，其中包括一个 Home 原点，码垛平台 A 抓取点、码垛平台 B 释放点，如图 6-18 所示。

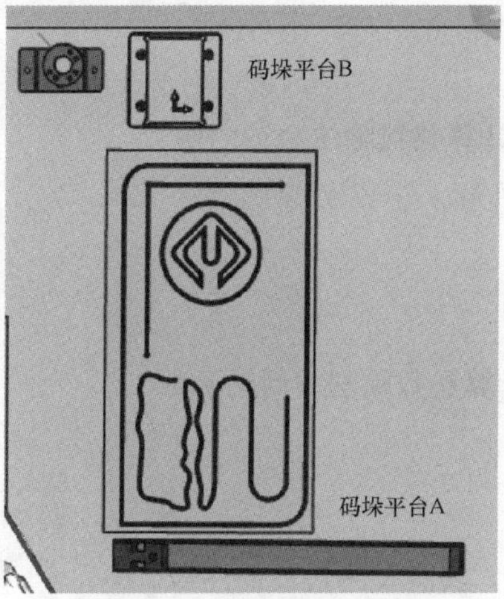

图 6-18 搬运码垛点位示教

6.4.4 ABB 搬运码垛机器人程序编写、码垛点位计算

已知有 12 个物料。厚度均为 30 mm，按照图 6-19 中顺序在流水线上依次到 P0 点。机器人只从 P0 点处取包裹，当取走 P0 点上的包裹时，下一个包裹才能到达 P0 点。

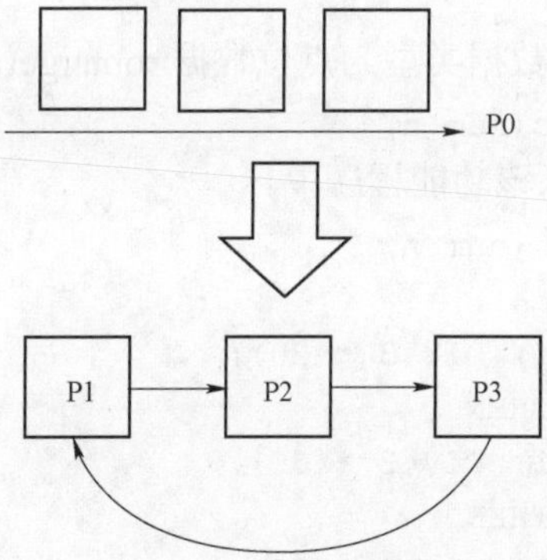

图 6-19 码垛实例

要求：对快递包裹码垛，从 P1 位置开始按图中顺序一层层码垛，P1、P2 和 P3 是包裹处于第一层的位置。

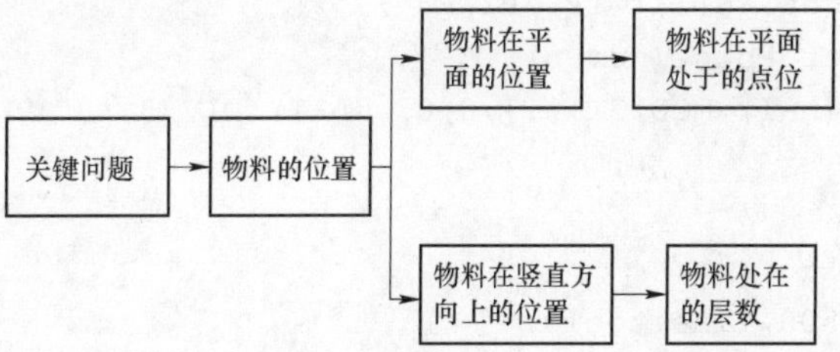

程序编写解析：

MOD 函数：

应用：MOD 是用于计算整数除法余数的函数。

示例：

```
reg1 := 14 MOD 4;
```

reg1 的值为 2。

DIV 函数：

应用：DIV 是用于计算整数除法的商的函数。

示例：

```
reg1 := 14 DIV 4;
```

reg1 的值为 3。

首先设置一个变量 n，其意义为包裹的序号。

n−1 除以 3 的商再加 1 即为该包裹应处于的层数。即：

(n-1) DIV 3 =0 时为第一层

(n-1) DIV 3 =1 时为第二层

(n-1) DIV 3 =2 时为第三层

(n-1) DIV 3 =3 时为第四层

当 n 除以 3 的余数为 0 时，表示该包裹应为 P3 点；

其余 n 除以 3 的余数即为该包裹应处于的平面点位。即：

n MOD 3 =1 时为 P1 点

n MOD 3 =2 时为 P2 点

n MOD 3 =0 时为 P3 点

再建立一个功能程序，数据类型为点位数据 robtarget，设置一个数字量参数为 n。

```
FUNC robtarget Point(num n)
```

将上页的点位布局写入该功能程序中。

```
FUNC robtarget Point(num n)
IF n MOD 3 = 1 THEN
PA:=offs(P1,0,0,(n-1) DIV 3 * 30);
ELSEIF n MOD 3 = 2 THEN
PA:=offs(P2,0,0,(n-1) DIV 3 * 30);
ELSEIF n MOD 3 = 0 THEN
PA:=offs(P3,0,0,(n-1) DIV 3 * 30);
ENDIF
RETURN PA;
ENDFUNC
```

也可以将 P1、P2 和 P3 点编成一个数组。

```
CONST robtarget PS{3}:=[P1,P2,P3];
FUNC robtarget Point(num n)
PA:=offs(PS{(n-1) MOD 3 + 1},0,0, (n-1) DIV 3 *30);
RETURN PA;
ENDFUNC
PROC banyun()
MoveJ Home,v500,fine,tool0;
```

```
FOR m FROM 1 TO 12 DO
MoveJ offs(P0,0,0,300),v200,fine,tool0;
MoveL P0,v100,fine,tool0;
waittime 1;
Set Grip;
waittime 1;
MoveL offs(P0,0,0,300),v100,fine,tool0;
MoveJ offs(Point(m),0,0,300),v200,fine,tool0;
MoveL Point(m),v100,fine,tool0;
waittime 1;
Reset Grip;
waittime 1;
MoveL offs(Point(m),0,0,300),v100,fine,tool0;
ENDFOR
MoveJ Home,v500,fine,tool0;
ENDPROC
```

请思考如何对以上参考程序进行优化。

6.5 考核评价

任务 6.1 使用机器人示教器设定一个完整的工具坐标

要求：能清楚描述 ABB 机器人工具坐标的创建方法，使用示教器精确地设定 TCP，并将误差控制在 0.5 mm 以内，能用专业语言正确流利地展示配置的基本步骤，思路清晰、有条理，能圆满地回答老师与同学提出的问题，并能提出一些新的建议。

任务 6.2 修改程序

要求：已知物料长、宽、高均为 30 mm。物料之间上下和左右的间隔均为 30 mm。每层均从左下角的物料开始，以顺时针顺序进行码垛，总共码 3 层。第一层左下角物料点位 P1 为已知点位，如图 6-20 所示。

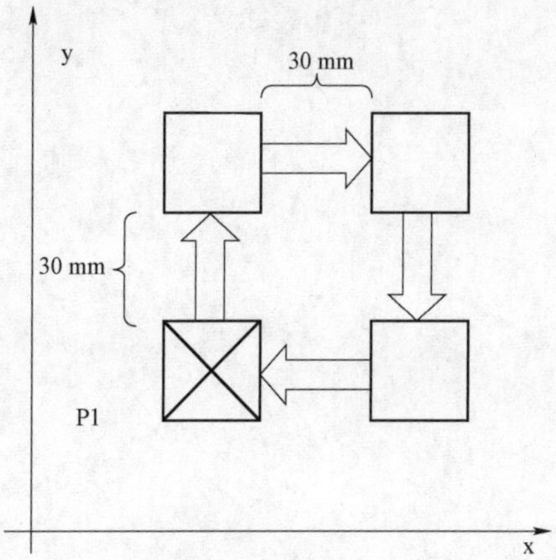

图 6-20 任务 6.2 图

写出点位功能程序。

6.6 扩 展 提 高

任务 6.3　独自编写搬运码垛程序

要求：熟练掌握 ABB 机器人的手动操作及各条指令的用法，根据自己的思路，画出流程图，重新编写 ABB 搬运码垛机器人的程序。

项目 7 ABB 机器人利用带参数例行程序实现搬运分拣

7.1 项目描述

随着时代的发展，高效、快速是生产技术的主要任务，为解放多余劳动力、提高生产效率、降低生产成本、缩短生产周期，工业机器人与视觉系统结合的智能分拣工具应运而生，它可以代替人工进行货物分类、搬运和装卸工作或代替人类搬运危险物品。

本项目的主要学习内容包括：了解 ABB 智能分拣机器人工作站的主要组成单元，了解 ABB 智能分拣机器人的相关指令，了解 ABB 智能分拣机器人的 I/O 配置，创建工具坐标数据、工件坐标数据和有效载荷，独立完成程序的编写等。

7.2 教学目的

通过本项目的学习，让学生了解工业机器人智能分拣，了解智能分拣工作站的主要组成单元，在工作站中配置好 I/O 单元及信号，并通过示教器与系统 I/O 信号关联，创建智能分拣所需的工具坐标、工件坐标，了解 ABB 智能分拣机器人的常用运动指令、I/O 控制指令、逻辑控制指令，进行智能分拣机器人分拣程序的点位示教和程序编写，学会使用 Robotstudio 编写智能分拣程序并完成调试，总结学习过程中的经验。

7.3 知 识 准 备

7.3.1 ABB 智能分拣机器人工作站的主要组成单元及工作流程介绍

本工作站的工作目标是根据生产要求将原料区的芯片进行分拣，用机械臂通过摄像头识别“视觉识别区”的物件位置，通过摄像头判断物件的形状、颜色、大小和精确位置，再把物件放到“芯片安装区”的相应位置，分拣工作区如图 7–1 所示，分拣物料如图 7–2 所示。

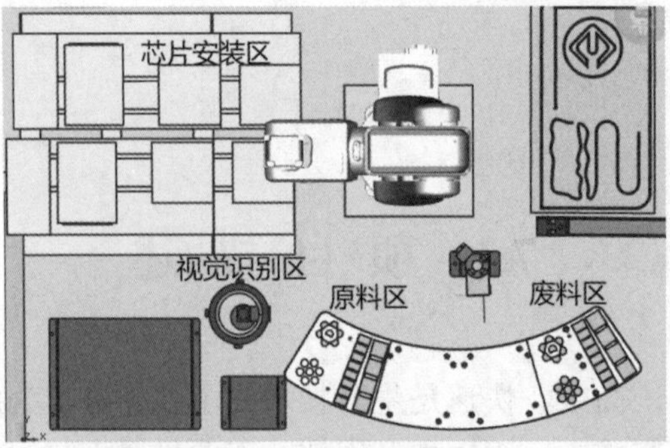

图 7–1 分拣工作区

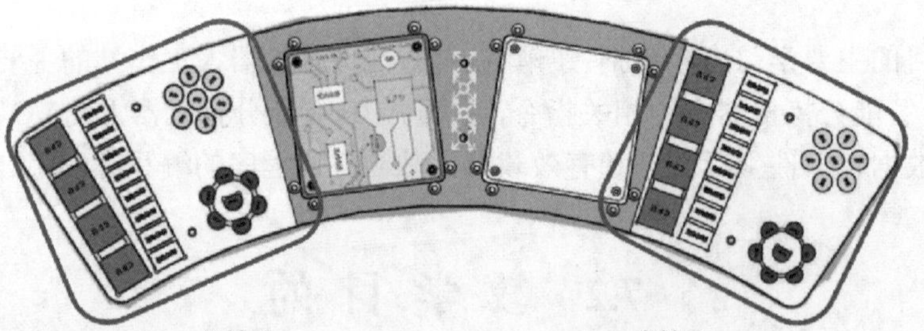

原料区　　废料区

图 7–2 分拣物料

7.3.2 ABB 智能分拣机器人功能介绍

ABB 智能分拣机器人的 RAPID 程序的功能类似于指令，并且在执行完以后可以返回一个数值。使用该功能可以有效地提高编程效率和程序执行效率。

1. offs（偏移功能）

offs（偏移功能）是以已选定的目标点为基准，沿着选定的工件坐标系的 X、Y、

Z 轴方向偏移一定的距离。

例如：`MoveJ offs (p20, 0, 0, 20) v100, z50, ool1 \ WObj: = wobj1;`

该程序将机器人 TCP 移至以 p20 为基准点，沿着 wobj1 工件坐标系的 Z 轴的正方向偏移 20 mm 的位置点。

2. CrobT 功能

CrobT 功能是使机器人读取当前目标点的位置数据。

例如：`PERS robtarget p10;`

`P10: = CrobT ( \ tool: = tool1 \ WObj: = wobj1) ;`

该程序读取当前机器人目标点的位置数据，指定的工具数据为 tool1，工件坐标数据为 Wobj：=wobj1，之后将读取的目标点数据赋值给 p10。

7.3.3　ABB 智能分拣机器人带参数例行程序介绍

什么是带参数的例行程序？像程序 Initialize()不传递参数，仅仅被直接调用的为不带参数的例行程序。

如果一个例行程序能够传递或者引用某种参数的话，那么就为带参数的例行程序。

格式为：程序名（参数类型参数名）

如：`get(num n)`

其中 n 为某种参数，可以是数字量 num，位置数据量 Pos，点位数据量 Robtarget，TCP 数据量 tooldata 等，也可以为常量或变量或可变量。

图 7-3 为参数程序举例。

```
PROC get(num n)
  MoveJ Home, v500, fine, tool0;
  MoveL offs(P{n}, 0, 0, 300), v200, fine, tool0;
  MoveL P{n}, v100, fine, tool0;
  WaitTime 1;
  Set DO10_127;
  WaitTime 1;
  MoveL offs(P{n}, 0, 0, 300), v200, fine, tool0;
  MoveJ Home, v500, fine, tool0;
ENDPROC
```

参数n在该程序的程序指令中被调用。

图 7-3　参数程序举例

例行程序的参数有 4 种存取模式（见图 7-4）：

- 输入
- 输入/输出
- 变量

- 可变量

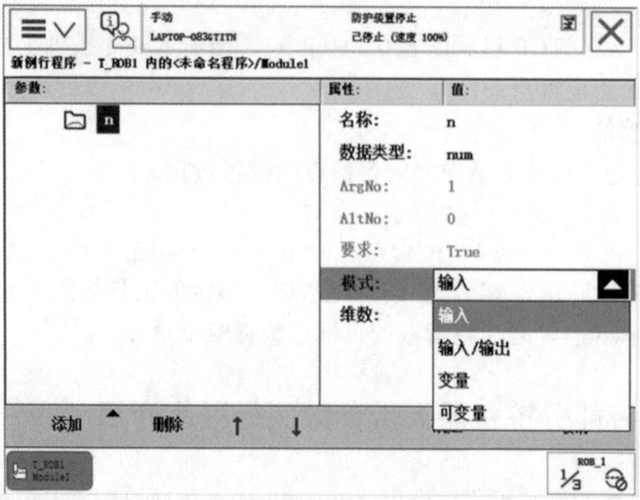

图 7-4　添加参数程序参数

INPUT（输入）-

通常例行程序参数被设为该模式并作为例行程序数据来处理。在例行程序内改变该变量对相应自变量没有影响。

INOUT（输入/输出）-

如果例行程序参数被设为该模式，则相应的自变量必须是可被例行程序修改的 VAR 或 PERS 数据。

VAR（变量） -

如果例行程序参数被设为该模式，则相应的自变量必须是可被例行程序修改的 VAR 数据。

PERS（可变量）-

如果例行程序参数被设为该模式，则相应的自变量必须是可被例行程序修改的 PERS 数据。

7.4 任务实现

7.4.1 ABB 智能分拣机器人工具坐标的建立

如图 7-5 所示，本任务中需要设置吸盘的 TCP。用“4 点法”+X、Z 方向的方式设置吸盘的 TCP。以手动操作使吸盘在 TCP 练习模块中以 4 种不同的姿态对准 TCP 设置点，再设置好 X 和 Z 的方向。如果前面已经设置好吸盘的 TCP，这里就不需要重新设置。

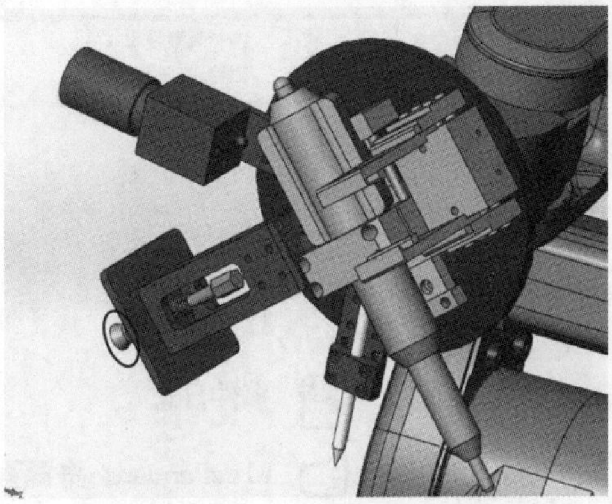

图 7-5　工具坐标设置

创建工具数据，见表 7-1。

表 7-1　工具数据表

参数名称	参数数值
Toolxi	TRUE
trans	
X	0
Y	0
Z	0
rot	
Q1	1
Q2	0
Q3	0
Q4	0
mass	2.75
cog	
x	0
y	0
z	1
其余参数均为默认值	

7.4.2　ABB 智能分拣机器人工件坐标的建立

具体步骤如图 7-6～图 7-22 所示。

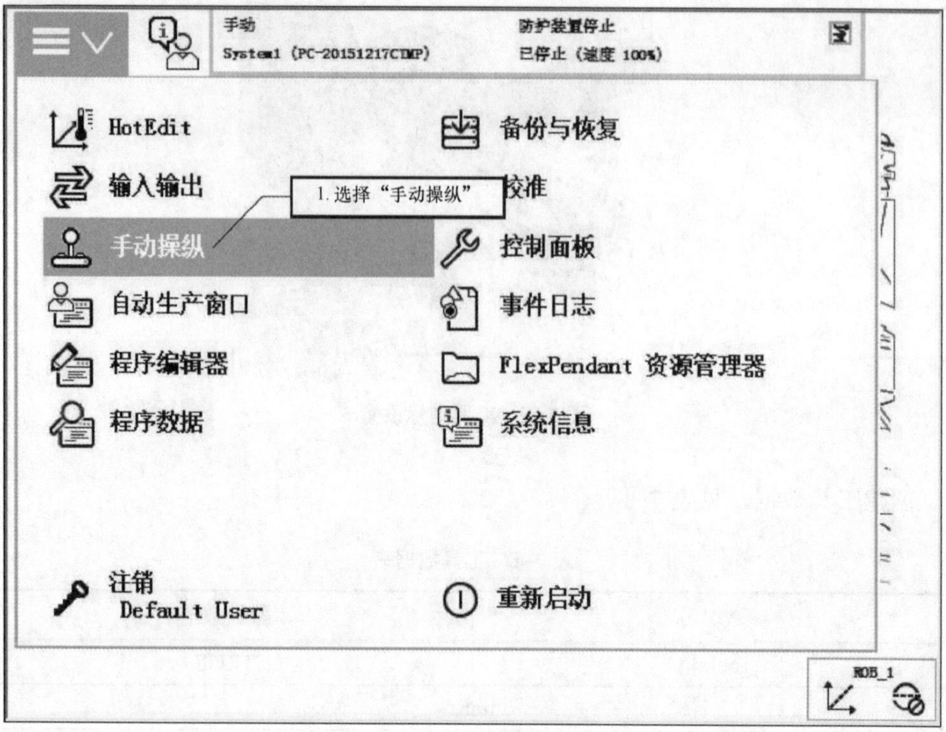

图 7-6　选择“手动操纵”

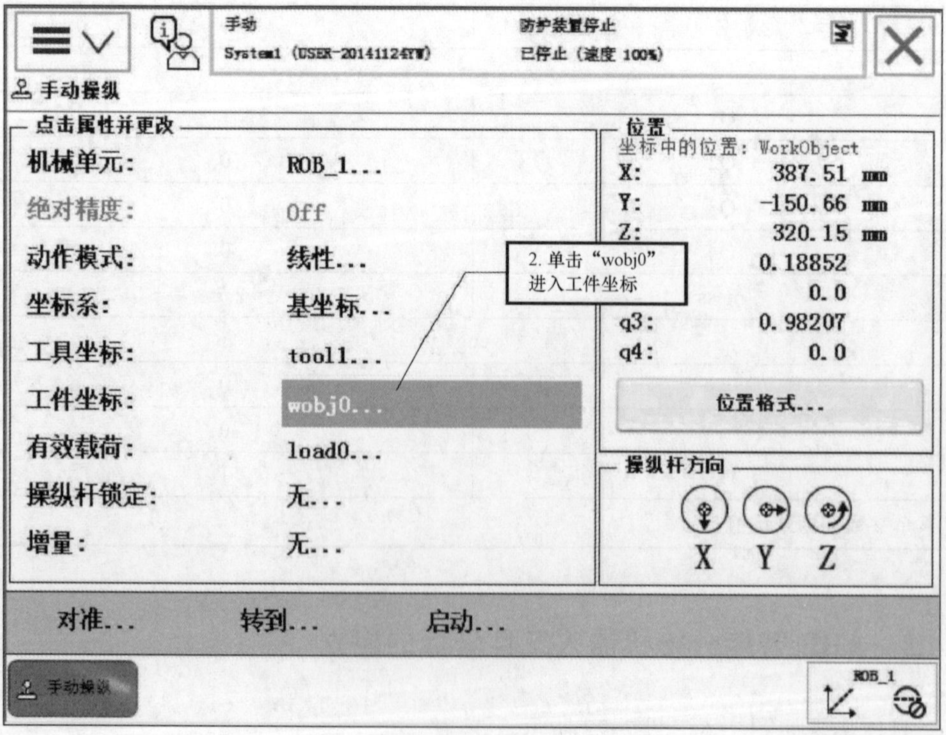

图 7-7　单击“wobj0”进入工件坐标

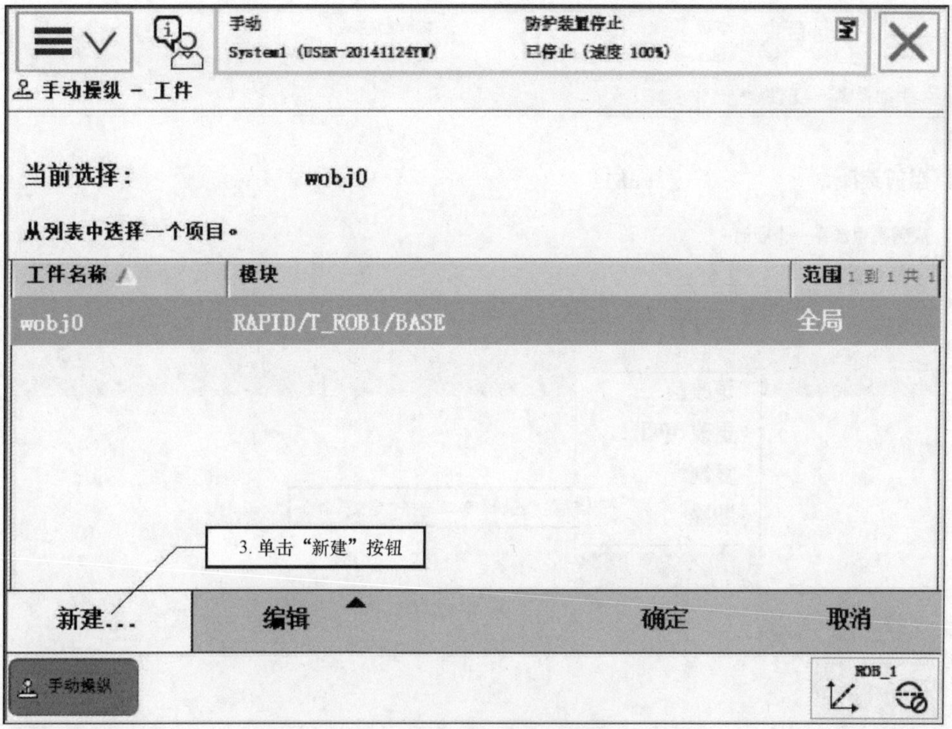

图 7-8 单击“新建”按钮

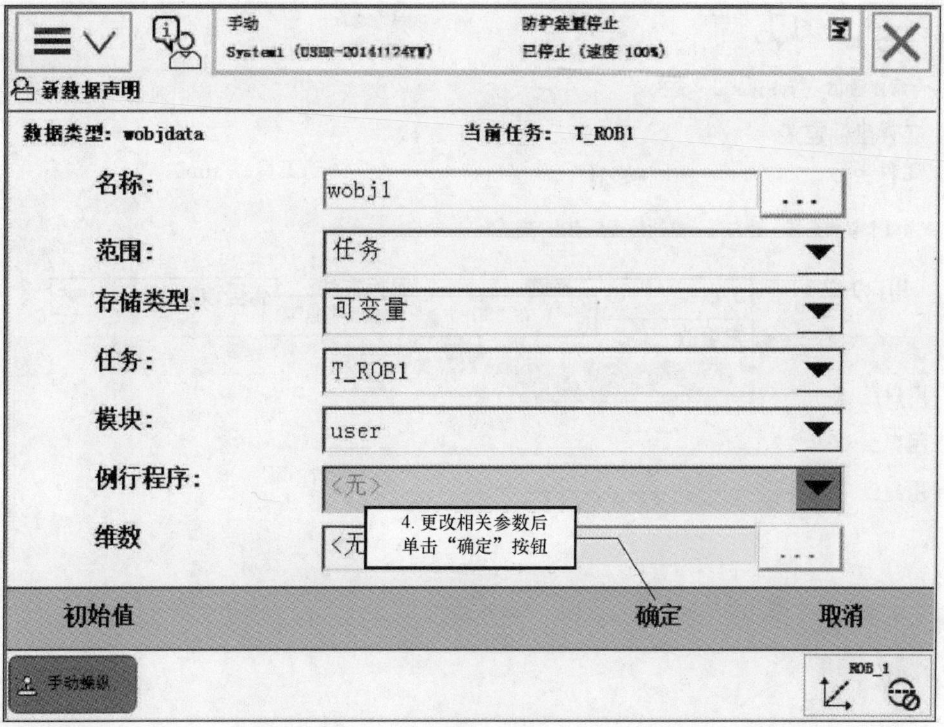

图 7-9 更改相关参数后单击“确定”按钮

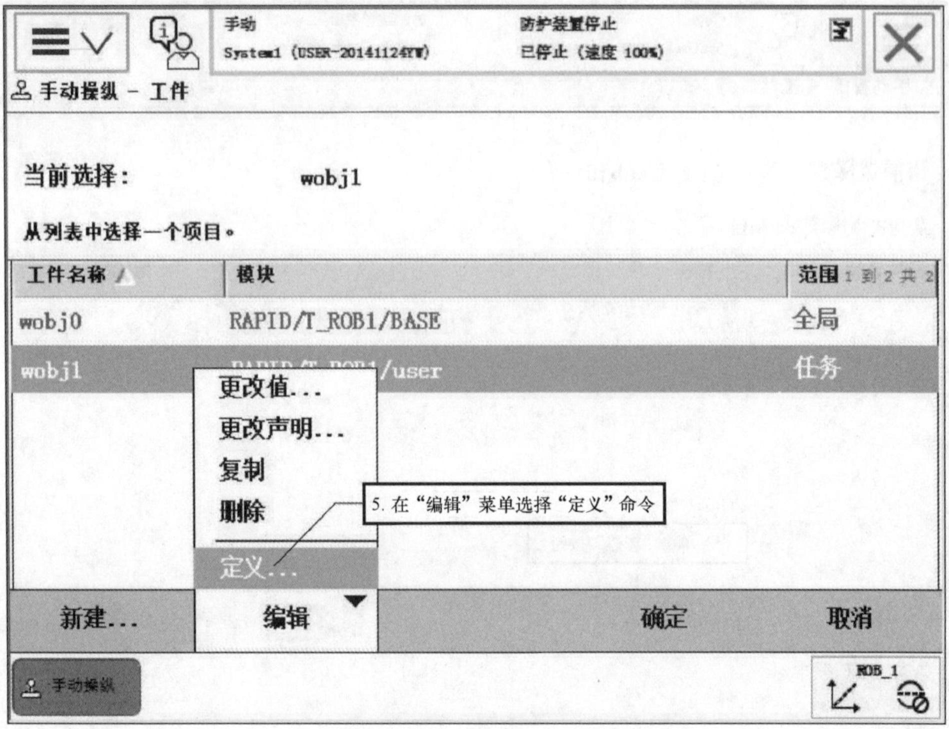

图 7-10　在“编辑”菜单选择“定义”命令

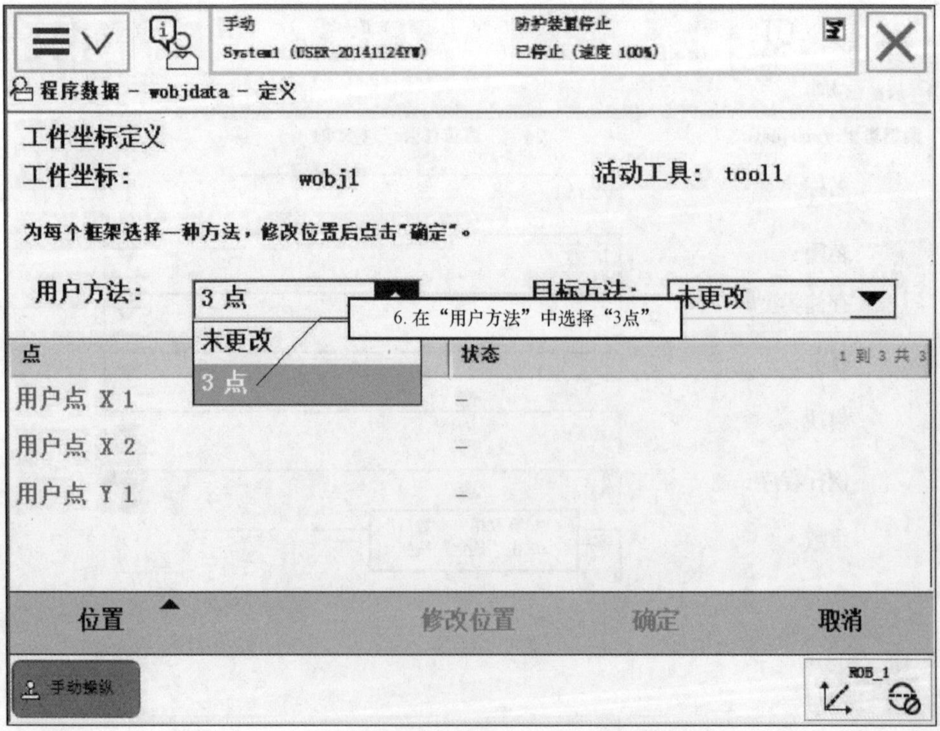

图 7-11　在“用户方法”中选择“3 点”

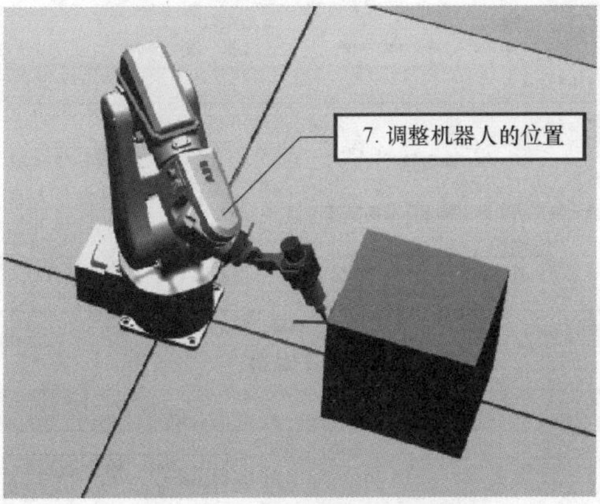

图 7-12　调整机器人的位置

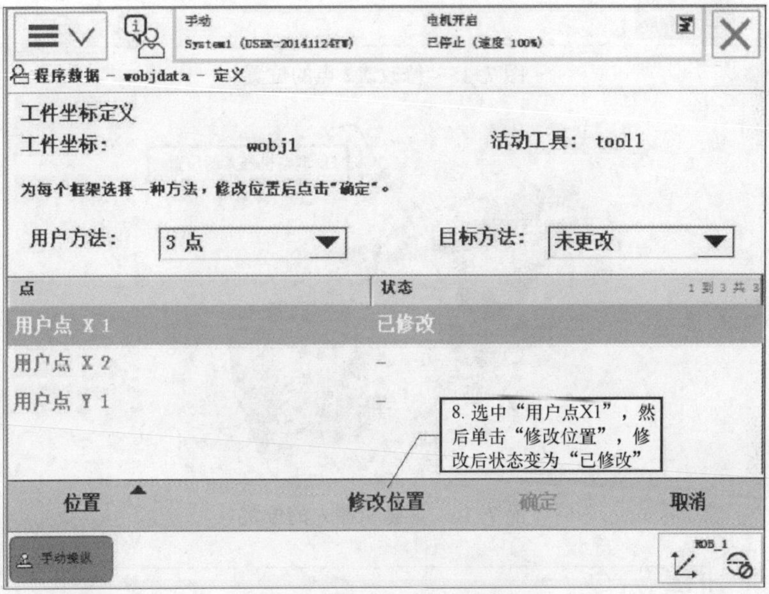

图 7-13　修改 X1 点的位置

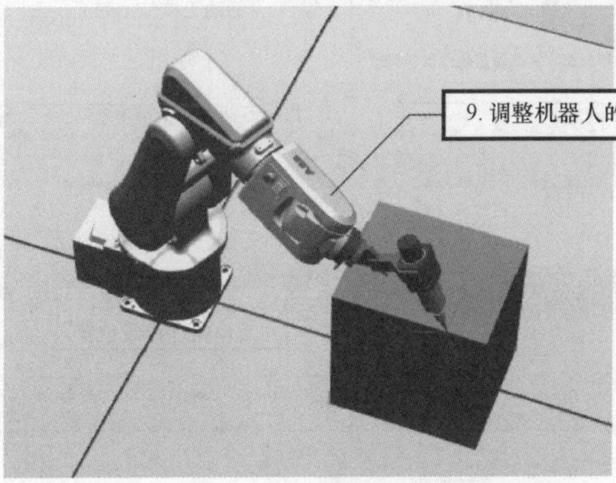

图 7-14　调整机器人的位置

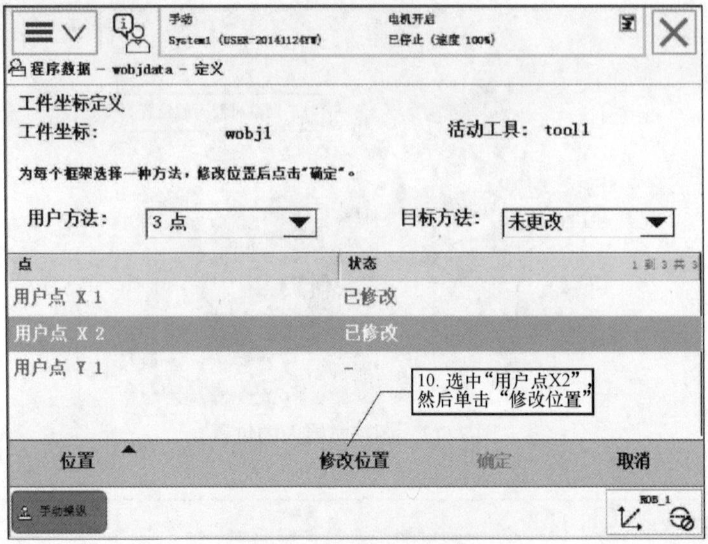

图 7-15　修改 X2 点的位置

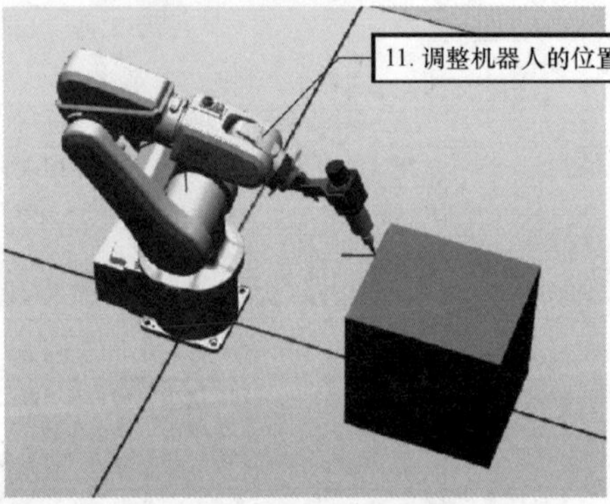

图 7-16　调整机器人的位置

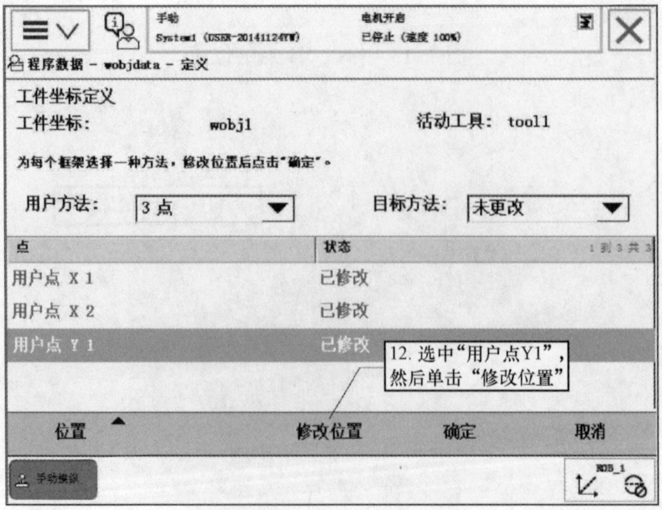

图 7-17　修改 Y1 点的位置

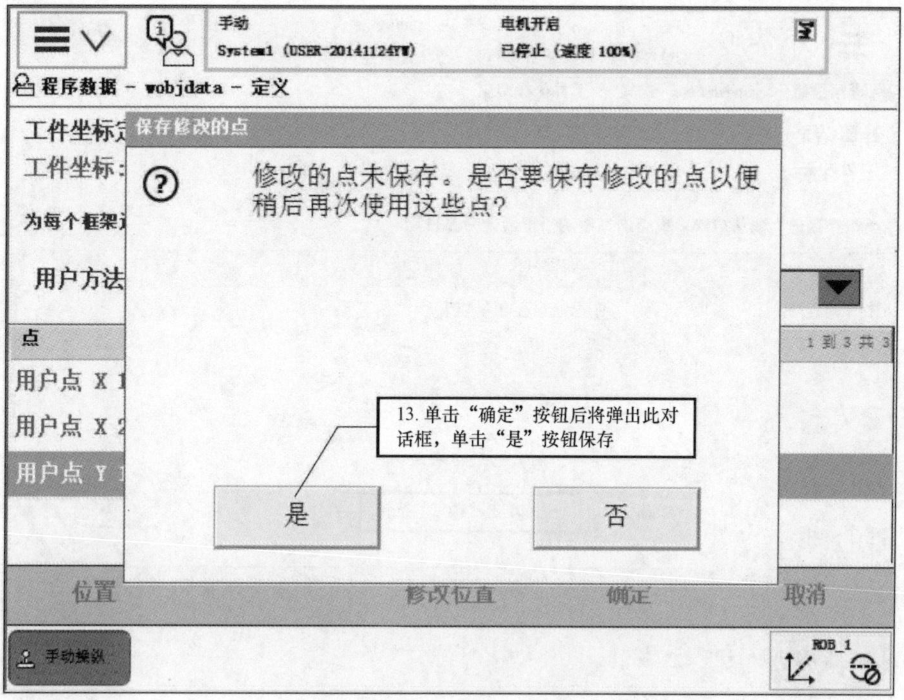

图 7-18　保存修改的点

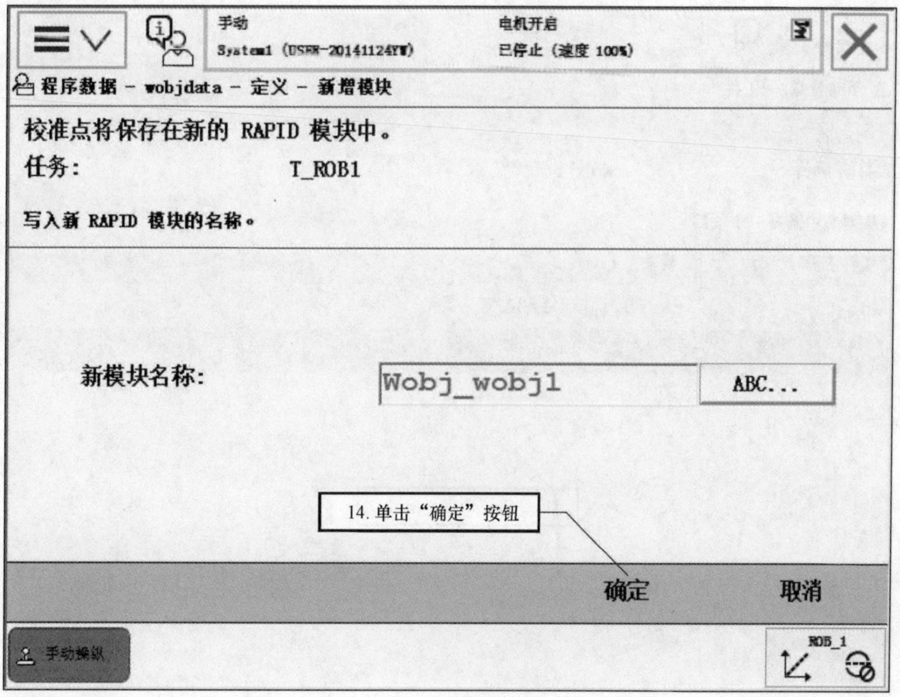

图 7-19　保存修改的模块

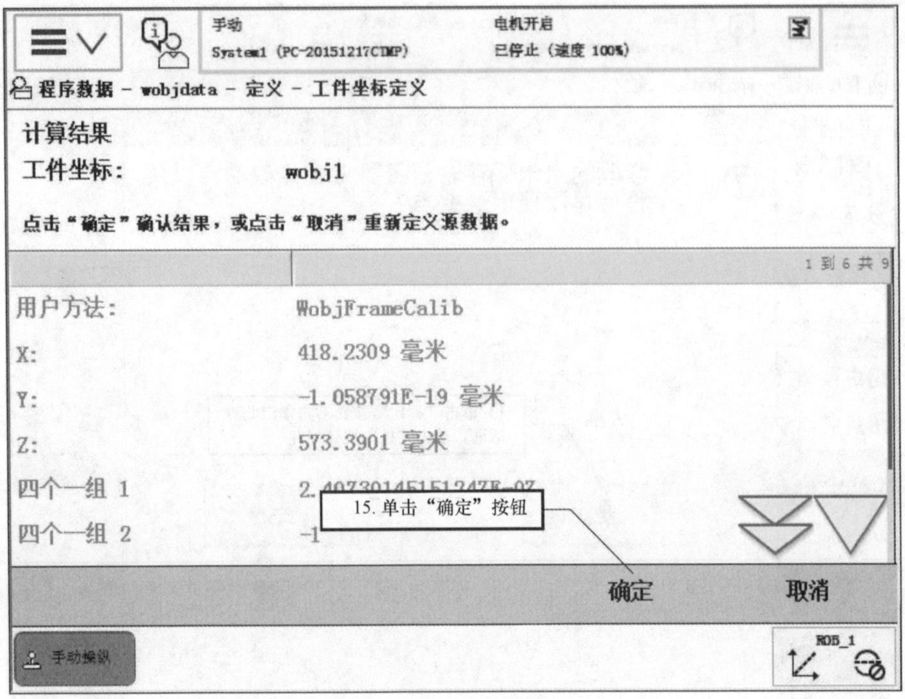

图 7-20　确认结果

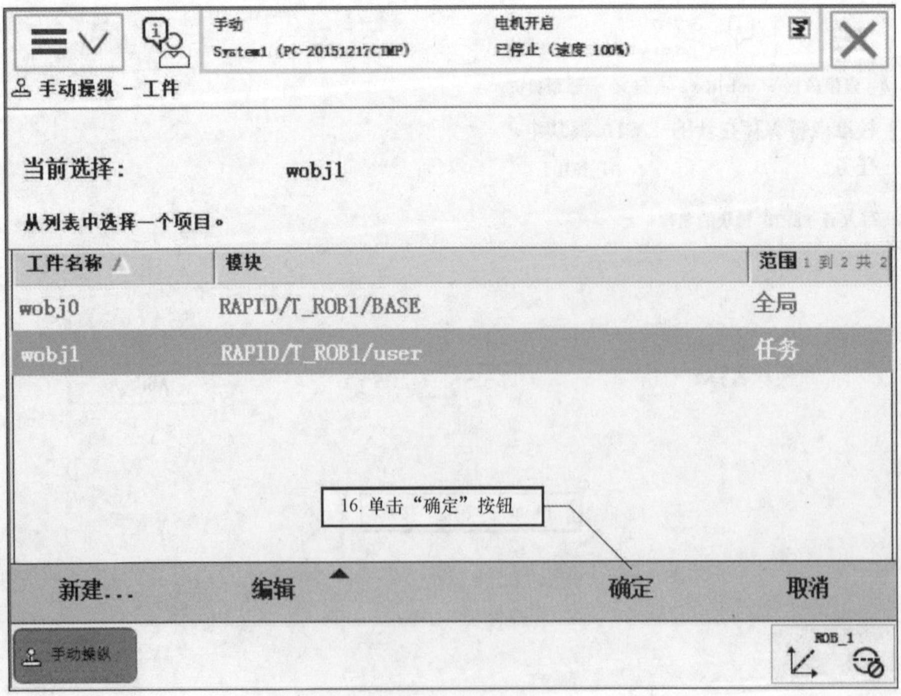

图 7-21　确定选择工件坐标 wobi1

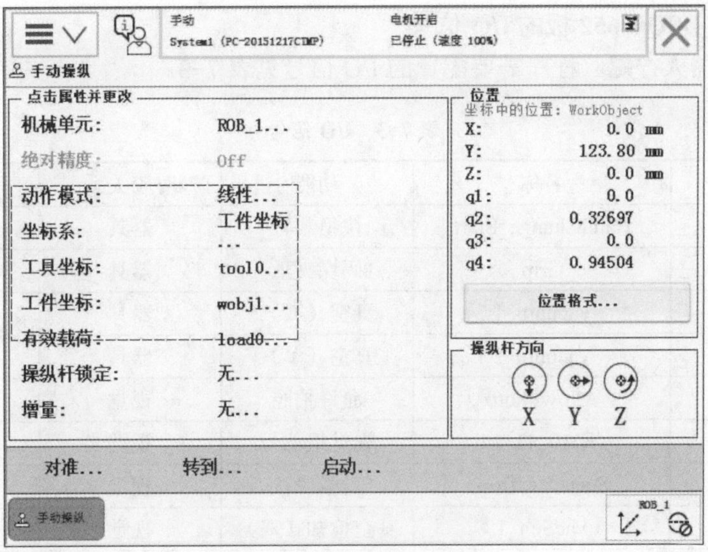

图 7-22　选择线性动作模式

设定手动操纵界面，使用线性动作模式，测量新建立的工件坐标是否符合要求。

对应实物如图 7-23 所示，X 方向为 X1 和 X2，Y 方向为 Y1。以手动操作使吸盘对准 X1、X2、Y1 3 个点进行创建。

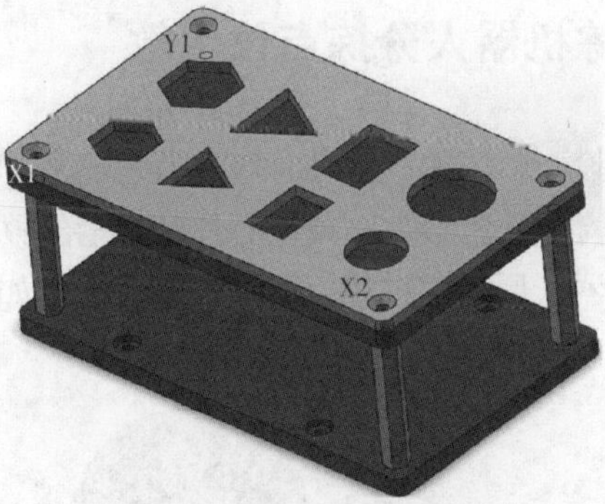

图 7-23　工件坐标的位置

7.4.3　ABB 智能分拣机器人的 I/O 配置

1. 配置 DSQC 652 板

配置 DSQC 652 板需要设置的参数见表 7-2。

表 7-2　DSQC 652 板参数

使用来自模板的值	Name	DeviceNet Address
DSQC 652 24 V DC I/O Device	D652	10

2. 配置 DSQC 652 板的 I/O 信号

运行机器人拧螺丝程序需要配置的 I/O 信号见表 7–3。

表 7–3　I/O 信号

序号	名称	功能	对应关系	类型
1	HandChange_Start	快换装置	器具	DO
2	Grip	码垛夹爪	器具	DO
3	Vacunm_1	真空（双）	器具	DO
4	Vacunm_2	真空（单）	器具	DO
5	AllowPhoto	允许拍照	视觉	DO
6	GO10_11_14	视觉组信号	视觉	DO
7	Scene_Affirm	场景确认	视觉	DO
8	VacSen_1	真空检知（双）	视觉	DI
9	VacSen_2	真空检知（单）	视觉	DI
10	CCD_OK	视觉 OK 信号	视觉	DI
11	CCD_Finish	视觉完成	视觉	DI
12	CCD_Running	视觉运行	视觉	DI

7.4.4　ABB 智能分拣机器人分拣点位示教

在本任务中，要求假设原料区的圆形芯片区有蓝色芯片和黄色芯片，还有的槽中没有芯片，利用视觉系统，检测蓝色芯片、黄色芯片及空槽的数量并显示，最后取第一个蓝色芯片。一共需示教机器人原点、过渡点、圆形芯片等，如图 7–24 所示。

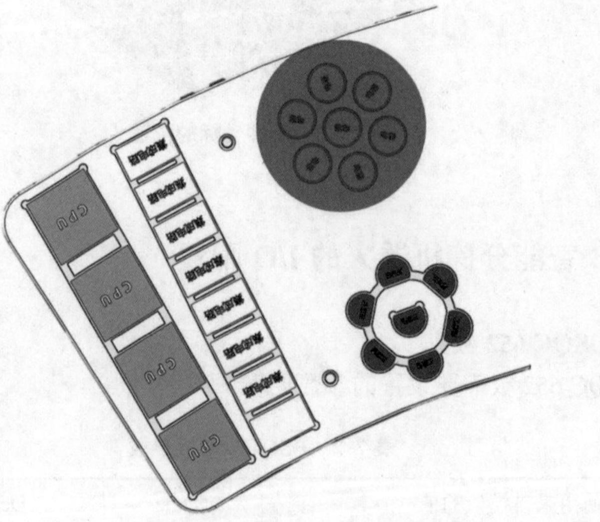

图 7–24　分拣点位示教

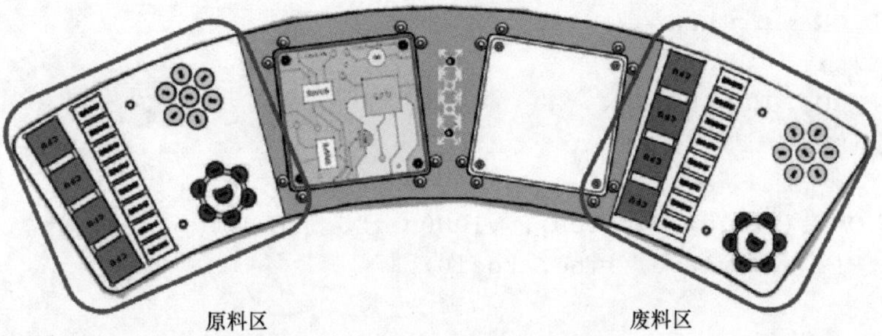

图 7-24 分拣点位示教（续）

7.4.5 ABB 智能分拣机器人程序的编写

程序如下：

```
VAR num status{7}:=[0,0,0,0,0,0,0];
VAR num empty:=0;
VAR num red:=0;
VAR num blue:=0;
PROC main()
MoveJ home, v1000, z50, tool0;
FOR i FROM 1 TO 7 DO
test_chip i;
ENDFOR
COUNT;
TPWrite "empty:"\Num:=empty;
TPWrite "red:"\Num:=red;
TPWrite "blue:"\Num:=blue;
FOR i FROM 1 TO 7 DO
IF status{i} = 2 take_first_blue i;
RETURN;
ENDFOR
MoveJ home, v1000, z50, tool0;
ENDPROC
PROC test_chip(num n)
MoveJ Offs(P{2,n},0,0,100), v1000, z50, tool0;
MoveL P{2,n}, v1000, fine, tool0;
Set Vacunm_2;
WaitTime 1;
IF VacSen_2 = 0 THEN
status{n} := 0;
ELSEIF VacSen_2 = 1 THEN
MoveL Offs(P{2,n},0,0,100), v1000, z50, tool0;
MoveJ Area_CCD, v1000, fine, tool0;
paizhao;
```

```
IF CCD_OK = 1 THEN
status{n} := 1;
ELSEIF CCD_OK = 0 THEN
status{n} := 2;
ENDIF
MoveJ Offs(P{2,n},0,0,100), v1000, z50, tool0;
MoveL P{2,n}, v1000, fine, tool0;
ENDIF
Reset Vacunm_2;
MoveL Offs(P{2,n},0,0,100), v1000, z50, tool0;
ENDPROC
PROC COUNT()
for m from 1 to 7 do
if status{7}=0 then
empty:=empty + 1;
elseif status{7}=1 then
red:=red + 1;
elseif status{7}=2 then
blue:=blue + 1;
endif
endfor
ENDPROC
PROC take_first_blue(num n)
MoveJ Offs(P{2,n},0,0,100), v1000, z50, tool0;
MoveL P{2,n}, v1000, fine, tool0;
Set Vacunm_2;
WaitTime 1;
MoveL Offs(P{2,n},0,0,100), v1000, z50, tool0;
MoveJ Offs(put_first_blue,0,0,100), v1000, z50, tool0;
MoveL put_first_blue, v1000, fine, tool0;
Reset Vacunm_2;
WaitTime 1;
MoveL Offs(put_first_blue,0,0,100), v1000, z50, tool0;
ENDPROC
```

7.5 考核评价

任务 7.1 用 3 点法设定工作台的基坐标

要求：熟悉 ABB 智能分拣机器人设定工件坐标的意义，用 3 点法设定工件坐标，用手动操作在设好的基坐标中运动并进行检验，能用专业语言正确流利地展示配置的基本步骤，思路清晰、有条理，能圆满地回答老师与同学提出的问题，并能提出一些新的建议。

7.6　扩 展 提 高

任务 7.2　编写智能分拣程序

要求：熟悉 ABB 智能分拣机器人各条指令的使用方法，根据自己的思路，画出流程图，编写智能分拣程序。

附录 A
ABB 机器人程序指令及说明

ABB 机器人程序指令及说明见表 A-1～表 A-11。

表 A-1　机器人运动指令

指令	说明
MoveJ	关节运动
MoveL	线性运动
MoveC	圆弧运动
MoveAbsJ	绝对位置运动
MoveJAO	关节运动同时触发一个模拟量输出信号
MoveLAO	线性运动同时触发一个模拟量输出信号
MoveCAO	圆弧运动同时触发一个模拟量输出信号
MoveJSync	关节运动同时执行一个例行程序
MoveLSyne	线性运动同时执行一个例行程序
MoveCSyne	圆弧运动同时执行一个例行程序

表 A-2　等待指令

指令	说明
WaitDI	等待一个数字量输入信号为设定值
WaitDO	等待一个数字量输出信号为设定值
WaitAI	等待一个模拟量输入信号为设定值
WaitAO	等待一个模拟量输出信号为设定值
WaitGI	等待一个组合输入信号为设定值
WaitGO	等待一个组合输出信号为设定值
WaitTime	等待给定的时间
WaitUntil	等待直至满足条件

表 A–3　I/O 信号指令

指令	说明
Set	将数字输出信号设为 1
Reset	将数字输出信号设为 0
SetDO	设定数字输出信号的信号值
SetAO	设定模拟输出信号的信号值
SetGO	设定组合输出信号的信号值
PulseDO	设定数字输出信号的脉冲
InvertDO	将数字输出信号取反

表 A–4　中断指令

指令	说明
CONNECT	中断连接指令，连接变量和中断程序
ISignalDI	数字输入信号中断触发指令
ISignalDO	数字输出信号中断触发指令
ISignalGI	组合输入信号中断触发指令
ISignalGO	组合输出信号中断触发指令
IDelete	删除中断连接指令
ISleep	中断休眠指令
IWatch	中断监控指令，与休眠指令配合使用
IEnable	中断生效指令
IDisable	中断失效指令，与生效指令配合使用

表 A–5　逻辑控制指令

指令	说明
Compact IF	紧凑型 IF
IF	当满足不同的条件时，执行对应的程序
FOR	根据指定的次数，重复执行对应的程序
WHILE	如果满足条件，反复执行对应的程序
TEST	对一个变量进行判断，从而执行不同的程序
GOTO	跳转指令
Label	跳转标签

表 A–6　程序停止指令

指令	说明
Stop	停止程序执行
EXIT	停止程序执行并禁止在停止处再开始
Break	临时停止程序的执行，用于手动调试
ExitCycle	停止当前程序的运行， 并将程序指针复位到主程序第 1 条指令处

表 A–7　轴配置和奇异点管理指令

指令	说明
ConfJ	关节运动的轴配置控制
ConfL	线性运动的轴配置控制
SingArea	奇异点管理

表 A–8　关于位置的功能

指令	说明
Offs	对机器人的位置进行偏移
RelTool	对工具的位置和姿态进行偏移
CaleRobT	从 jointtarget 计算出 robtarget
CPos	读取机器人当前位置的 X、Y、Z
CRobT	读取机器人当前位置的 robtarget
CJoinT	读取机器人当前位置的关节轴角度
ReadMotor	读取电动机当前的角度
CTool	读取工具坐标当前的数据
CWObi	读取工件坐标当前的数据
CaleJointT	从 robtarget 计算出 jointtarget

表 A–9　示教器人机界面的功能

指令	说明
TPErase	清屏
TPWrite	写屏
TPReadFK	互动功能键操作
TPReadNum	互动数字键盘操作
TPShow	通过 RAPID 程序打开指定的窗口

表 A-10　串口读写指令

指令	说明
Open	打开串口
Write	对串口进行文本写操作
Close	关闭串口
WriteBin	写一个二进制数的操作
writeAnyBin	写任意二进制数的操作
writestBin	写字符操作
Rewind	设定文件开始的位置
ClearIOBuff	清空串口的输入缓冲
ReadAnyBin	从串口读取任意的二进制数
ReadNum	读取数字量
ReadStr	读取字符串

表 A-11　数学运算指令

指令	说明
Clear	清空数值
Add	加
Incr	加 1 操作
Decr	减 1 操作
Abs	取绝对值
Round	四舍五入
Trunc	舍位操作
Sqrt	计算二次根
Exp	计算指数值
Pow	计算一个值的幂
Acos	计算圆弧的余弦值
Asin	计算圆弧的正弦值
ATan	计算圆弧的正切值
Cos	计算余弦值
Sin	计算正弦值
tan	计算正切值
EulerZYX	通过姿态计算欧拉角
OrientZYX	通过欧拉角计算姿态

参 考 文 献

[1] 吴海波，刘海龙. 工业机器人现场编程：ABB [M]. 北京：高等教育出版社，2017.
[2] 张春芝，钟柱培，许妍妩. 工业机器人操作与编程 [M]. 北京：高等教育出版社，2018.
[3] 叶晖，管小清. 工业机器人实操与应用技巧 [M]. 2 版. 北京：机械工业出版社，2017.